洪錦魁簡介

2023 年和 2024 年連續 2 年獲選博客來 10 大暢銷華文作家，多年來唯一電腦書籍作者獲選，也是一位跨越電腦作業系統與科技時代的電腦專家，著作等身的作家，下列是他在各時期的代表作品。

- DOS 時代：「IBM PC 組合語言、Basic、C、C++、Pascal、資料結構」。
- Windows 時代：「Windows Programming 使用 C、Visual Basic」。
- Internet 時代：「網頁設計使用 HTML」。
- 大數據時代：「R 語言邁向 Big Data 之路」。
- AI 時代：「機器學習 Python 實作、AI 視覺、AI 之眼」。
- 通用 AI 時代：「ChatGPT、Copilot、無料 AI、AI(職場、行銷、影片、賺錢術)」。

作品曾被翻譯為簡體中文、馬來西亞文、英文，近年來作品則是在北京清華大學和台灣深智同步發行：

1：C、Java、Python、C#、R 最強入門邁向頂尖高手之路王者歸來
2：Python 網路爬蟲 / 影像創意 / 演算法邏輯思維 / 資料視覺化 - 王者歸來
3：網頁設計 HTML+CSS+JavaScript+jQuery+Bootstrap+Google Maps 王者歸來
4：機器學習基礎數學、微積分、真實數據、專題 Python 實作王者歸來
5：Excel 完整學習、Excel 函數庫、AI 助攻學 Excel VBA 應用王者歸來
6：Python x AI 辦公室自動化之路
7：Power BI 最強入門 – AI 視覺化 + 智慧決策 + 雲端分享王者歸來
8：無料 AI、AI 職場、AI 行銷、AI 繪圖、AI 創意影片的作者

他的多本著作皆曾登上天瓏、博客來、Momo 電腦書類，不同時期暢銷排行榜第 1 名，他的著作特色是，所有程式語法或是功能解說會依特性分類，同時以實用的程式範例做說明，不賣弄學問，讓整本書淺顯易懂，讀者可以由他的著作事半功倍輕鬆掌握相關知識。

AI 之眼
幻影操控、變臉、唇語、美妝、手勢、肢體表情偵測、人臉辨識
Python 創意實戰
序

2025 年 2 月，筆者撰寫並出版了《AI 視覺 - 最強入門邁向頂尖高手之路》。雖然全書涵蓋 32 個章節、832 頁的豐富內容，但筆者仍覺得難以充分展現 AI 視覺的多元應用。尤其在 AI 繪圖技術崛起後，「變臉、唇語、美妝、濾鏡……」等功能已成為人們唾手可得的熱門工具，這股新潮流也進一步激發了筆者對其底層程式設計原理的好奇。正因如此，筆者決定撰寫這本應用書籍，嘗試揭開這些 AI 工具的潘朵拉之盒。

在《Mission Impossible》電影中，觀眾曾見到湯姆克魯斯隔空拖曳螢幕、展現幻影操控的科幻場景。本書將透過程式實作與詳盡解析，帶領讀者一同探索並實現類似的應用，使「幻影操控」不再只是電影特效，而是日常中可以實際體驗的創新技術。

在近年來，人工智慧在影像處理與電腦視覺領域的應用可說是突飛猛進。隨著硬體效能的提升，以及 Python、OpenCV、MediaPipe、Dlib、DeepFace 等工具與套件的日趨成熟，越來越多開發者開始嘗試將人臉偵測、表情識別、手勢追蹤等技術實際應用到各種場景之中。此時，本書《AI 之眼 - 幻影操控、變臉、唇語、美妝、手勢、肢體、表情偵測、人臉辨識 Python 創意實戰》正好提供了一個深度學習、動手實作的機會，讓你全方位體驗這些尖端技術的魅力。

全書共分為十五章，內容環環相扣，步步深入。從最初的環境配置與基礎知識，到後續涵蓋人臉、手勢與肢體偵測，再一路帶領讀者體驗 AI 變臉、表情偵測、美妝濾鏡、門禁系統設計等創意應用。以下簡要說明各章節精華，讓你在正式展開閱讀前，先一覽本書的全貌。

第 1 章至第 2 章，先從 MediaPipe 的基礎原理與介面介紹著手，接著進一步掌握如何取得攝影機與影片的影像輸入。這一部分不僅為後續的實作奠定扎實基礎，也讓讀者能熟悉開發過程中所需的技術環境。

第 3 章與第 4 章，聚焦在最實用的人臉偵測技術。透過人臉偵測的原理介紹以及初步專題實作，讀者將會看到如何將語音輸出與人臉偵測結合，創造出更具互動性的應用。

第 5 章與第 6 章，進一步介紹人臉關鍵點偵測與表情辨識，這也是許多人臉應用的核心。無論是疲勞駕駛警示、情緒識別或是未來的智慧安全系統，都能透過這些技術加以實現或優化。

第 7 章談到「AI 變臉」，是近年來相當火紅的創意應用。讀者可透過本章，了解如何使用深度學習與人臉關鍵點技術，做到擬真且自然的臉部替換效果。隨後在第 8 章與第 9 章，引領大家探索 MediaPipe Face Mesh 468 點高精度的人臉網格偵測技術，並進一步探討如何利用這些細膩的人臉資訊，開發更多驚奇有趣的效果。

第 10 章與第 11 章，則專注在 MediaPipe Hands 的手勢偵測，並帶領讀者理解與應用手部關鍵點資訊。結合先前的影像處理與多媒體互動技術，讀者可以嘗試開發出手勢控制遊戲、手勢密碼解鎖等更廣泛的應用。

第 12 章與第 13 章，將視野擴大到全身偵測與背景去除。不論是人體姿勢偵測或背景替換，都將為讀者開啟更多創作可能。例如虛擬攝影棚、健身動作矯正、虛實整合的動態影片等。

第 14 章則進一步延伸到 MediaPipe Holistic，同時偵測人臉、手勢與身體姿勢，將所有關鍵點資訊一次掌握，真正展現出多模態 AI 的強大。此時，讀者不只可實現基礎的追蹤系統，更能邁向更高層次的整合式應用。

最後在第 15 章，介紹了 DeepFace 的人臉辨識技術，並將前面所學融會貫通，設計出結合門禁系統的人臉識別應用。從此，你將能進一步瞭解如何使用 AI 驅動實際的安全與辨識服務，切實落實各種可能的商業模式或專案需求。

本書的目標並不僅止於教讀者「怎麼做」，更希望能啟發你「能怎麼用」。隨著每一章的遞進，我們同時也希望你能從中感受到科技與創意的火花，並擴散至你日後的各項專案中。無論你是初學者，或者已經在 AI 與電腦視覺領域有一定的基礎，相信本書都能帶給你不同層次的啟發與應用靈感。

願這本能成為你 AI 影像技術道路上的良伴，助你激發更多跨領域的創新思維，開闢更廣闊的實踐舞台。祝閱讀愉快，旅程精彩！編著本書雖力求完美，但是學經歷不足，謬誤難免，尚祈讀者不吝指正。

洪錦魁 2025/03/15
jiinkwei@me.com

臉書粉絲團

歡迎加入：王者歸來電腦專業圖書系列

歡迎加入：MQTT 與 AIoT 整合應用

歡迎加入：iCoding 程式語言讀書會 (Python, Java, C, C++, C#, JavaScript, 大數據，人工智慧等不限)，讀者可以不定期獲得本書籍和作者相關訊息。

歡迎加入：深度機器學習線上讀書會

歡迎加入：穩健精實 AI 技術手作坊

讀者資源說明

請至本公司網頁 https://deepwisdom.com.tw 下載本書程式實例與習題所需的影像素材檔案。

目錄

第 1 章　認識 MediaPipe

1-1　MediaPipe 是什麼？概念與應用 1-2
   1-1-1　MediaPipe 的背景與起源 1-2
   1-1-2　MediaPipe 的核心架構 1-2
   1-1-3　MediaPipe 在 Python 上的應用優勢 1-3
   1-1-4　安裝 MediaPipe 1-4
   1-1-5　如何升級或降級 MediaPipe 版本 1-5
1-2　主要應用領域與實際案例 1-5
1-3　MediaPipe 的程式核心 Calculator 和 Graph . 1-6
1-4　驗證是否可以正確使用 MediaPipe 模組 1-8
   1-4-1　MediaPipe 的「Hello, world!」
         程式測試 1-8
   1-4-2　Calculator 和 Graph 解釋人臉偵測程式 1-10
   1-4-3　影片讀取與人臉偵測 1-12
   1-4-4　無限迴圈播放影片 1-13

第 2 章　掌握影像輸入 - 攝影機與影片的運用

2-1　取得影像來源（Webcam / 影片檔）............... 2-2
   2-1-1　Webcam（即時攝影機）..................... 2-2
   2-1-2　影片檔案 2-6
   2-1-3　儲存影片檔案 2-7
2-2　更改影像大小 2-12
   2-2-1　攝影機的輸出解析度
         （Frame Capture Size）..................... 2-12
   2-2-2　程式中顯示視窗的大小
         （Window Display Size）..................... 2-13

第 3 章　人臉偵測

3-1　人臉偵測的意義與應用範圍 3-2
   3-1-1　基礎定位功能 3-2
   3-1-2　各式應用情境 3-2
   3-1-3　核心地位 3-2
   3-1-4　章節範圍與進階議題的預告 3-3
3-2　MediaPipe Face Detection 基本流程 3-3
   3-2-1　建立模組物件 3-3
   3-2-2　認識 FaceDetection( ) 函數 3-4
   3-2-3　函數初始化與主要參數 3-4
   3-2-4　取得人臉 Bounding Box 與基礎關鍵點... 3-5
   3-2-5　process( ) 的輸入要求 3-9
   3-2-6　未偵測到人臉 3-9
   3-2-7　With 關鍵字的應用 3-9
3-3　註解人臉位置與關鍵點數據 3-10
   3-3-1　中文註解人臉位置與關鍵點數據......... 3-10
   3-3-2　手工繪製人臉框和關鍵點 3-11
3-4　MediaPipe 輔助繪圖模組 3-12
   3-4-1　drawing_utils 輔助繪圖基礎觀念......... 3-12
   3-4-2　draw_detection( ) 函數 3-14
   3-4-3　自訂顏色、大小、粗細 - DrawSpec( )...3-18
3-5　多人照片人臉偵測 3-19
   3-5-1　多人照片人臉測試基礎 3-20
   3-5-2　處理無法偵測到全部人臉的問題......... 3-22
   3-5-3　偵測更多臉的實作 3-24
   3-5-4　人臉編號與信心分數 3-24
   3-5-5　MediaPipe 未說明的機制 3-26
3-6　多人影片人臉偵測 3-29
3-7　多人即時攝影機人臉偵測 3-32

第 4 章　語音輸出與人臉偵測專題

4-1　語音輸出 – 離線模組 pyttsx3 4-2
   4-1-1　pyttsx3 的特點 4-2
   4-1-2　基本用法 4-3
   4-1-3　語音引擎屬性設定 4-3
4-2　人臉偵測的應用 4-5
4-3　安全監控 4-6
4-4　新聞報導人臉馬賽克 4-14
   4-4-1　圖像馬賽克原理 4-14
   4-4-2　設計新聞報導時的人臉馬賽克系統....4-17
4-5　智慧型攝影對焦 4-20
   4-5-1　圖像亮度調整原理 4-21

4-5-2	圖片人臉亮度調整	4-24
4-5-3	智慧型攝影對焦 – 整體畫面調整	4-26
4-5-4	智慧型攝影對焦 – 臉部畫面調整	4-31

第 5 章　人臉關鍵點偵測 - 68 點模型

5-1	緣起與背景	5-2
5-1-1	人臉偵測與關鍵點在電腦視覺中的地位	5-2
5-1-2	從人臉偵測到關鍵點定位的演進	5-3
5-2	68 點模型概述	5-3
5-2-1	模型來源與資料庫	5-4
5-2-2	68 個關鍵點的位置分佈	5-4
5-2-3	模型優點與限制	5-5
5-2-4	為何選擇 68 點模型	5-6
5-3	Dlib 模組 - 人臉偵測基礎	5-6
5-3-1	初始化人臉偵測器	5-7
5-3-2	get_frontal_face_detector( ) 的核心技術	5-8
5-3-3	解析 detector	5-9
5-4	Dlib 68 點人臉關鍵點偵測	5-10
5-4-1	dlib.shape_predictor( ) 的基本概念	5-11
5-4-2	解析 predictor	5-12
5-4-3	標記人臉 68 個關鍵點	5-13
5-5	人臉對齊	5-17
5-5-1	演算法硬功夫處理人臉對齊	5-17
5-5-2	應用場景	5-21
5-6	多人臉的偵測	5-21
5-6-1	多人臉與關鍵點的偵測	5-22
5-6-2	多人臉 68 點關鍵點容器	5-23
5-6-3	多張人臉對齊實作	5-24
5-7	AI 貼圖 (AI Stickers)	5-25
5-7-1	什麼是 AI 貼圖 (AI Stickers)？	5-25
5-7-2	AI 貼圖的技術核心	5-26
5-7-3	愛心圖片貼到雙眼的實例	5-26
5-7-4	AI 貼圖的應用場景	5-28

第 6 章　疲勞駕駛與表情識別

6-1	疲勞駕駛偵測	6-2
6-1-1	疲勞駕駛的主要偵測方法	6-2
6-1-2	眼睛開合比 (Eye Aspect Ratio, EAR)	6-2

6-1-3	嘴巴開合程度偵測 (Mouth Aspect Ratio, MAR)	6-4
6-1-4	疲勞駕駛偵測實作	6-4
6-2	人臉表情識別系統	6-8
6-2-1	相關表情關鍵點解析	6-8
6-2-2	6 大主要情緒對應表	6-12

第 7 章　AI 變臉

7-1	AI 變臉 – 演算法原理	7-2
7-2	變臉程式設計	7-3
7-2-1	程式設計	7-3
7-2-2	主程式分析	7-8
7-3	程式重點函數分析	7-11
7-3-1	三角剖分 (delaunay_triangulation)	7-11
7-3-2	三角形仿射貼合 (Triangle Affine Warp)	7-14
7-3-3	膚色高斯化校正 (color_transfer_gaussian)	7-19
7-4	圖像貼合的羽化遮罩處理	7-22
7-4-1	圖像貼合不自然的銜接	7-22
7-4-2	Feathering（羽化）的原理	7-23

第 8 章　MediaPipe Face Mesh 高精度 468 點人臉識別技術解析

8-1	為什麼需要 Face Mesh？	8-2
8-1-1	基礎觀念	8-2
8-1-2	傳統人臉框與 68 點模型的限制	8-4
8-1-3	與 Face Mesh 的對比	8-4
8-2	MediaPipe Face Mesh 介紹	8-5
8-2-1	即時處理、高效能與易整合特點	8-5
8-2-2	468 點模型的全域概念	8-5
8-3	認識臉部 468 點	8-6
8-3-1	高密度人臉關鍵點概述	8-6
8-3-2	468 點定位分佈	8-8
8-4	MediaPipe Face Mesh 模組	8-9
8-4-1	建立模組物件	8-9
8-4-2	檢測影像與回傳數據	8-10
8-4-3	硬功夫繪製 468 點數據	8-12
8-5	繪製臉部網格	8-13

8-5-1	繪製臉部關鍵點 8-14	11-2-2	程式實作 11-6
8-5-2	繪製臉部網格 8-16	**11-3**	**OK 手勢計時器** 11-9
8-5-3	繪製臉部關鍵部位連線 8-16	11-3-1	設計邏輯 11-9
8-5-4	用錄影機偵測臉部關鍵點 8-19	11-3-2	程式實作 11-9
8-6	**展示 468 點所在關鍵臉部區域的索引點** ...8-21	**11-4**	**手勢幻影操控** 11-13
8-6-1	認識臉部關鍵連線的數據結構 8-22	11-4-1	設計邏輯 11-14
8-6-2	輸出關鍵區域的索引點和像素位置 ...8-23	11-4-2	程式實作 11-14

第 9 章　Face Mesh 的創意應用

9-1	Face Mesh 的可能應用	9-2
9-2	彩妝的應用	9-6
9-3	人臉趣味變形- 向右伸長的嘴角	9-8
9-4	唇語動畫設計	9-13

第 10 章　MediaPipe Hands 手勢偵測

10-1	**初探 MediaPipe Hands 模組**	**10-2**
10-1-1	MediaPipe Hands 功能概覽	10-3
10-1-2	21 個關鍵點的座標定義與排列	10-3
10-1-3	如何判斷手勢	10-5
10-2	**偵測手語繪製關節**	**10-6**
10-2-1	初始化 MediaPipe Hands 物件	10-6
10-2-2	hands.process( ) 函數用法	10-7
10-2-3	mp_drawing.draw_landmarks( ) 函數用法	10-10
10-2-4	手部點樣式	10-12
10-2-5	手部點連線樣式	10-13
10-2-6	攝影機偵測應用	10-14
10-3	**專題實作- 剪刀、石頭與布**	**10-16**

第 11 章　AI 幻影操控

11-1	**MediaPipe Hands 的應用領域**	**11-2**
11-1-1	手勢控制 (Gesture Control)	11-2
11-1-2	擴增實境 (AR) / 虛擬實境 (VR)	11-3
11-1-3	視訊 / 直播互動	11-4
11-1-4	AI 虛擬人物 (AI Avatars)	11-5
11-1-5	醫療 & 康復 (Medical & Rehabilitation)	11-5
11-1-6	企業 & AI 自動化	11-5
11-2	**判斷 OK 手勢**	**11-6**
11-2-1	判斷邏輯	11-6

第 12 章　AI 人體姿勢偵測 - MediaPipe Pose

12-1	**認識 MediaPipe Pose**	**12-2**
12-1-1	Pose 的特點	12-2
12-1-2	Pose (人體姿勢偵測) vs FaceMesh (臉部網格)	12-3
12-1-3	Pose (人體姿勢偵測) vs Hands (手部偵測)	12-3
12-2	**33 個關鍵點詳細解說**	**12-4**
12-2-1	Pose 的 33 個關鍵點	12-4
12-2-2	MediaPipe Pose 只偵測 11 個頭部點 ...	12-6
12-3	**MediaPipe Pose 模組**	**12-7**
12-3-1	建立模組物件	12-7
12-3-2	實作偵測圖像的人體	12-8
12-3-3	標記人體 33 個關鍵點	12-9
12-4	**繪製人體骨架**	**12-11**
12-4-1	預設環境繪製人體骨架	12-12
12-4-2	官方推薦預設繪製關鍵點樣式	12-13
12-4-3	自訂繪製格式	12-14
12-4-4	多元 connections 的應用	12-15
12-5	**攝影機錄製人體骨架**	**12-17**
12-6	**AI 人體動作分析- 座標、距離與角度計算**	**12-19**
12-6-1	座標計算	12-19
12-6-2	關鍵點的列舉常數	12-21
12-6-3	計算關鍵點之間的距離	12-23
12-6-4	計算關鍵點的角度	12-29
12-7	**伏地挺身與深蹲中**	**12-31**
12-7-1	關鍵點角度的應用範圍	12-31
12-7-2	偵測「伏地挺身中」或「深蹲中」 ...	12-31

目錄

第 13 章　AI 靜態圖像與攝影背景去除

13-1　為何需要背景去除？ 13-2
　13-1-1　背景去除的概念 13-2
　13-1-2　背景去除的關鍵應用場景 13-2
　13-1-3　背景去除對 AI 偵測的影響 13-3
　13-1-4　背景去除的技術選擇 13-4
13-2　使用 MediaPipe Selfie Segmentation
　　　進行背景去除 13-5
　13-2-1　什麼是 MediaPipe Selfie
　　　　　Segmentation? 13-5
　13-2-2　Selfie Segmentation 的運作原理 13-5
13-3　MediaPipe Selfie Segmentation 模組 13-6
　13-3-1　建立模組物件 13-6
　13-3-2　process( ) 方法處理影像 13-6
　13-3-3　認識回傳值 segmentation_mask
　　　　　– 遮罩結構 13-7
　13-3-4　轉換遮罩為灰階影像 13-8
13-4　圖像背景去除實作 13-9
　13-4-1　設計黑色和白色背景 13-9
　13-4-2　建立背景是高斯模糊 13-12
　13-4-3　圖片取代背景 13-13
13-5　智慧攝影機背景處理 13-15
13-6　AI 背景的創意應用 13-18

第 14 章　AI 全身偵測 – Holistic

14-1　Holistic 簡介 14-2
　14-1-1　什麼是 Holistic 識別？ 14-2
　14-1-2　關鍵點檢測的範圍
　　　　　（臉部、手部、姿態） 14-2
　14-1-3　Holistic 與其他 MediaPipe 模組
　　　　　的差異說明 14-4
14-2　架構與資料輸出 14-4
　14-2-1　Holistic 識別的流程 14-5
　14-2-2　關鍵點資料的結構 14-6
　14-2-3　姿態、手勢、臉部數據的組合 14-7
14-3　MediaPipe Holistic 模組 14-8
　14-3-1　建立模組物件 14-8

　14-3-2　處理影像並取得結果 results 14-9
14-4　AI 全身動作偵測與視覺化 14-11
　14-4-1　基本預設繪製全身關鍵點 14-11
　14-4-2　官方推薦標準樣式繪製全身關鍵點 14-12
　14-4-3　繪製全身關鍵點 – 去背與背景是影片 14-14
14-5　Holistic 全身偵測的創意應用 14-16
　14-5-1　創意應用 14-16
　14-5-2　AI 健身教練 - 深蹲計數器 14-18

第 15 章　DeepFace 人臉辨識 設計門禁系統

15-1　DeepFace 簡介 15-2
　15-1-1　什麼是 DeepFace？ 15-2
　15-1-2　DeepFace 與一般人臉識別的差異 15-2
　15-1-3　DeepFace 在 AI 和計算機視覺中的
　　　　　重要性 15-3
15-2　預訓練模型下載檔案 15-4
　15-2-1　比較 DeepFace 與 MediaPipe 模組 15-4
　15-2-2　預訓練模型下載 15-6
15-3　使用 DeepFace 進行人臉分析 15-7
　15-3-1　使用 DeepFace 進行人臉分析 15-7
　15-3-2　年齡預測 15-9
　15-3-3　性別預測 15-10
　15-3-4　情緒分析 15-11
　15-3-5　種族預測 15-13
15-4　DeepFace 的人臉辨識技術基礎 15-14
　15-4-1　深度學習與卷積神經網路在 DeepFace
　　　　　的應用 15-14
　15-4-2　人臉辨識的主要步驟 15-15
15-5　人臉辨識實作 15-17
　15-5-1　基礎實例 15-18
　15-5-2　認識 DeepFace 支援的深度學習模型 . 15-23
15-6　設計企業門禁系統 15-26
　15-6-1　建立人臉數據庫 -（Embedding 存儲）. 15-26
　15-6-2　將人臉與數據庫特徵向量比對 15-29
　15-6-3　門禁系統設計 15-32

第 1 章

認識 MediaPipe

1-1　MediaPipe 是什麼？概念與應用

1-2　主要應用領域與實際案例

1-3　MediaPipe 的程式核心 Calculator 和 Graph

1-4　驗證是否可以正確使用 MediaPipe 模組

第 1 章　認識 MediaPipe

　　隨著人工智慧（AI）與機器學習技術的發展，電腦視覺（Computer Vision）已成為現代應用中的重要領域。MediaPipe 作為 Google 開發並開源的多媒體機器學習框架，提供了一套高效、模組化的解決方案，使開發者能夠輕鬆地在多種平台（如 Windows、Linux、Android、iOS）上實作即時影像處理應用。無論是人臉偵測、手勢辨識、姿勢估計，還是物件追蹤，MediaPipe 都能透過其獨特的 Calculator（計算模組）與 Graph（計算圖）架構，讓 AI 視覺運算更加高效且容易開發。

　　本書將帶領讀者深入探索 MediaPipe 的核心技術與應用，並從最基礎的人臉偵測開始，逐步講解如何利用 MediaPipe 的 API 來開發 AI 影像處理專案。第一章的內容將從 MediaPipe 的基本概念與架構入手，幫助讀者了解 Calculator 和 Graph 如何運作，並透過實際的 Python 程式來驗證 MediaPipe 的功能。此外，我們還將探討如何透過影片讀取與無限迴圈播放來進行離線影像分析，為後續更進階的應用奠定基礎。

　　本書適合 AI 開發者、電腦視覺工程師、Python 初學者，甚至是對 AI 應用開發感興趣的讀者。無論你是想開發即時影像處理應用，還是希望深入理解 MediaPipe 的運作機制，本書都將提供系統化的學習內容與實戰範例，讓你能夠快速上手並應用於實際專案中。

　　接下來，我們將從 MediaPipe 的基本概念 開始，帶你進入 AI 視覺處理的世界！

1-1　MediaPipe 是什麼？概念與應用

1-1-1　MediaPipe 的背景與起源

　　MediaPipe 是由 Google 開發並開源的多媒體機器學習處理框架，最初的目標是提供一個整合性的平台，讓開發者能夠在即時或近即時的狀態下，處理各種多媒體訊號（包含影像、影片、音訊等）。

　　最早的應用著重在電腦視覺（Computer Vision），如人臉偵測、手勢辨識與物件追蹤等。然而，隨著框架的演進，MediaPipe 的功能拓展至多模態（Multi-modal）資料處理，包括語音、文字、AR/VR 應用等。

1-1-2　MediaPipe 的核心架構

　　MediaPipe 的核心架構是：

❑ 模組化「Calculator」與「Graph」

- Calculator：MediaPipe 中的「Calculator」是執行單一功能或運算單元的模組。例如：影像預處理、關鍵點偵測、特徵萃取等。
- Graph：多個 Calculator 之間以「Graph（計算圖）」串聯，資料如同在管線中流動一樣。Graph 讓系統具備高可讀性與彈性，可依需求自由替換或重組各項運算單元。

❑ 即時與跨平台支援

- MediaPipe 支援在 Windows、Linux、macOS 等桌面環境，也能在 Android、iOS 和 Web 環境中運行。
- 內建對 CPU、GPU（甚至部分硬體加速器）的最佳化支援，能夠在筆電、手機等中階硬體就提供流暢的即時處理能力。

❑ 高彈性的整合方式

- MediaPipe 不限定要搭配特定的深度學習框架，但通常會與 TensorFlow 或 TensorFlow Lite 搭配，以運行各式預訓練模型。
- 也能與 PyTorch、ONNX、甚至 YOLO 系列 等其他模型整合，只要在 Graph 中撰寫對應的 Calculator 或橋接模組。

1-1-3 MediaPipe 在 Python 上的應用優勢

❑ 易於快速實驗與開發

- Python 擁有豐富的科學計算、生態系與機器學習工具（如 Numpy、OpenCV、Matplotlib 等），加上 MediaPipe 的 Python API，可以迅速整合功能、打造原型。
- 在 Windows 環境下，透過 pip 或 Conda 安裝即可輕鬆取得 MediaPipe 套件，讓初學者也能快速上手。

❑ 龐大的社群資源

- MediaPipe 擁有活躍的開發者社群與開源貢獻者，Python 亦是學習與支援度極高的程式語言。
- 多數教學資源、程式碼示範都以 Python 撰寫，讓你容易尋求範例與技術支援。

第 1 章　認識 MediaPipe

❑ **跨平台部署便利**

完成在 Windows + Python 環境的開發後，若需要進一步部署到 Linux 伺服器或行動裝置，MediaPipe 的統一架構能讓你更快重複應用主要程式邏輯，減少程式碼大幅度的重寫。

1-1-4　安裝 MediaPipe

使用前需要安裝此模組 (假設是安裝在 Python 3.12 版)：

```
py -3.12 -m pip install mediapipe
```

安裝完成後，請進入 Python 互動式介面，輸入指令，如果可以看到版本訊息編號，表示安裝成功，未來就可以使用 MediaPipe 模組設計本書程式了。

```
>>> import mediapipe as mp
>>> print(mp.__version__)
0.10.20
```

看到輸出「0.10.20」代表你已經成功安裝了 MediaPipe 。這表示 MediaPipe 模組可以被 Python 正確載入，安裝過程沒有錯誤。

- 版本號「0.10.20」代表安裝的是 MediaPipe 的特定版本
    - 「0.10」：代表 MediaPipe 0.10.x 版，這是 MediaPipe 的主要版本，在這個版本中，Google 可能對 API 進行了大規模更新或優化。
    - 「.20」：代表該主要版本下的第 20 次更新，可能包含錯誤修復 (bug fixes)、效能優化、或 API 變更。
- 與舊版的差異
    - 之前的 MediaPipe 版本，如 0.8.x 或 0.9.x，可能有不同的 API 呼叫方式或功能。
    - 你的版本 0.10.20 可能已經修正了一些早期版本的錯誤，並可能支援新的 AI 模型或功能。

如果你想要查詢 0.10.20 版本有什麼新功能或修正，可以參考下列網址，到 MediaPipe 的官方 GitHub Release 頁面：

https://github.com/google-ai-edge/mediapipe/releases

1-1-5　如何升級或降級 MediaPipe 版本

如果要使用某些特定的功能或遇到相容性問題，可以考慮升級或降級 MediaPipe。假設是使用 Python 3.12 版，如果你想要升級到最新版本，可以執行：

　　py -3.12 -m pip install --upgrade mediapipe

或者如果你想要安裝特定版本（例如 0.10.18），可以執行：

　　py -3.12 pip install mediapipe==0.10.18

1-2　主要應用領域與實際案例

❏ **人臉偵測與人臉識別**
- 例如：即時濾鏡應用、美顏特效、臉部關鍵點檢測（Facial Landmark）、臉部驗證等。
- 常見在視訊會議優化、人臉門禁系統、影音娛樂等。

❏ **手部及手勢追蹤**
- 用於手勢辨識、手語翻譯、人機互動（例如透過手勢操作應用程式）。
- 不僅能追蹤單隻手部，還能同時追蹤多隻手，提供精準的指節、掌心位置資訊。

❏ **姿態估計與動作追蹤**
- 追蹤人體的骨架關節，用於健身指導、醫療復健、AR/VR 動作捕捉等場合。
- 可以自動辨識深蹲、跳躍、舉手等動作，並進行數據化與標籤化。

❏ **物體偵測與分類**
- 整合已有的物件偵測模型（YOLO、SSD、Faster R-CNN 等），在影像中辨識物品類別與位置。
- 應用於安防監控（如人員或可疑物追蹤）、零售分析（客流計數、商品偵測）等。

- **語音與音訊處理**
  - 除了影像以外，也能同時進行音訊特徵萃取、語音偵測、語音轉文字（整合第三方 API）等。
  - 為多模態應用帶來更豐富的互動，如同時偵測畫面與聲音事件。
- **AR/VR、娛樂及其他創新應用**
  - 用人臉與姿態的即時數據，打造虛擬角色捏臉、動態捕捉、虛擬試穿等創意功能。
  - 與遊戲引擎或其他多媒體平台整合，拓展更多應用場景。

1-3 MediaPipe 的程式核心 Calculator 和 Graph

在 MediaPipe 官方文件可以看到，非常強調 Calculator（計算模組）和 Graph（計算圖）觀念。我們可以把 MediaPipe 想像成一個積木玩具組（像 LEGO 一樣），裡面有很多小積木，每塊積木都有不同的功能，我們可以組合這些積木來蓋出我們想要的東西。

- **Calculator = 一塊積木**

在 MediaPipe 裡，「Calculator」就像一塊積木，每個積木負責一個特定的功能，例如：

- 人臉偵測積木：可以找出圖片或影片中的人臉
- 手勢偵測積木：可以辨識手的形狀
- 背景去除積木：可以移除圖片中的背景
- 姿勢偵測積木：可以辨識人站著或坐著的姿勢

每一塊積木都只能做一件事，這就像 MediaPipe 提供的 API（功能），我們只需要「拿來用」。

- **Graph = 把積木組起來變成完整的作品**

單獨一塊積木沒什麼用，我們要把積木組合起來，才能變成一台機器、一棟房子，甚至是一座城市。這個「如何組合這些積木」的計畫，就叫做 Graph（計算圖）。

例如，假設我們要設計一個 AI 照相機，可以 同時偵測人臉和手勢，我們的 Graph（積木組合方式）可能是這樣：

- 輸入影像（拿到一張照片 📷）
- 人臉偵測積木（找出人臉 🔍）
- 手部偵測積木（偵測手勢 👆）
- 標記結果積木（在影像上標記出來 ✨）
- 輸出影像（顯示結果 🖼）

這樣一來，當我們把影像輸入到系統裡，這些積木（Calculator）就會按照 Graph 的流程自動運作，最後得到想要的結果！

❏ **一個小故事：用 MediaPipe 來辦攝影比賽**

想像你是一個攝影比賽的裁判，你需要用 AI 來判斷每個人的照片裡：

- 臉部是否清楚可見（人臉偵測）
- 手勢是否符合比賽要求（手勢偵測）
- 背景是否符合標準（背景去除）

你不會自己寫 AI 程式去分析這些內容，而是使用 MediaPipe 提供的現成積木（Calculator），然後用 Graph 把這些積木組合起來，讓電腦幫你自動檢查每張照片！

❏ **總結**

- 「Calculator = 單獨的積木（API 功能）」，例如人臉偵測、手勢偵測、背景去除等。
- 「Graph = 把積木組合起來（設計計算流程）」，讓不同的功能按照順序運作。
- 「我們的工作 = 選擇適合的 Calculator」，然後設計 Graph 來讓它們協作。

這樣一來，我們就能用 MediaPipe 來做出各種有趣的 AI 應用，例如：

- AI 照相機（人臉 + 手勢偵測）
- AI 遊戲控制器（用手勢來玩遊戲）
- 虛擬化妝鏡（去除背景 + 虛擬化妝）

第 1 章　認識 MediaPipe

1-4　驗證是否可以正確使用 MediaPipe 模組

為了測試是否可以正確使用 MediaPipe 模組，這一節將用簡單的讀取攝影機的影像，做人臉偵測的測試。

1-4-1　MediaPipe 的「Hello, world!」程式測試

在 C 語言領域，開發者 Dennis Ritchie 和 Brian Kernighan 合著了經典的 C 語言著作《The C Programming Language》中，第一個 C 程式範例就是著名的「Hello, world!」程式。

MediaPipe 模組也有類似的第一個程式，可以稱為：

- 「MediaPipe 人臉偵測器」（MP_Face_Detector）
- 「即時人臉偵測」（Real-Time Face Detection with MediaPipe）
- 「智慧人臉偵測追蹤器」（SmartFace Tracker）。

程式實例 ch1_1.py：MediaPipe 模組的「人臉偵測」程式測試，以便讀者可以驗證自己是否有正確安裝 MediaPipe，同時可以繼續閱讀本書內容。按 Esc 鍵，可以結束本程式。

```
1   # ch1_1.py
2   import cv2
3   import mediapipe as mp
4
5   # 初始化 MediaPipe Face Detection (人臉偵測) 與 Drawing Utilities (繪圖工具)
6   # 載入人臉偵測模組
7   mp_face = mp.solutions.face_detection
8   # 載入繪圖工具，幫助畫出偵測結果
9   mp_drawing = mp.solutions.drawing_utils
10
11  # 開啟電腦攝影機 (0 代表預設攝影機)
12  cap = cv2.VideoCapture(0)
13  if not cap.isOpened():
14      print("無法開啟攝影機")
15      exit()
16
17  # 設定 MediaPipe Face Detection 參數，最低偵測信心度為 0.5
18  with mp_face.FaceDetection(min_detection_confidence=0.5) as face_detection:
19      while True:
20          # 讀取攝影機影像
21          ret, frame = cap.read()
22          if not ret:
23              print("無法讀取影像，程式結束")
24              break
```

```
25
26            # OpenCV 預設使用 BGR 色彩空間，需轉換為 RGB 供 MediaPipe 處理
27            frame_rgb = cv2.cvtColor(frame, cv2.COLOR_BGR2RGB)
28
29            # 進行人臉偵測
30            results = face_detection.process(frame_rgb)
31
32            # 將影像轉回 BGR，方便 OpenCV 顯示
33            frame_bgr = cv2.cvtColor(frame_rgb, cv2.COLOR_RGB2BGR)
34
35            # 假如偵測到人臉，則畫出人臉偵測框與關鍵點
36            if results.detections:
37                for detection in results.detections:
38                    # 繪製偵測結果
39                    mp_drawing.draw_detection(frame_bgr, detection)
40
41            # 顯示即時影像畫面
42            cv2.imshow("MediaPipe Face Detection - Hello World", frame_bgr)
43
44            # 若使用者按下 ESC (ASCII 27) 則結束程式
45            if cv2.waitKey(1) & 0xFF == 27:
46                break
47
48    # 釋放攝影機資源並關閉視窗
49    cap.release()
50    cv2.destroyAllWindows()
```

執行結果

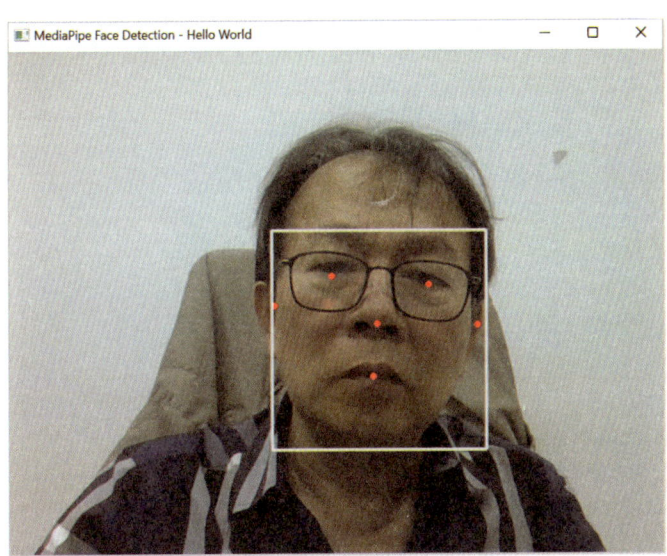

　　在 MediaPipe Face Detection 偵測人臉時，出現的紅色點叫做「關鍵點」（Keypoints）。MediaPipe 在偵測人臉時，會依下列順序標記 6 個關鍵點（Keypoints），這些點代表人臉上的特定位置：

- 左眼內角（Left eye inner corner）
- 右眼內角（Right eye inner corner）
- 鼻尖（Tip of the nose）
- 嘴巴中心（Mouth center）
- 左耳（Left ear tragion）
- 右耳（Right ear tragion）

這些紅色點是第 39 列的 MediaPipe Face Detection API，draw_detection( ) 自動標記的，用來幫助進一步的分析，例如：

- 對齊人臉（Face Alignment）：根據眼睛和鼻子座標調整人臉角度。
- 表情分析（Facial Expression Analysis）：透過嘴巴與鼻子的變化來識別笑容等情緒。
- 人臉追蹤（Face Tracking）：使用耳朵與眼睛座標來追蹤頭部移動
- 臉部辨識的前處理（Face Recognition Preprocessing）：使用眼睛與鼻尖座標對齊人臉，確保角度與比例一致，提高識別準確度。

上述是初步介紹 MediaPipe 測試人臉偵測，未來章節會對程式細節做更完整與詳細的說明，目前讀者只要可以獲得上述結果就可以了。

1-4-2　Calculator 和 Graph 解釋人臉偵測程式

在 1-3 節筆者有敘述 MediaPipe 的程式核心是 Calculator 和 Graph，我們可以用下列方式解釋 MediaPipe 的運作方式。

❑ Calculator（計算模組）對應程式部分

在 MediaPipe 裡，Calculator 是負責單一功能的「處理單元」，而這個程式的主要功能由以下幾個 Calculator 組成：

- Image Input Calculator
    - cap.read( )
    - 讀取影像（從攝影機擷取畫面）。
- Image Conversion Calculator
    - cv2.cvtColor(frame, cv2.COLOR_BGR2RGB)

- 影像格式轉換（OpenCV 預設 BGR，但 MediaPipe 使用 RGB）
- Face Detection Calculator
    - face_detection.process(frame_rgb)
    - 人臉偵測（使用 AI 模型找到人臉）
- Drawing Calculator
    - mp_drawing.draw_detection(frame_bgr, detection)
    - 畫出人臉框與關鍵點
- Display Output Calculator
    - cv2.imshow(...)
    - 顯示影像到螢幕

這些 Calculator 各自執行一個獨立的功能，但它們的輸入和輸出是相互關聯的，因此我們需要 Graph 來組織它們。

❏ Graph（計算圖）組織這些 Calculator

Graph 是用來組織多個 Calculator，決定資料如何流動。在這個程式中，我們的 Graph 流程會像這樣：

影像輸入 (Image Input Calculator)
　　↓
影像轉換 (Image Conversion Calculator)
　　↓
人臉偵測 (Face Detection Calculator)
　　↓
繪製結果 (Drawing Calculator)
　　↓
顯示影像 (Display Output Calculator)

Graph 的流程說明如下：

1. 讀取攝影機影像 → cap.read( )
2. 轉換顏色格式（BGR → RGB）→ cv2.cvtColor( )

3. 執行人臉偵測 → face_detection.process(frame_rgb)
4. 畫出人臉框和關鍵點 → mp_drawing.draw_detection( )
5. 顯示結果到畫面上 → cv2.imshow( )

這個 Graph 負責讓影像像流水線一樣流動，從輸入 → 處理 → 繪製 → 顯示，每個 Calculator 都負責處理其中的一部分。

❑ MediaPipe 內部管理 Calculator 和 Graph 方式

在 MediaPipe 裡，當我們執行第 30 列程式碼：

face_detection.process(frame_rgb)

MediaPipe 內部的 Graph 其實已經包含：

- 影像處理（預處理影像）
- AI 模型（載入預訓練的人臉偵測模型）
- 後處理（產生人臉框和關鍵點）

MediaPipe 自動管理這些 Calculator，讓開發者只需要呼叫 API，就能完成整個人臉偵測流程！

❑ 總結

- 「Calculator = 單一功能的 API（模組化處理單元）」，如影像輸入、人臉偵測、繪製結果等。
- 「Graph = 組織 Calculator 的流程（讓影像像流水線一樣流動）」，確保各 Calculator 依序運作。
- 「MediaPipe 內部已經設計好 Graph」，呼叫 face_detection.process( )，就能自動執行整個偵測流程。

這就是程式 ch1_1.py 使用 Calculator 和 Graph 運作的原理！

1-4-3 影片讀取與人臉偵測

程式實例 ch1_1.py 第 12 列內容如下：

cap = cv2.VideoCapture(0)

1-4 驗證是否可以正確使用 MediaPipe 模組

參數 0，表示讀取電腦的攝影機，我們可以將參數改成影片名稱，就可以讀取影片。像這樣讀取影片的動作，可以稱為離線偵測人臉。

程式實例 ch1_2.py：讀取影片偵測人臉，這個程式只有更改下列指令。

```
11    # 開啟電腦攝影機 (0 代表預設攝影機，此例是讀取 video_test.mp4)
12    cap = cv2.VideoCapture("video_test.mp4")
```

執行結果

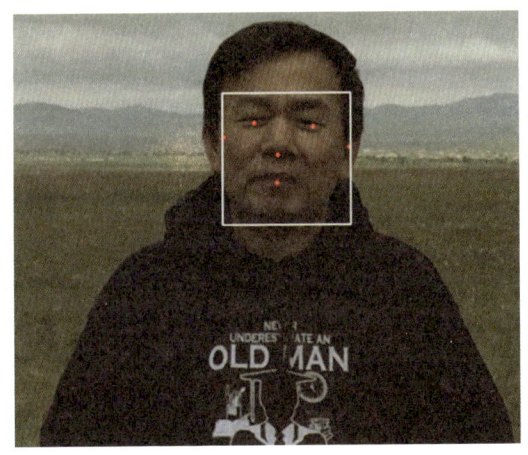

由於影片時間只有 2 秒，影片播放結束，無法讀取到影片，執行結果將得到下列結果。

```
========================= RESTART: D:/AI_Eye/ch1/ch1_2.py =========================
無法讀取影像，程式結束
```

1-4-4 無限迴圈播放影片

程式實例 ch1_2.py 如果影片播放結束，第 21 列的 cap.read() 會返回「ret = False」，這時候程式會顯示「無法讀取影像，程式結束」並結束迴圈。這是因為影片播放完畢後，OpenCV 無法再從 VideoCapture 中讀取新的影格。

如果希望影片播放完後自動重新播放，可以在影片讀取失敗時重新開啟影片，如下修改：

- 當影片播放結束時，重置 cap 來重新播放影片。
- 避免「print(" 無法讀取影像,程式結束 ")」顯示多次。

1-13

程式實例 ch1_3.py：改良程式 ch1_2.py，當讀到影片末端時，將影片播放位置重設為開頭，繼續下一迴圈避免程式中斷。要結束這個程式，可以按 Esc 鍵。

```
20          # 讀取攝影機影像
21          ret, frame = cap.read()
22          if not ret:                                  # 若影片播放完畢，重新播放
23              cap.set(cv2.CAP_PROP_POS_FRAMES, 0)      # 將影片播放位置重設為開頭
24              continue                                 # 繼續下一迴圈,避免程式中斷
```

執行結果 可以參考 ch1_2.py，不過這個程式需按 Esc 才可以結束。

第 2 章

掌握影像輸入
攝影機與影片的運用

2-1　取得影像來源（Webcam / 影片檔）

2-2　更改影像大小

第 2 章　掌握影像輸入 - 攝影機與影片的運用

在使用 MediaPipe 進行 AI 影像分析 前，第一步就是如何獲取影像來源。影像可以來自即時攝影機（Webcam）或已錄製的影片檔（Video File），而不同的來源在處理方式上會有所不同。本章將帶領你學習：

- 如何從攝影機和影片中獲取影像，並進行即時分析。
- 如何調整影像大小，確保適合後續的 AI 偵測與處理。
- 如何儲存影像，以便後續測試或進行批次處理。

透過這些基礎知識，你將能夠流暢地處理影像輸入，並準備進一步應用 MediaPipe AI 模組來進行人臉偵測、手勢追蹤或姿勢估計等高級影像分析。這一章不僅適合初學者學習如何使用 OpenCV 處理影像輸入，也能幫助進階開發者建立穩定的 AI 影像處理流程。

2-1　取得影像來源（Webcam / 影片檔）

在進行人臉偵測之前，需要先取得影像來源。最常見的方式有兩種：即時攝影機（Webcam）與已錄製好的影片檔案（Video File）。同時，若需要紀錄分析過程或再次重複測試，也可以將讀取到的影像進行儲存。

2-1-1　Webcam（即時攝影機）

即時攝影機的使用場景有，即時人臉偵測，例如：視訊會議、直播互動、即時監控等。

- 優點
    - 能即時獲得最新影像，適合做即時反應或警示。
    - 不需額外存取檔案，處理流程較簡單。
- 缺點
    - 受到環境光線、鏡頭品質的限制，畫面可能不夠清晰。
    - 需要穩定的硬體支援及驅動程式。

2-1 取得影像來源（Webcam / 影片檔）

程式實例 ch2_1.py：在程式中可呼叫如 OpenCV 的 cv2.VideoCapture(0)（或其他攝影機編號），直接讀取畫面。

```python
1   # ch2_1.py
2   import cv2
3
4   # 初始化攝影機裝置 (通常使用 0 表示預設攝影機)
5   cap = cv2.VideoCapture(0)
6
7   # 檢查攝影機是否成功開啟
8   if not cap.isOpened():
9       print("無法開啟攝影機")
10      exit()
11
12  while True:
13      # 從攝影機讀取一幀畫面
14      ret, frame = cap.read()
15
16      # 如果無法讀取, 可能表示攝影機斷線或結束
17      if not ret:
18          print("無法取得畫面，程式結束")
19          break
20
21      # 在視窗中顯示畫面
22      cv2.imshow('Webcam', frame)
23
24      # 每次迴圈等待 1 毫秒, 若按下 q 鍵則跳出迴圈
25      if cv2.waitKey(1) == ord('q'):
26          break
27
28  # 釋放攝影機資源
29  cap.release()
30  # 關閉所有 OpenCV 視窗
31  cv2.destroyAllWindows()
```

執行結果

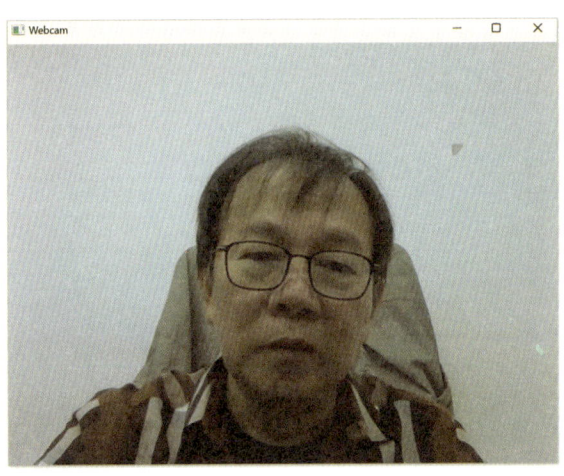

上述程式使用了 OpenCV 模組的指令：

```
cap = cv2.VideoCapture(0)          # 初始化攝影機
  ...
cap.release( )                      # 釋放攝影機資源
```

是最基礎的攝影機 / 影片操作流程之一，以下分別解釋這兩列程式碼的作用與原理：

❑ 初始化攝影機

cap = cv2.VideoCapture(0)

- 建立一個 VideoCapture 物件
  - 這個物件是用來讀取影像來源（可以是攝影機或影片檔）。在這個例子裡，參數給了 0。
  - 0 在多數系統中表示預設的攝影機（也可能是內建攝影機或第一個 USB 攝影機）。如果你有多台攝影機，可以改用 1, 2 或者其他數字來指定不同的攝影機裝置。
- 嘗試開啟並存取攝影機
  - OpenCV 會呼叫底層的驅動或 API（例如在 Windows 上可能使用 DirectShow，或在 Linux 上則使用 V4L2）去跟實體攝影機溝通。
  - 一旦成功開啟，你就可以透過 cap.read( ) 來逐幀取得攝影機的即時畫面。
- 注意可能的問題
  - 如果系統沒有攝影機或攝影機驅動程序有問題，cv2.VideoCapture(0) 可能會失敗，回傳一個無法正常讀取影像的物件。
  - 可以使用 cap.isOpened( ) 來檢查攝影機是否成功開啟；如果沒有開啟成功，需要做錯誤處理或提示。

成功讀取攝影機後，可以使用下列第 14 列的指令，將攝影機的最新畫面讀到 frame 變數裡。

```
ret, frame = cap.read( )
```

上述回傳值 ret 的程式應用細節可以參考第 17 ~ 19 列如下：

```
if not ret:
   print(" 無法取得畫面 , 程式結束 ")
   break
```

其用途是：

- 成功與否的標記
    - ret 是一個布林值 (bool)，當 cap.read( ) 成功讀取到影像時，ret 會回傳 True。若讀取失敗或無影像可讀時，ret 則為 False。
    - 在檔案影片的情況下，當影片播放完畢或檔案壞損、路徑錯誤，就會讀不到有效幀，使 ret 回傳 False。
    - 在即時攝影機的情況，若攝影機斷線或發生硬體 / 驅動問題，也可能造成 ret 為 False。
- 程式安全判斷
    - 我們通常會檢查 ret 的值，以確保有成功拿到影像。
    - 若 ret 為 False，通常會選擇透過 break 或其他處理邏輯來結束迴圈，避免後續對空畫面 (frame) 進行操作導致錯誤。
- 後續運用
    - 一般情況下，若 ret 為 True，才會對 frame 進行顯示、偵測或影像處理。
    - 若 ret 為 False，大多數程式都不會再繼續對 frame 做任何處理，直接結束或跳出讀取迴圈。

❏ **釋放攝影機資源**

cap.release( )

- 釋放 VideoCapture 所佔用的資源：
    - 在程式結束或不再需要使用攝影機時，應該呼叫 cap.release( )。
    - 這會通知系統，讓底層的攝影機或影片檔案停止讀取並關閉連線。
- 避免資源鎖定或記憶體洩漏：
    - 若不釋放，可能導致攝影機被持續佔用，其他程式無法使用或產生衝突。
    - 在正式的程式結束或中斷時，釋放資源是良好的程式設計習慣。

在 Python 也常看到「with cv2.VideoCapture(0) as cap:」這種寫法，以確保在離開 with 區塊時自動釋放。但比較常見的是手動呼叫 release( )，如同 ch2_1.py 的用法。

2-1-2 影片檔案

讀取影片檔案,其使用場景有離線分析、批次處理、大量測試或特定情境的資料蒐集。

- 優點
  - 可以重複使用同一段影像測試,便於調參、除錯。
  - 影片品質可控,方便針對不同解析度或格式進行實驗。
- 缺點
  - 資料不具有即時性,只能後製或離線分析。
  - 實作方式:開啟檔案路徑,如「cv2.VideoCapture("data2/video.mp4")」,逐幀讀取處理。

程式實例 ch2_2.py:讀取 data2 資料夾的 video_test.mp4,程式的重點是第 5 列。

```
1   # ch2_2.py
2   import cv2
3
4   # 建立 VideoCapture 物件並開啟指定的影片檔案
5   cap = cv2.VideoCapture('data2/video_test.mp4')
6
7   # 確認是否成功開啟檔案,若未結束則不斷讀取
8   while cap.isOpened():
9       # 讀取影片中的每一幀; ret 表示是否成功, frame 為影像資料
10      ret, frame = cap.read()
11
12      # 若 ret 為 False 表示無法繼續讀取, 可能影片結束或讀取失敗
13      if not ret:
14          break
15
16      # 在此可進行人臉偵測或其他影像處理
17
18      # 顯示當前幀畫面
19      cv2.imshow('Video', frame)
20
21      # 每次迴圈等待 1 毫秒, 若按下 q 鍵即結束播放
22      if cv2.waitKey(1) & 0xFF == ord('q'):
23          break
24
25  # 釋放 VideoCapture 物件, 並關閉所有 OpenCV 視窗
26  cap.release()
27  cv2.destroyAllWindows()
```

執行結果 這是 ch1_2.py 讀取的影片,只是沒有人臉偵測。

2-1-3 儲存影片檔案

無論使用 Webcam 或開啟既有影片檔，都可以將目前讀取到的每一幀（frame）進行輸出，將處理後或原始的影片內容重新封裝為新的影片檔。這在以下情境特別有用：

- 資料備份 / 紀錄：將即時攝影機影像或檢測結果錄下，後續可再次檢視。
- 離線分析 / 測試：可將即時流產生的新影片檔拿來做離線測試，省去反覆現場錄影的時間。
- 影像處理之後的輸出：若在影片上疊加繪圖（如人臉框、關鍵點），也能同時把結果輸出成新影片檔。

影片格式有許多，這一節將用 MP4 格式解說：

❏ 認識 MP4 影片結構

- MP4 是一種容器格式，可以存儲影片、音訊和其他資料。
- 在 MP4 中，影片由一系列幀組成，每幀是靜態影像。
- 透過編碼工具（如 OpenCV 的 VideoWriter）將多個影像合併為一個 MP4 影片文件。

❏ 定義輸出參數

在開始生成影片之前，需要定義影片的關鍵參數：

- 輸出檔案名稱：影片檔案保存的路徑和名稱。
- 解析度（Resolution）：影像的寬和高（像素）。
- 幀率（Frame Rate, FPS）：每秒顯示的幀數，常用值為 30。
- 影片編碼器：壓縮影片數據的工具，例如 MP4V、XVID。

下列是示範程式碼：

```
output_file = "myvideo.mp4"                                # 輸出 MP4 影片檔案名稱
fps = 30                                                   # 幀率，這是每秒 30 幀
width = int(cap.get(cv2.CAP_PROP_FRAME_WIDTH))             # 影片寬度
height = int(cap.get(cv2.CAP_PROP_FRAME_HEIGHT))           # 影片高度
fourcc = cv2.VideoWriter_fourcc(*'mp4v')                   # MP4 編碼器
```

上述示範程式碼中 cap.get( ) 函數的語法如下：

value = cap.get(propId)

- propId：OpenCV 預設的屬性 ID（用於指定要查詢的參數）。
- value：返回該屬性的數值。

常見的屬性可參考下表：

屬性 ID	屬性名稱	用途
cv2.CAP_PROP_FRAME_WIDTH	3	影片的寬度（像素）
cv2.CAP_PROP_FRAME_HEIGHT	4	影片的高度（像素）
cv2.CAP_PROP_FPS	5	每秒幀數（FPS, Frames Per Second）
cv2.CAP_PROP_FRAME_COUNT	7	總影格數（僅限影片）
cv2.CAP_PROP_POS_FRAMES	1	當前播放的影格索引
cv2.CAP_PROP_POS_MSEC	0	影片當前播放時間（毫秒）
cv2.CAP_PROP_FOURCC	6	影片的 編碼格式（FourCC）
cv2.CAP_PROP_BRIGHTNESS	10	亮度（僅適用於攝影機）
cv2.CAP_PROP_CONTRAST	11	對比度（僅適用於攝影機）

上述示範程式碼 VideoWriter_fourcc( ) 函數是 OpenCV 中用於指定影片編碼格式的函數，它定義了影片壓縮和存儲的編碼器（codec）。其語法如下：

fourcc = cv2.VideoWriter_fourcc(codec)

這個函數回傳是編碼器格式，如果參數是「*'mp4v'」，則編碼器格式是 MP4 檔案。有關 codec 的用法可以參考下表：

FourCC	說明	用途
'XVID'	MPEG-4 編碼器（較廣泛支持）	AVI 文件，較通用
'MJPG'	Motion JPEG（壓縮效果好）	AVI 文件
'X264'	H.264 編碼器（高壓縮率）	MP4 文件，高清影片
'mp4v'	MPEG-4 影片編碼	MP4 文件，流行影片格式
'DIVX'	DivX 影片編碼	AVI 文件
'H264'	高效影片編碼（需要額外庫支持）	MP4 文件

2-1 取得影像來源（Webcam / 影片檔）

❑ **創建 VideoWriter 物件**

使用 OpenCV 的 VideoWriter 物件來初始化影片文件。

- 定義 MP4 文件的寫入方式。
- 將每一幀影像寫入影片。

下列是示範程式碼：

out = cv2.VideoWriter(output_file, fourcc, fps, (width, height))

cv2.VideoWriter( ) 函數的參數可以由前面步驟得到。

❑ **準備每一幀的影像**

每一幀是靜態影像，可以從現有攝影機或是圖片獲得，此節是用攝影機拍攝得到，然後寫入幀。例如：

out.write(frame)   # 這是寫入一幅幀

要完成影片是需要用迴圈生成系列的幀。

❑ **儲存影片檔案**

完成所有幀寫入後，釋放資源並保存檔案。下列是示範的程式碼。

out.release( )

程式實例 ch2_3.py：錄製影像程式，將攝影機拍攝的影像用 MP4 格式輸出至 out2_3.mp4，按 q 鍵則程式結束。

```
1   # ch2_3.py
2   import cv2
3
4   # 初始化攝影機
5   cap = cv2.VideoCapture(0)
6
7   # 設定輸出參數：檔名, 編碼器, FPS, 解析度
8   output_file = "out2_3.mp4"                          # 輸出 MP4 影片名稱
9   fps = 30                                            # 每秒 30 幀
10  width = int(cap.get(cv2.CAP_PROP_FRAME_WIDTH))      # 影片寬度
11  height = int(cap.get(cv2.CAP_PROP_FRAME_HEIGHT))    # 影片高度
12  fourcc = cv2.VideoWriter_fourcc(*'MP4V')            # 輸出 MP4 影片格式
13
14  # 建立 VideoWriter 物件, out2_3.mp4 為輸出影片檔名
15  out = cv2.VideoWriter(output_file, fourcc, fps, (width, height))
16
```

```
17   while True:
18       ret, frame = cap.read()
19       if not ret:
20           break
21
22       # 在此可進行人臉偵測或其他影像處理，假設這裡直接把原始畫面儲存
23
24       # 寫入影片檔
25       out.write(frame)
26
27       # 同時顯示結果
28       cv2.imshow('Webcam', frame)
29
30       # 按下 q 鍵便結束錄影
31       if cv2.waitKey(1) & 0xFF == ord('q'):
32           break
33
34   # 釋放資源
35   cap.release()
36   out.release()
37   cv2.destroyAllWindows()
```

執行結果 程式執行後可以在 ch2 資料夾看到輸出影片。

上述程式解說如下：

❏ 初始化攝影機（第 4 列）

cap = cv2.VideoCapture(0)

❏ 設定輸出參數（第 8～12 列）

- 檔名：第 8 列程式碼指定輸出檔為 out2_3.mp4，使用者可自行指定路徑與檔名。

- fps (frames per second)：第 9 列程式碼是指定每秒要寫入幾幀畫面。本程式中設為 30。這是一個流暢影片的幀數，如果降低幀數，但檔案大小也會相對降低。

- 解析度 (Width, Height)：第 10 和 11 列程式碼，cap.get(propId) 可以取得攝影機當前的寬度與高度，並轉成整數。這些參數將作為輸出影片的畫面大小。

- 編碼器 (fourcc)：透過 cv2.VideoWriter_fourcc(*'MP4V') 指定使用 MP4V 編碼。此方法會回傳一個四字元碼 (FourCC)，表示影片編碼方式，此例是 MP4 檔案格式。若遇到無法播放或相容性問題，可嘗試切換不同編碼器。

❏ 建立 VideoWriter 物件 (out)（第 15 列）

- 使用 cv2.VideoWriter(output, fourcc, fps, (width, height)) 建立影片寫入物件，物件名稱是 out。
- 第 1 個參數為輸出檔名。
- 第 2 個參數為四字元碼的編碼器 (上述提到的 fourcc)。
- 第 3 個參數是幀率 (fps)。
- 第 4 個參數為影片畫面的尺寸 (tuple 型別)；這裡使用 (width, height)。

若影片顯示變形或無法正確寫入，請確認輸出的 (width, height) 是否與實際讀取之影像大小相符。

❏ 讀取畫面並寫入（第 17 ~ 32 列）

在 while True 迴圈中：

- 「ret, frame = cap.read( )」：從攝影機取得一幀影像，若 ret 為 False 表示讀取失敗，可能是攝影機斷線或無可用畫面，則跳出迴圈。
- 「out.write(frame)」：將剛讀取到的畫面 (frame) 直接寫入 out2_3.mp4 檔案。若想在影片中加上其他效果 (例如人臉框標記)，可在寫入前先對 frame 做影像處理。
- 「cv2.imshow('Webcam', frame)」：同時在視窗中顯示即時畫面，方便測試及驗證效果。
- 「if cv2.waitKey(1) & 0xFF == ord('q'):」：若偵測到使用者按下 q 鍵，則結束錄影迴圈。

❏ 釋放資源（第 35 ~ 37 列）

- cap.release( )：關閉並釋放攝影機或影片來源的資源，使其他程式可再次使用該攝影機。
- out.release( )：關閉並釋放 VideoWriter 物件，確保寫入的影片檔已被正確儲存並結束。
- cv2.destroyAllWindows( )：關閉所有由 OpenCV 建立的視窗，結束顯示畫面。

2-2 更改影像大小

在開啟攝影機或讀取影片檔案時，可以設定 / 調整讀取的解析度（螢幕大小）。不過要注意以下兩個不同層次的「大小」設定：

- 攝影機的輸出解析度（Frame Capture Size）
- 程式中顯示視窗的大小（Window Display Size）

2-2-1 攝影機的輸出解析度（Frame Capture Size）

如果是從 Webcam（或某些支援調整解析度的擷取裝置）讀取，可以用 OpenCV 的 cap.set( ) 函數，可用來設定攝影機或影片的屬性。此函數語法如下：

cap.set(propId, value)

- propId：是 OpenCV 定義的屬性 ID，用來指定要修改的參數。
- value：是要設定的新值。

常見的 propId 屬性可以參考下表：

屬性 ID	屬性名稱	用途
cv2.CAP_PROP_FRAME_WIDTH	3	設定影片的寬度（像素）
cv2.CAP_PROP_FRAME_HEIGHT	4	設定影片的高度（像素）
cv2.CAP_PROP_FPS	5	設定攝影機的 FPS（僅適用於攝影機）
cv2.CAP_PROP_POS_FRAMES	1	設定播放影片的影格位置
cv2.CAP_PROP_POS_MSEC	0	設定播放影片的時間位置（毫秒）
cv2.CAP_PROP_BRIGHTNESS	10	設定攝影機的亮度
cv2.CAP_PROP_CONTRAST	11	設定攝影機的對比度

程式實例 ch2_4.py：設定螢幕輸出解析度是 640 x 480，按 q 鍵可以結束程式。

```
1   # ch2_4.py
2   import cv2
3
4   cap = cv2.VideoCapture(0)
5
6   # 嘗試設定攝影機輸出解析度為 640 x 480
7   cap.set(cv2.CAP_PROP_FRAME_WIDTH, 640)
8   cap.set(cv2.CAP_PROP_FRAME_HEIGHT, 480)
9
10  while True:
11      ret, frame = cap.read()
12      if not ret:
```

```
13              break
14
15          cv2.imshow("Webcam", frame)
16
17          if cv2.waitKey(1) & 0xFF == ord('q'):
18              break
19
20      cap.release()
21      cv2.destroyAllWindows()
```

執行結果 讀者執行時可以看到以 640 x 480 解析度,顯示自己的畫面。

讀者需了解可能的限制或注意事項:

- **硬體支援**:並非所有攝影機都支援任意解析度,最常見支援 640×480 (VGA)、1280×720 (HD) 或 1920×1080 (FHD) 等。若設定超過攝影機硬體支援,可能會被忽略或失效。

- **平台驅動**:不同作業系統或攝影機驅動對 CAP_PROP_FRAME_WIDTH、CAP_PROP_FRAME_HEIGHT 的相容性不同,部分平台只接受特定解析度。

- **影片檔案**:如果讀取的是現成的影片檔 (如 mp4、avi),這個方法通常無效,因為影片本身已固定解析度;如果想要「變更大小」,可以在讀取後用 cv2.resize() 對每一幀做額外縮放處理。

2-2-2 程式中顯示視窗的大小 (Window Display Size)

有時候我們僅僅是「希望顯示」的視窗不要過大,或需要符合我們的排版。如果不想或不能改變實際輸入影格的解析度,可以用以下方式:

- 讀取影片後,更改影格大小

    resized_frame = cv2.resize(frame, (640, 480))

- 顯示更改大小後的影格

    cv2.imshow("Resized Video", resized_frame)

程式實例 ch2_5.py:讀取 ch1_2.py 曾經使用的影片,然後調整為 640 x 480 大小。

```
1   # ch2_5.py
2   import cv2
3
4   cap = cv2.VideoCapture('data5/video_test.mp4')
5   while cap.isOpened():
6       ret, frame = cap.read()
7       if not ret:
8           break
9
```

第 2 章 掌握影像輸入 - 攝影機與影片的運用

```
10          # 以 640x480 為目標縮放大小
11          resized_frame = cv2.resize(frame, (640, 480))
12
13          cv2.imshow("Resized Video", resized_frame)
14          if cv2.waitKey(1) & 0xFF == ord('q'):
15              break
16
17     cap.release()
18     cv2.destroyAllWindows()
```

執行結果 讀者可以看到，影片大小已經縮小為 640 x 480 了。

程式實例 ch2_6.py：將影片調整為 640 x 480，重新設計 ch1_3.py，要結束程式請按 Esc 鍵。

```
17     # 設定 MediaPipe Face Detection 參數，最低偵測信心度為 0.5
18     with mp_face.FaceDetection(min_detection_confidence=0.5) as face_detection:
19         while True:
20             # 讀取攝影機影像
21             ret, frame = cap.read()
22             if not ret:                                    # 若影片播放完畢，重新播放
23                 cap.set(cv2.CAP_PROP_POS_FRAMES, 0)        # 將影片播放位置重設為開頭
24                 continue                                    # 繼續下一迴圈，避免程式中斷
25
26             # 以 640x480 為目標縮放大小
27             resized_frame = cv2.resize(frame, (640, 480))
28
29             # OpenCV 預設使用 BGR 色彩空間，需轉換為 RGB 供 MediaPipe 處理
30             frame_rgb = cv2.cvtColor(resized_frame, cv2.COLOR_BGR2RGB)
31
32             # 進行人臉偵測
33             results = face_detection.process(frame_rgb)
34
35             # 將影像轉回 BGR，方便 OpenCV 顯示
36             frame_bgr = cv2.cvtColor(frame_rgb, cv2.COLOR_RGB2BGR)
37
38             # 假如偵測到人臉，則畫出人臉偵測框與關鍵點
39             if results.detections:
40                 for detection in results.detections:
41                     # 繪製偵測結果
42                     mp_drawing.draw_detection(frame_bgr, detection)
43
44             # 顯示即時影像畫面
45             cv2.imshow("MediaPipe Face Detection - Hello World", frame_bgr)
46
47             # 若使用者按下 ESC (ASCII 27) 則結束程式
48             if cv2.waitKey(1) & 0xFF == 27:
49                 break
50
51     # 釋放攝影機資源並關閉視窗
52     cap.release()
53     cv2.destroyAllWindows()
```

執行結果 影片大小已經調整為 640 x 480 了。

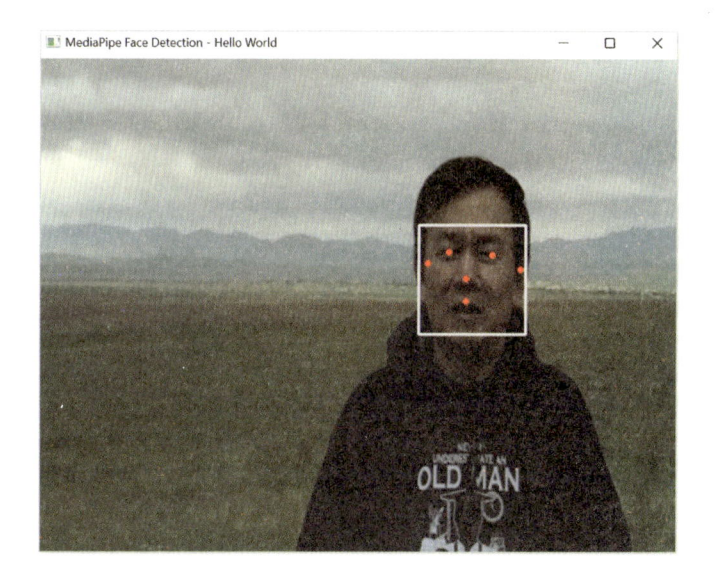

第 2 章　掌握影像輸入 - 攝影機與影片的運用

第 3 章

人臉偵測

3-1 人臉偵測的意義與應用範圍

3-2 MediaPipe Face Detection 基本流程

3-3 註解人臉位置與關鍵點數據

3-4 MediaPipe 輔助繪圖模組

3-5 多人照片人臉偵測

3-6 多人影片人臉偵測

3-7 多人即時攝影機人臉偵測

第 3 章　人臉偵測

人臉偵測（Face Detection）是電腦視覺領域中最基礎且廣泛應用的技術之一。無論在安全監控、門禁系統、社交平台濾鏡、教室考勤管理或零售客流分析等場景，都可看到人臉偵測的蹤跡。由於人臉相關應用常涉及更進階的分析（例如人臉關鍵點標記、臉部表情辨識、臉部特徵萃取），因此在整個臉部技術生態系中，人臉偵測便成為了最前端且不可或缺的一環。

3-1　人臉偵測的意義與應用範圍

3-1-1　基礎定位功能

人臉偵測負責辨識影像或影片串流中「是否存在人臉」以及「人臉位置」在哪裡。對於任何進一步的人臉應用（例如人臉對齊、人臉辨識、表情分析），都需要先有準確的人臉位置才能繼續運算。

3-1-2　各式應用情境

- **保全與門禁**：透過攝影機偵測到人臉後，進一步結合人臉辨識以確認身分，應用於門禁控管或安全監控。
- **視訊濾鏡與社交應用**：如常見的「貼圖」「美顏」或「特效」，都必須先知道人臉範圍，才能將貼圖套用到指定部位。
- **教室與辦公室考勤**：透過人臉偵測協助進行點名與出勤紀錄，節省人力成本。
- **零售和市場分析**：可用於判斷店內有多少人員、停留時間，以及客戶互動情況等。
- **醫療與輔助工具**：在醫療復健或助聽、助視輔具上，都可以先偵測臉孔後再提供針對性的互動或分析。

3-1-3　核心地位

一旦成功偵測到人臉，就能整合其他模組進行更深入的臉部技術。例如臉部關鍵點追蹤、臉部動作捕捉等。可見人臉偵測在整個人臉處理管線中扮演不可替代的基礎角色。

3-1-4 章節範圍與進階議題的預告

本章將圍繞 MediaPipe 的 Face Detection 模組，從初始化、基礎設定到如何在靜態影像與即時影像中偵測人臉。此外，也會涵蓋在 Windows 環境中常見的實作細節與小型創意應用。

- **本章不討論 Face Mesh 或臉部對齊等進階話題**：Face Mesh 能提供數百個臉部網格點，更適合做表情細節分析、美顏特效或臉部塑形等。同樣地，臉部特徵萃取和辨識則需要涉及更多演算法與資料庫管理，也牽涉隱私議題。為了教學脈絡清晰，這些會在後續章節或更進階的內容中專門探討。
- **讀者學習路線**：當讀者熟悉 Face Detection 模組之後，便能在應用程式或研究原型中輕鬆完成「確認人臉位置」的基礎工作。接下來若要深度開發（如臉部辨識、臉部追蹤、情感分析等），就可循序漸進地往後繼續閱讀相關章節。

3-2 MediaPipe Face Detection 基本流程

MediaPipe 有關人臉偵測的核心函數是 FaceDetection( )，這個函數能跨平台、即時且準確地執行人臉偵測，並且與框架內其他模組無縫整合。這一節會說明如何初始化並調整關鍵參數，以及如何取得人臉位置（Bounding Box）與基礎關鍵點（Key Points）資訊。了解這些之後，便能輕鬆在靜態影像或即時影像串流中執行人臉偵測，為後續更進階的應用奠定基礎。

3-2-1 建立模組物件

FaceDetection( ) 函數其實就是一個類別，這個函數位於位於下列 MediaPipe Python API 的模組：

mediapipe.solutions.face_detection

使用前需要定義此類別物件：

```
import mediapipe as mp
    ...
mp_face_detection = mp.solutions.face_detection         # 定義類別物件
```

有了上述 mp_face_detection 物件後，就可以呼叫 FaceDetection( ) 函數。

3-2-2　認識 FaceDetection( ) 函數

從前一節我們可以說，核心類別即 mp_face_detection.FaceDetection( )，其主要用途是：

- 靜態影像或即時串流中找到人臉，並輸出人臉的「相對位置」(Bounding Box) 及幾個「臉部關鍵點」(眼睛、鼻尖、嘴巴中心等)。
- 與更進階的 FaceMesh 相比，FaceDetection 偵測關鍵點數量較少 (通常為 6 個)，但速度快、資源消耗相對較低。

3-2-3　函數初始化與主要參數

在使用時，一般會透過下述語法初始化：

face_detection = mp_face_detection.FaceDetection(
　　model_selection = 0,
　　min_detection_confidence = 0.5
)

上述可以解釋為我們使用預設模型（因為參數皆是預設值），建立 FaceDetection 類別物件 face_detection，主要參數意義如下：

- model_selection
  - 用途：指定所使用的人臉偵測模型版本。
  - 常見參數值
    - ◆ model_selection = 0：這是預設值，適用於近距離，例如 2 公尺以內，拍攝的人臉。可以應用在自拍，或是視訊通話。
    - ◆ model_selection = 1：適用於 2 公尺以上的遠距離人臉場景。可以應用在遠距離的監視器。
  - 差異：不同的 model_selection 會啟用不同的模型大小或演算法，可能影響偵測距離、速度與準確度．
- min_detection_confidence
  - 用途：偵測結果的置信度閾值 (Confidence Threshold)。
  - 預設值：0.5，說明如下：

- 偵測到的人臉若分數 (score) 低於此閾值，就不會被回傳到結果中。(註：3-5-5 節會有額外的說明)
- 數值範圍介於 0.0～1.0，通常設定 0.5。
- 設定越高，代表偵測結果要非常明確才算人臉，適合光線正常或場景相對單純的應用。缺點是可能會有漏檢測。
- 設定越低，代表偵測較寬鬆，能偵測更多人臉。缺點是可能增加誤檢率。

3-2-4　取得人臉 Bounding Box 與基礎關鍵點

建立好 face_detection 物件後，可以用 face_detection.process( ) 函數對單張影像執行人臉偵測。此函數是 MediaPipe Face Detection API 中的核心函數，主要用於處理輸入影像並進行人臉偵測。當我們將影像傳入該函數後，它會輸出包含偵測到的人臉資訊的結果物件。其語法如下：

results = face_detection.process(image)

- image：必須是 RGB 格式的影像（numpy.ndarray），通常來自 OpenCV。
- results：返回偵測結果，其中包含偵測到的人臉位置與關鍵點資訊。

程式實例 ch3_1.py：偵測圖像 jk.jpg，同時輸出偵測結果，此圖像內容如下：

第 3 章　人臉偵測

```python
1   # ch3_1.py
2   import cv2
3   import mediapipe as mp
4
5   # 初始化 MediaPipe Face Detection
6   mp_face_detection = mp.solutions.face_detection
7
8   # 讀取影像並轉換格式
9   image = cv2.imread("jk.jpg")
10  image_rgb = cv2.cvtColor(image, cv2.COLOR_BGR2RGB)
11
12  # 啟動 Face Detection 並進行偵測
13  face_detection = mp_face_detection.FaceDetection(
14      model_selection = 0,
15      min_detection_confidence = 0.5
16  )
17  results = face_detection.process(image_rgb)      # 執行人臉偵測
18
19  # 檢查是否有偵測到人臉
20  if results.detections:
21      print(f"偵測到 {len(results.detections)} 張人臉")
22      for detection in results.detections:
23          print(detection)                    # 輸出完整的人臉偵測結果
24  else:
25      print("未偵測到人臉")
```

執行結果

```
================== RESTART: D:\AI_Eye\ch3\ch3_1.py ==================
偵測到 1 張人臉
label_id: 0
score: 0.882410288        ← 偵測人臉信心分數
location_data {
  format: RELATIVE_BOUNDING_BOX
  relative_bounding_box {
    xmin: 0.308402121
    ymin: 0.320711315       人臉位置與大小
    width: 0.335871696
    height: 0.332928181
  }
  relative_keypoints {
    x: 0.392087758          左眼內角
    y: 0.396670043
  }
  relative_keypoints {
    x: 0.545654178          右眼內角
    y: 0.395710051
  }
  relative_keypoints {
    x: 0.46635139           鼻尖
    y: 0.462603688
  }                                       6 個關鍵點座標
  relative_keypoints {
    x: 0.468706906          嘴巴中心
    y: 0.544562697
  }
  relative_keypoints {
    x: 0.314306259          左耳
    y: 0.451291859
  }
  relative_keypoints {
    x: 0.635616183          右耳
    y: 0.45015049
  }
}
```

3-6

一個圖像可能會偵測到多個圖像，所以用第 22 ～ 23 列寫法，上述 process( ) 函數回傳的是 results 結構物件，物件內有偵測到的人臉。其中人臉位置與大小和 6 個關鍵點座標，皆是正規化的數據，所以值在 0 和 1 之間。座標左上方是 (0, 0)，座標值向右可以 x 軸遞增，向下可以 y 軸遞增)。這種表示方式的優點：

- 與影像大小無關，適用於不同解析度的影像。
- 當影像縮放時，關鍵點的位置比例仍然保持一致。

上述程式可以得到下列數據：

- results.detections：偵測到的人臉串列，每個元素皆是一個偵測到的臉。如果沒有偵測到人臉，這個欄位是 None。

實例：取得人臉數量。

```
if results.detections:
    print(f" 偵測到 {len(results.detections)} 張人臉 ")
else:
    print(" 未偵測到人臉 ")
```

- detection.label_id：標籤 ID。這個欄位通常不使用，因為 MediaPipe Face Detection 並不提供人臉分類功能。如果你要做人臉識別（辨識特定個體），應該使用 FaceMesh 或其他人臉識別模型。

- detection.score：偵測人臉偵測的信心分數。每張偵測到的臉都有一個信心分數（score），代表 AI 對於這張人臉偵測的可信度（範圍 0.0 ～ 1.0）。

實例：取得每張人臉的信心分數。

```
for detection in results.detections:
    print(f" 信心分數 : {detection.score[0]:.2f}")
```

- detection.location_data.relative_bounding_box：人臉邊界框。這是人臉的位置資訊，包含 xmin（人臉邊界框左上角 x 軸），ymin（人臉邊界框左上角 y 軸），width, height，數值都是正規化值（範圍 0 ～ 1），表示相對於影像的比例。

實例：取得人臉的邊界框座標。

```
for detection in results.detections:
    bbox = detection.location_data.relative_bounding_box
    print(f" 人臉位置 : x={bbox.xmin:.2f}, y={bbox.ymin:.2f}, /
        寬度 ={bbox.width:.2f}, 高度 ={bbox.height:.2f}")
```

如果要轉換成像素座標，需要乘上影像的寬高。

h, w, _ = image.shape
for detection in results.detections:
　　bbox = detection.location_data.relative_bounding_box
　　x, y = int(bbox.xmin * w), int(bbox.ymin * h)
　　width, height = int(bbox.width * w), int(bbox.height * h)
　　print(f" 人臉像素座標：x={x}, y={y}, 寬度 ={width}, 高度 ={height}")

- detection.location_data.relative_keypoints：關鍵點。MediaPipe 人臉偵測 API 會標記 6 個人臉關鍵點（Keypoints）：
    - 左眼內角（Left eye inner corner）
    - 右眼內角（Right eye inner corner）
    - 鼻尖（Tip of the nose）
    - 嘴巴中心（Mouth center）
    - 左耳 tragion（Left ear tragion）
    - 右耳 tragion（Right ear tragion）

這些座標也是正規化值（0～1），需要轉換為像素。

實例：取得 6 個關鍵點。

for detection in results.detections:
　　for i, keypoint in enumerate(detection.location_data.relative_keypoints):
　　　　print(f" 關鍵點 {i}: x={keypoint.x:.2f}, y={keypoint.y:.2f}")

轉換成像素座標，需要乘上影像的寬高。

h, w, _ = image.shape
for detection in results.detections:
　　for i, keypoint in enumerate(detection.location_data.relative_keypoints):
　　　　x, y = int(keypoint.x * w), int(keypoint.y * h)
　　　　print(f" 關鍵點 {i} 像素座標：x={x}, y={y}")

3-2-5　process( ) 的輸入要求

在使用 process( ) 偵測人臉識別，需留意 process( ) 函數的輸入要求，可參考下表。

輸入格式	是否支援	說明
BGR 格式（OpenCV 預設）	不支援	需要用 cv2.cvtColor( ) 轉換為 RGB
RGB 格式（MediaPipe 需要）	支援	可用
灰階影像	不支援	必須是三通道彩色影像
NumPy 陣列	支援	影像格式應為 numpy.ndarray

3-2-6　未偵測到人臉

可能原因：

- min_detection_confidence 設太高，這時可以降低閾值。
- 影像解析度過低，建議至少 480p 以上。

3-2-7　With 關鍵字的應用

程式實例 ch3_1.py 建立 face_detection 物件時，筆者使用下列語法，這是為了講解方便。

```
face_detection = mp_face_detection.FaceDetection(
    model_selection = 0,
    min_detection_confidence = 0.5)
results = face_detection.process(image_rgb)
if results.detections:
    print(f" 偵測到 {len(results.detections)} 張人臉 ")
```

官方建立在建議使用 with 區塊，此時語法如下：

```
with mp_face_detection.FaceDetection(
    model_selection = 0,
    min_detection_confidence = 0.5
) as face_detection:
    results = face_detection.process(image_rgb)
    if results.detections:
        print(f" 偵測到 {len(results.detections)} 張人臉 ")
```

❑ 差異比較

方式	主要差異
使用 with	1：確保 FaceDetection 物件會在區塊結束時自動釋放記憶體 2：適合處理大量影像或即時影像流（如影片或攝影機） 3：避免資源佔用，減少記憶體洩漏的風險
不用 with	1：需要手動釋放 FaceDetection 物件，否則可能會佔用資源 2：如果在多次呼叫 FaceDetection，可能會導致記憶體洩漏（memory leak） 3：適合用於 單張圖片，但不適合即時影像處理。

❑ with 適合「即時影像處理」的方式

with 是較推薦的方式，因為它會自動管理資源，適合處理大量影像或即時影像流（如攝影機或影片）。

❑ 不用 with 適合「單張影像偵測」的方式

如果只是偵測「一張圖片」，也可以使用不帶 with 的方式，前提是確保手動釋放資源，假設物件名稱是 face_detection，可用 del 釋回資源。

del face_detection

適合單次執行。

3-3 註解人臉位置與關鍵點數據

這一節將分別描述用中文標記人臉位置與關鍵點數據，同時圖像輸出。

3-3-1 中文註解人臉位置與關鍵點數據

程式實例 ch3_2.py：重新設計 ch3_1.py，擴充第 19 ~ 25 列，用完整中文註解方式，標記偵測人臉的數據。

```
19      # 檢查是否有偵測到人臉
20      if results.detections:
21          for detection in results.detections:
22              print(f"偵測到 {len(results.detections)} 張人臉")
23              print(f"信心分數: {detection.score[0]:.3f}")
24
25              # 取得人臉邊界框
26              bbox = detection.location_data.relative_bounding_box
```

```
27        print(f"人臉位置: x={bbox.xmin:.3f}, y={bbox.ymin:.3f}, \
28 寬度={bbox.width:.3f}, 高度={bbox.height:.3f}")
29
30        # 6 個關鍵點對應的名稱
31        keypoint_labels = ["左眼內角", "右眼內角", "鼻尖    ",
32                           "嘴巴中心", "左耳    ", "右耳    "]
33
34        # 逐一輸出每個關鍵點的座標
35        for i, keypoint in enumerate(detection.location_data.relative_keypoints):
36            print(f"{keypoint_labels[i]}: x={keypoint.x:.3f}, y={keypoint.y:.3f}")
37 else:
38     print("未偵測到人臉")
```

執行結果

```
====================== RESTART: D:/AI_Eye/ch3/ch3_2.py ======================
偵測到 1 張人臉
信心分數: 0.882
人臉位置: x=0.308, y=0.321, 寬度=0.336, 高度=0.333
左眼內角    : x=0.392, y=0.397
右眼內角    : x=0.546, y=0.396
鼻尖       : x=0.466, y=0.463
嘴巴中心    : x=0.469, y=0.545
左耳       : x=0.314, y=0.451
右耳       : x=0.636, y=0.450
```

3-3-2 手工繪製人臉框和關鍵點

MediaPipe 有提供工具可以很方便繪製偵測的人臉和關鍵點，不過當我們了解偵測的人臉數據後，也可以自己手工繪製人臉框和關鍵點了。

程式實例 ch3_3.py：更改設計 ch3_2.py，人臉數據在圖像輸出。

```
19  # 檢查是否有偵測到人臉
20  if results.detections:
21      for detection in results.detections:
22          # 取得人臉邊界框
23          bbox = detection.location_data.relative_bounding_box
24          h, w, _ = image.shape    # 取得影像尺寸
25          x_min = int(bbox.xmin * w)
26          y_min = int(bbox.ymin * h)
27          box_width = int(bbox.width * w)
28          box_height = int(bbox.height * h)
29
30          # 繪製人臉框
31          cv2.rectangle(image, (x_min, y_min),
32                        (x_min + box_width, y_min + box_height), (0, 255, 0), 2)
33
34          # 6 個關鍵點對應的名稱
35          keypoint_labels = ["L eye", "R eye", "nose", "mouse",
36                             "L ear", "R ear"]
37
38          # 逐一繪製每個關鍵點
39          for i, keypoint in enumerate(detection.location_data.relative_keypoints):
40              key_x = int(keypoint.x * w)
```

```
40              key_x = int(keypoint.x * w)
41              key_y = int(keypoint.y * h)
42
43              # 繪製關鍵點
44              cv2.circle(image, (key_x, key_y), 3, (0, 0, 255), -1)  # 紅色點
45
46              # 標記文字
47              cv2.putText(image, keypoint_labels[i], (key_x - 20, key_y - 10),
48                          cv2.FONT_HERSHEY_SIMPLEX, 0.5, (255, 255, 255), 1)
49
50      # 顯示結果影像
51      cv2.imshow("Face Detection Result", image)
52      cv2.waitKey(0)
53      cv2.destroyAllWindows()
54  else:
55      print("未偵測到人臉")
```

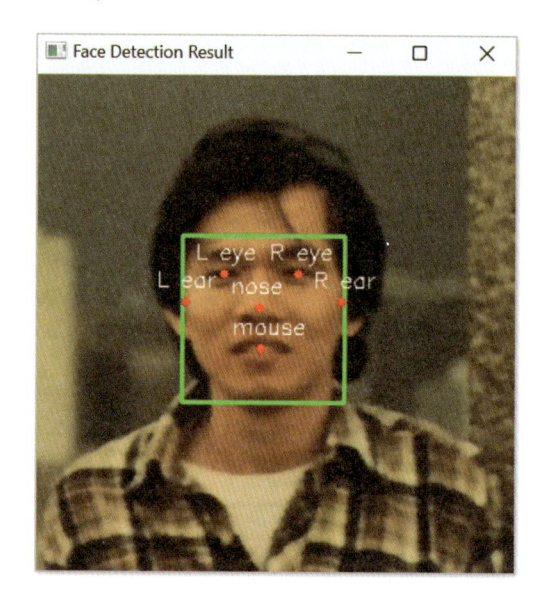

執行結果

3-4 MediaPipe 輔助繪圖模組

　　drawing_utils 是 MediaPipe 提供的一個輔助繪圖模組，主要用於將偵測或推論結果（例如臉部關鍵點、骨架關節位置等）以可視化方式繪製到影像上，方便開發者快速檢視模型輸出。

3-4-1　drawing_utils 輔助繪圖基礎觀念

以下說明其核心特色與常見操作：

3-4　MediaPipe 輔助繪圖模組

❑ 模組導入

在使用 drawing_utils 前，通常會搭配 mediapipe as mp 的寫法，並透過下列方式建立繪圖物件或直接呼叫方法：

import mediapipe as mp
　　...
mp_drawing = mp.solutions.drawing_utils

接下來就可以使用 mp_drawing 裡的各種功能來繪製偵測結果，例如：可直接使用 draw_detection( ) 等方法繪製檢測結果。

❑ 常見繪圖函式

draw_detection(image, detection)：

將人臉偵測（或物件偵測）的結果繪製到輸入影像上。例如當我們使用 MediaPipe Face Detection 模組得到 detection 後，就能呼叫此方法在影像上疊加邊界框與關鍵點。

下一小節會完整解釋此函數的用法。

❑ 樣式與顏色調整

drawing_utils 提供一些自訂參數，方便開發者改變繪製樣式，例如：

- drawing_spec：設定筆刷粗細、顏色（BGR）及圓點大小等。
- mp_drawing_styles：MediaPipe 另外提供 drawing_styles 模組，內含預設樣式，可直接拿來套用常見骨架、臉部特徵等繪圖樣式。

❑ 運作流程簡述

通常搭配其他 MediaPipe 模組（例如 Face Detection、Hands、Pose）使用時，可遵循以下流程：

1. 從攝影機或影片中讀取每一幀影像。
2. 將影像轉為 RGB 格式（MediaPipe 大多預設使用 RGB 來推論）。
3. 將影像置入對應的偵測或辨識方法取得結果，例：
   results = face_detection.process(rgb_image))
4. 使用 drawing_utils 的方法，將偵測結果繪製到原始畫面上（或複製的畫面）。
5. 顯示含有可視化標記的畫面，或進一步做影像後製。

第 3 章　人臉偵測

❑ **應用範圍**

- 人臉偵測與關鍵點繪製：快速檢視偵測框、臉部 6 大關鍵點位置（如左右眼、鼻尖、嘴角等）。
- 姿勢估計：繪製人體骨架、關節連線，便於除錯或分析動作。
- 手部偵測：標記手掌和指節位置，也能直接畫出指節間的連線。

總而言之，mp.solutions.drawing_utils 是 MediaPipe 框架內非常重要的可視化工具，不僅能協助開發者檢查並理解模型輸出，也能快速生成直觀的繪圖結果應用於各種即時互動或後製場景。透過調整繪圖參數與樣式，能夠輕鬆打造符合專案風格或需求的可視化成品。

3-4-2　draw_detection( ) 函數

mp_drawing.draw_detection(frame, detection) 是 MediaPipe Drawing Utilities 提供的函數，主要用來在影像上繪製人臉偵測結果，包括：

- 人臉邊界框（Bounding Box）
- 人臉關鍵點（Keypoints）（如眼睛、鼻子、嘴巴、耳朵等）

此函數語法如下：

```
mp_drawing.draw_detection(
    image,                   # 影像
    detection,               # 偵測到的人臉物件
    keypoint_drawing_spec,   # 可選，調整關鍵點的顯示樣式
    bbox_drawing_spec        # 可選，調整邊界框的顯示樣式
)
```

上述各參數說明如下：

- image：輸入影像，通常來自 OpenCV (cv2.imread( ) 或 cap.read( ))。
- detection：MediaPipe 偵測物件結果，來自 face_detection.process( )。
- keypoint_drawing_spec：可選，主要是設定關鍵點的顏色、大小。
- bbox_drawing_spec：可選，設定邊界框的顏色、粗細。

3-4 MediaPipe 輔助繪圖模組

　　更完整的說，detection 是偵測結果數據，draw_detection( ) 函數用偵測的結果數據，繪製到 image 圖像內。有了這個觀念，讀者就應該可以理解下列 ch1_1.py 的繪製人臉偵測框與關鍵點的語法了。

```
26              # OpenCV 預設使用 BGR 色彩空間，需轉換為 RGB 供 MediaPipe 處理
27              frame_rgb = cv2.cvtColor(frame, cv2.COLOR_BGR2RGB)
28
29              # 進行人臉偵測
30              results = face_detection.process(frame_rgb)
31
32              # 將影像轉回 BGR，方便 OpenCV 顯示
33              frame_bgr = cv2.cvtColor(frame_rgb, cv2.COLOR_RGB2BGR)
34                                                    圖像
35              # 假如偵測到人臉，則畫出人臉偵測框與關鍵點
36              if results.detections:                 偵測框與關鍵點數據
37                  for detection in results.detections:
38                      # 繪製偵測結果
39                      mp_drawing.draw_detection(frame_bgr, detection)
40                                                         顯示結果影像
41              # 顯示即時影像畫面
42              cv2.imshow("MediaPipe Face Detection - Hello World", frame_bgr)
```

程式實例 ch3_4.py：用繪圖工具重新設計 ch3_3.py，但是省略輸出各關鍵點的名稱。

```
1   # ch3_4.py
2   import cv2
3   import mediapipe as mp
4
5   # 初始化 MediaPipe Face Detection
6   mp_face_detection = mp.solutions.face_detection
7   # 載入繪圖工具，幫助畫出偵測結果
8   mp_drawing = mp.solutions.drawing_utils
9
10  # 讀取影像並轉換格式
11  image = cv2.imread("jk.jpg")
12  image_rgb = cv2.cvtColor(image, cv2.COLOR_BGR2RGB)
13
14  # 啟動 Face Detection 並進行偵測
15  face_detection = mp_face_detection.FaceDetection(
16      model_selection=0,
17      min_detection_confidence=0.5
18  )
19  results = face_detection.process(image_rgb)    # 執行人臉偵測
20
21  # 檢查是否有偵測到人臉
22  if results.detections:
23      for detection in results.detections:
24          # 繪製偵測結果
25          mp_drawing.draw_detection(image, detection)
26
27      # 顯示結果影像
28      cv2.imshow("Face Detection Result", image)
29      cv2.waitKey(0)
30      cv2.destroyAllWindows()
31  else:
32      print("未偵測到人臉")
```

3-15

執行結果

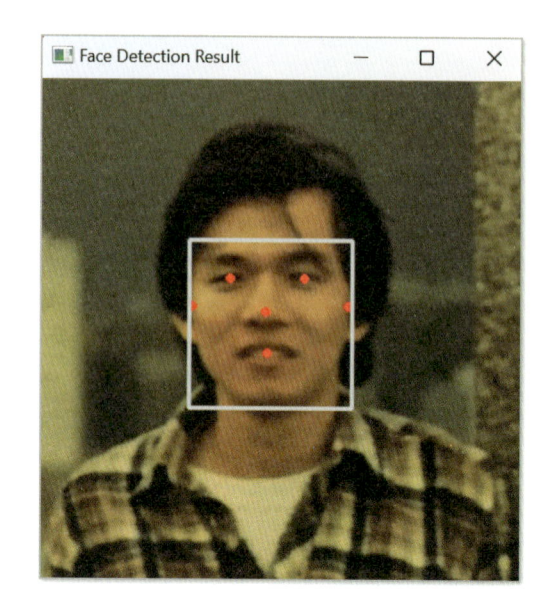

程式實例 ch3_5.py：用攝影機錄製影片，標記人臉偵測的結果，同時將錄製期間的畫面輸出到 output5.mp4。按 Esc 鍵，可以結束此程式。

```
1   # ch3_5.py
2   import cv2
3   import mediapipe as mp
4
5   # 載入人臉偵測模組
6   mp_face = mp.solutions.face_detection
7   # 載入繪圖工具，幫助畫出偵測結果
8   mp_drawing = mp.solutions.drawing_utils
9
10  # 開啟電腦攝影機 (0 代表預設攝影機)
11  cap = cv2.VideoCapture(0)
12  if not cap.isOpened():
13      print("無法開啟攝影機")
14      exit()
15
16  # 取得影像寬高及 FPS
17  width = int(cap.get(cv2.CAP_PROP_FRAME_WIDTH))       # 影片寬度
18  height = int(cap.get(cv2.CAP_PROP_FRAME_HEIGHT))     # 影片高度
19  fps = int(cap.get(cv2.CAP_PROP_FPS))                 # 幀率
20
21  # 設定影片輸出編碼與參數
22  fourcc = cv2.VideoWriter_fourcc(*'mp4v')    # 設定 MP4 格式
23  out = cv2.VideoWriter('output5.mp4', fourcc, fps, (width, height))
24
25  # 設定 MediaPipe Face Detection 參數，最低偵測信心度為 0.5
26  with mp_face.FaceDetection(
27      model_selection=0,
28      min_detection_confidence=0.5,
29  ) as face_detection:
30      while True:
```

```python
31          # 讀取攝影機影像
32          ret, frame = cap.read()
33          if not ret:
34              print("無法讀取影像，程式結束")
35              break
36
37          # OpenCV 預設是 BGR 色彩空間，需轉為 RGB 供 MediaPipe 處理
38          frame_rgb = cv2.cvtColor(frame, cv2.COLOR_BGR2RGB)
39
40          # 進行人臉偵測
41          results = face_detection.process(frame_rgb)
42
43          # 將影像轉回 BGR，方便 OpenCV 顯示
44          frame_bgr = cv2.cvtColor(frame_rgb, cv2.COLOR_RGB2BGR)
45
46          # 假如偵測到人臉，則畫出人臉偵測框與關鍵點
47          if results.detections:
48              for detection in results.detections:
49                  # 繪製偵測結果
50                  mp_drawing.draw_detection(frame_bgr, detection)
51
52          # 將影像寫入輸出影片
53          out.write(frame_bgr)
54
55          # 顯示即時影像畫面
56          cv2.imshow("MediaPipe Face Detection - Hello World", frame_bgr)
57
58          # 若使用者按下 ESC (ASCII 27) 則結束程式
59          if cv2.waitKey(1) & 0xFF == 27:
60              break
61
62  # 釋放攝影機資源，影片輸出，並關閉視窗
63  cap.release()
64  out.release()
65  cv2.destroyAllWindows()
```

執行結果 程式執行時，除了可以看到標記的人臉偵測結果外，執行結束時也可以在 ch3 資料夾得到程式執行期間錄製的 output5.mp4 檔案。

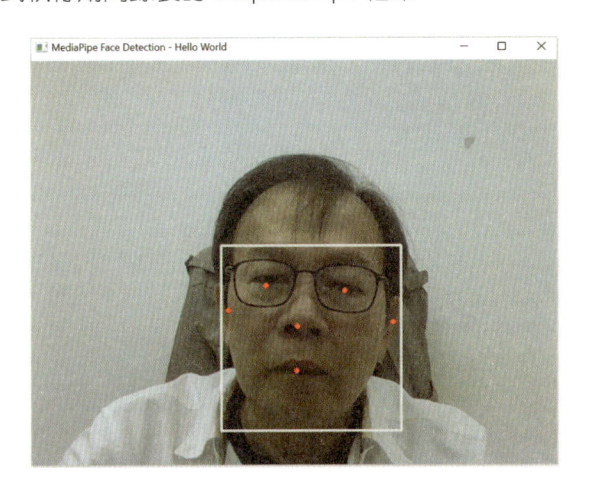

3-4-3 自訂顏色、大小、粗細 - DrawSpec( )

mp_drawing.DrawingSpec( ) 是 MediaPipe Drawing Utilities 提供的函數，用於設定繪圖樣式，可用來調整線條顏色、粗細、圓點大小等，通常與 mp_drawing.draw_detection( ) 搭配使用。此函數語法如下：

mp_drawing.DrawingSpec(
  color=(B, G, R),   # 設定顏色（藍、綠、紅）
  thickness = int,   # 設定線條粗細
  circle_radius = int   # 設定關鍵點圓圈半徑
)

上述參數說明如下：

- color：格式是 (int, int, int)，表示 (B, G, R)，預設是 (224, 224, 224)。顏色的預設是灰白色，可以由此調整顏色。
- thickness：這是整數 int，預設是 2，可以由此設定邊界框線條粗細。
- circle_radius：這是整數 int，預設是 2，可以由此設定關鍵點圓點半徑。

程式實例 ch3_6.py：重新設計 ch3_4.py，用黃色、半徑是 1，繪製關鍵點。用綠色、厚度是 3 繪製邊界框線。

```
14   # 啟動 Face Detection 並進行偵測
15   face_detection = mp_face_detection.FaceDetection(
16       model_selection=0,
17       min_detection_confidence=0.5
18   )
19   results = face_detection.process(image_rgb)   # 執行人臉偵測
20
21   # 設定繪製樣式，確保變數存在
22   keypoint_style = mp_drawing.DrawingSpec(color=(0, 255, 255),
23                                            thickness=2,
24                                            circle_radius = 1)   # 黃色關鍵點
25   bbox_style = mp_drawing.DrawingSpec(color=(0, 255, 0),
26                                        thickness = 3)           # 綠色邊界框
27
28
29   # 檢查是否有偵測到人臉
30   if results.detections:
31       for detection in results.detections:
32           # 繪製偵測結果
33           mp_drawing.draw_detection(image, detection,
34                                      keypoint_style,
35                                      bbox_style)
36
```

```
36
37          # 顯示結果影像
38          cv2.imshow("Face Detection Result", image)
39          cv2.waitKey(0)
40          cv2.destroyAllWindows()
41      else:
42          print("未偵測到人臉")
```

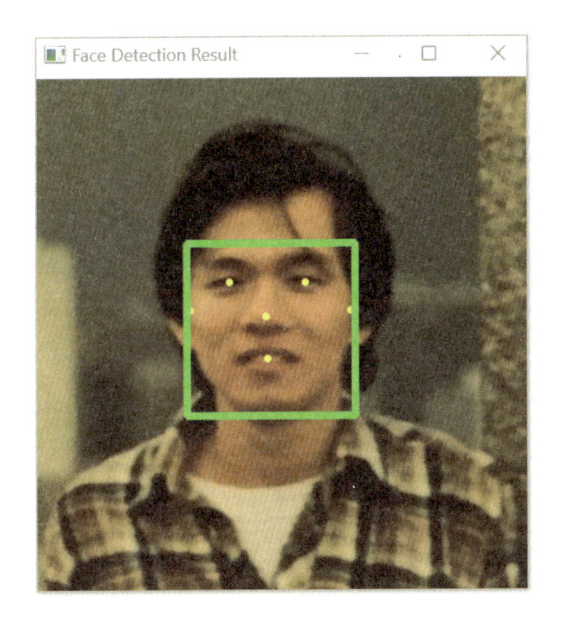

執行結果

上述第 33 ~ 35 列，有關 mp_drawing.draw_detection( ) 函數的第 3 和 4 個參數，也可以寫得更完整，如下，讀者可以參考 ch3 資料夾的 ch3_6_1.py。

```
29      # 檢查是否有偵測到人臉
30      if results.detections:
31          for detection in results.detections:
32              # 繪製偵測結果
33              mp_drawing.draw_detection(image, detection,
34                              keypoint_drawing_spec = keypoint_style,
35                              bbox_drawing_spec = bbox_style)
```

3-5　多人照片人臉偵測

人臉偵測實務上是用攝影機偵測，但是建議學會了人臉偵測時，採用下列方式測試，了解可能發生問題，逐一解決可以事半功倍。

1. 先用照片做測試這個功能，這是本節主題。

3-19

第 3 章　人臉偵測

2. 再用影片測試，在 3-6 節說明。

3. 然後再用攝影機實戰，在 3-7 節說明。

3-5-1　多人照片人臉測試基礎

這時讀者會碰上下列系列問題。

● 照片解析度很高，螢幕無法完全顯示。

● 處理部分人臉無法偵測的問題。

由於目前手機的解析度很高，常常會造成超出螢幕範圍，無法看到結果，可以參考下列實例。

程式實例 ch3_7.py：偵測 2 張人臉的實例應用，偵測的人臉使用。

```
1   # ch3_7.py
2   import cv2
3   import mediapipe as mp
4
5   # 初始化 MediaPipe Face Detection
6   mp_face_detection = mp.solutions.face_detection
7   # 載入繪圖工具，幫助畫出偵測結果
8   mp_drawing = mp.solutions.drawing_utils
9
10  # 讀取影像並轉換格式
11  image = cv2.imread("multi_faces.jpg")
12
13  image_rgb = cv2.cvtColor(image, cv2.COLOR_BGR2RGB)    # BGR 轉 RGB
14
15  # 啟動 Face Detection 並進行偵測
16  with mp_face_detection.FaceDetection(
17      model_selection = 0,
18      min_detection_confidence = 0.5
19  ) as face_detection:
20      results = face_detection.process(image_rgb)       # 執行人臉偵測
21
22      # 檢查是否有偵測到人臉
23      if results.detections:
24          print(f"偵測到 {len(results.detections)} 張人臉")
25          for detection in results.detections:
26              # 繪製偵測結果
27              mp_drawing.draw_detection(image, detection)
28
29          cv2.imshow("Face Detection Result", image)    # 顯示結果影像
30          cv2.waitKey(0)
31          cv2.destroyAllWindows()
32      else:
33          print("未偵測到人臉")
```

執行結果

```
================================ RESTART: D:/AI_Eye/ch3/ch3_7.py ================================
偵測到 1 張人臉
```

上述程式得到可以偵測到 1 張臉，可是螢幕無法顯示，這表示圖像太大，如果檢查程式第 11 列讀取的檔案，可以發現螢幕解析度是 3024 x 4032。

第 3 章　人臉偵測

我們可以用下列方法處理解析度問題。

- 方法 1：縮放顯示圖像，使用 cv2.resize( ) 在顯示時縮小圖像大小，例如可以在 ch3_7.py 內，增加第 12 列，結果是在 ch3_7_1.py。同時得到偵測到一張人臉的結果。

```
12    image = cv2.resize(image, (0, 0), fx=0.1, fy=0.1)    # 縮為 1/10
```

```
====================== RESTART: D:/AI_Eye/ch3/ch3_7_1.py ======================
偵測到 1 張人臉
```

- 方法 2：固定最大顯示尺寸，如果不希望按比例縮放，而是設定固定尺寸，例如：可以在 ch3_7.py 內，增加第 12 列，結果是在 ch3_7_2.py。這是設定影像固定為 600 x 800，結果偵測不到影像。

```
12    image = cv2.resize(image, (600, 800))                # 固定 600 x 800
```

```
====================== RESTART: D:/AI_Eye/ch3/ch3_7_2.py ======================
未偵測到人臉
```

讀者可以自行調整更改影像大小，可能會得到偵測人臉數量不同的結果。

3-5-2　處理無法偵測到全部人臉的問題

- 參數 model_selection 選項：用 FaceDetection( ) 方法時，有關此參數有兩種模型選擇：

- 「model_selection = 0」：（預設，近距離模式，適合距離 2 公尺內）
- 「model_selection = 1」：（遠距離模式，適合 2 公尺以上）
● 參數 min_detection_confidence 選項：用 FaceDetection( ) 方法時，此最低偵測信心值參數，決定了模型對人臉的偵測門檻。這個值的範圍是 0.0 到 1.0，代表：
  - 數值高（如 0.8 ~ 1.0）：只會偵測 高度確定是人臉的區域（可能漏掉較模糊的臉）。
  - 數值低（如 0.2 ~ 0.5）：偵測較廣泛的人臉（可能包含誤偵測的區域）。

程式實例 ch3_8.py：重新設計 ch3_7_1.py，修改第 17 列為「model_selection = 1」。

```
17        model_selection = 1,
```

執行結果

依據官方說法，min_detection_confidence 值的設定可以參考下列原則：
● 如果想要更準確的人臉偵測，推薦設定 0.5 ~ 0.7
● 如果人臉較小或光線不好，可以降至 0.3 ~ 0.4 來確保偵測
● 若場景中有大量誤判（如背景雜訊），可以提高至 0.8

這樣，你可以根據應用場景靈活調整 min_detection_confidence，獲得最佳的人臉偵測效果！（註：3-5-5 節會有額外說明）

第 3 章　人臉偵測

3-5-3　偵測更多臉的實作

如果照片尺寸適當，我們可以省略第 12 列調整讀取的照片尺寸，可以參考下列 ch3_8_1.py。

程式實例 ch3_8_1.py：重新設計 ch3_8.py，省略第 12 列調整讀取的照片尺寸，偵測 faces6.jpg 照片的實例。

```
10    # 讀取影像並轉換格式
11    image = cv2.imread("faces6.jpg")
12
13    image_rgb = cv2.cvtColor(image, cv2.COLOR_BGR2RGB)   # BGR 轉 RGB
```

執行結果
```
===================== RESTART: D:\AI_Eye\ch3\ch3_8_1.py =====================
偵測到 6 張人臉
```

不過讀者也需了解，在做人臉偵測時，可能人臉角度傾斜，造成部份人臉偵測不出來的可能。

3-5-4　人臉編號與信心分數

在偵測多張人臉識，人臉編號不是從左到右或是從右到左，而是依據人臉的信心值，由高往低降冪排序。在 ch3_1.py 程式的人臉偵測時，有一個偵測到人臉的信心分數，我們也可以列出每個偵測到人臉的分數。

3-5 多人照片人臉偵測

程式實例 ch3_8_2.py：重新設計 ch3_8_1.py,標記每個偵測到的人臉,同時在互動視窗輸出每個人臉的信心分數。

```python
1   # ch3_8_2.py
2   import cv2
3   import mediapipe as mp
4
5   # 初始化 MediaPipe Face Detection
6   mp_face_detection = mp.solutions.face_detection
7   mp_drawing = mp.solutions.drawing_utils
8
9   # 讀取影像並轉換格式
10  image = cv2.imread("faces6.jpg")
11  image_rgb = cv2.cvtColor(image, cv2.COLOR_BGR2RGB)       # BGR 轉 RGB
12
13  # 啟動 Face Detection 並進行偵測
14  with mp_face_detection.FaceDetection(
15      model_selection = 1,
16      min_detection_confidence = 0.5
17  ) as face_detection:
18      results = face_detection.process(image_rgb)          # 執行人臉偵測
19
20      # 檢查是否有偵測到人臉
21      if results.detections:
22          print(f"偵測到 {len(results.detections)} 張人臉")
23
24          for i, detection in enumerate(results.detections):
25              confidence_score = detection.score[0]        # 取得信心值
26              print(f"Face {i+1}: 信心值 = {confidence_score:.2f}")
27
28              # 取得人臉框座標
29              bboxC = detection.location_data.relative_bounding_box
30              h, w, _ = image.shape
31              x, y, w_box, h_box = int(bboxC.xmin * w), int(bboxC.ymin * h), \
32                                   int(bboxC.width * w), int(bboxC.height * h)
33
34              # 標記人臉編號
35              label = f"Face {i+1}"
36              cv2.putText(image, label, (x, y - 10), cv2.FONT_HERSHEY_SIMPLEX,
37                          0.8, (0, 255, 0), 2, cv2.LINE_AA)
38
39              # 繪製偵測結果
40              mp_drawing.draw_detection(image, detection)
41
42          # 顯示結果影像
43          cv2.imshow("Face Detection Result", image)
44          cv2.waitKey(0)
45          cv2.destroyAllWindows()
46      else:
47          print("未偵測到人臉")
```

第 3 章　人臉偵測

```
============================ RESTART: D:/AI_Eye/ch3/ch3_8_2.py ============================
偵測到 6 張人臉
Face 1: 信心值 = 0.88
Face 2: 信心值 = 0.84
Face 3: 信心值 = 0.79
Face 4: 信心值 = 0.78
Face 5: 信心值 = 0.75
Face 6: 信心值 = 0.62
```

3-5-5　MediaPipe 未說明的機制

從 ch3_8_2.py 得到每張偵測人臉的信心分數，依據 3-2-3 節 FaceDetection( ) 方法說明，只有信心分數大於或等於 min_detection_confidence 設定值的人臉才會回傳，下列程式實例將測試此參數。

程式實例 ch3_8_3.py：重新設計 ch3_8_2.py，設定「min_detection_confidence = 0.8」，同時觀察執行結果。

```
16        min_detection_confidence = 0.8
```

執行結果　與 ch3_8_2.py 相同。

理論上偵測人臉的信心值低於 0.8，不應該列為偵測到的人臉，但是這個程式得到了與 MediaPipe 模組 FaceDetection( ) 不同的說明結果，這可能是由 MediaPipe Face Detection 的內部機制所導致的。以下是可能的解釋：

- min_detection_confidence 是模型判斷是否輸出人臉偵測結果的初始門檻。
- 若人臉的信心值高於 min_detection_confidence,模型必定回傳該人臉。
- 這個參數主要控制人臉是否應該被返回,但並不代表模型不會回傳低於此門檻的信心值。
- 如果某張人臉的信心值低於該門檻,它可能仍然被回傳,但不一定,但具體條件未明確記載。

如果我們要強制設定信心值高於自己設定 min_detection_confidence 的值,才繪製人臉框,需要自行設計繪製人臉框,而不能使用 draw_detection( ),因為 draw_detection( ) 會自動繪製所有被回傳的檢測結果,無法依照我們的信心值門檻篩選。

程式實例 ch3_8_4.py:設定 min_detection_confidence 的值大於或等於 0.8 才視為是找到的人臉圖像。

```python
# ch3_8_4.py
import cv2
import mediapipe as mp

# 初始化 MediaPipe Face Detection
mp_face_detection = mp.solutions.face_detection

# 讀取影像並轉換格式
image = cv2.imread("faces6.jpg")
image_rgb = cv2.cvtColor(image, cv2.COLOR_BGR2RGB)    # BGR 轉 RGB

# 設定最低信心值門檻
min_confidence = 0.8

# 啟動 Face Detection 並進行偵測
with mp_face_detection.FaceDetection(
    model_selection=1,
    min_detection_confidence=min_confidence
) as face_detection:
    results = face_detection.process(image_rgb)       # 執行人臉偵測

    # 檢查是否有偵測到人臉
    if results.detections:
        filter = [d for d in results.detections if d.score[0] >= min_confidence]
        print(f"偵測到 {len(filter)} 張人臉 (信心值 ≥ {min_confidence})")

        for i, detection in enumerate(filter):
            confidence_score = detection.score[0]     # 取得信心值
            print(f"Face {i+1}: 信心值 = {confidence_score:.2f}")

            # 取得人臉框座標
            bboxC = detection.location_data.relative_bounding_box
            h, w, _ = image.shape
```

```
34              x, y, w_box, h_box = int(bboxC.xmin * w), int(bboxC.ymin * h), \
35                                   int(bboxC.width * w), int(bboxC.height * h)
36
37              # 手動繪製人臉框
38              cv2.rectangle(image, (x, y), (x + w_box, y + h_box), (0, 255, 0), 2)
39
40              # 標記人臉編號
41              label = f"Face {i+1}"
42              cv2.putText(image, label, (x, y - 10), cv2.FONT_HERSHEY_SIMPLEX,
43                          0.8, (0, 255, 0), 2, cv2.LINE_AA)
44
45          # 顯示結果影像
46          cv2.imshow("Face Detection Result", image)
47          cv2.waitKey(0)
48          cv2.destroyAllWindows()
49      else:
50          print("未偵測到人臉")
```

執行結果

```
====================== RESTART: D:/AI_Eye/ch3/ch3_8_4.py ======================
偵測到 2 張人臉（信心值 ≥ 0.8）
Face 1: 信心值 = 0.88
Face 2: 信心值 = 0.84
```

這個程式完全掌控顯示哪些人臉，沒有讓 draw_detection() 自動繪製不符合條件的偵測結果！

3-6 多人影片人臉偵測

在靜態影像（照片）中，我們只需要：

1. 讀取影像
2. 偵測人臉
3. 繪製結果

顯示，但在影片處理時，我們需要逐幀讀取影片並持續偵測，此時步驟如下：

1. 讀取影片
2. 取得影片資訊（解析度、FPS、格式）
3. 建立影片寫入物件（VideoWriter）
4. 逐幀讀取影片

    一、轉換色彩格式（BGR → RGB）

    二、進行人臉偵測（Face Detection）

    三、繪製偵測結果（Draw Bounding Box & Keypoints）

    四、儲存處理後的影像（寫入新影片）

    五、即時顯示影像

    六、檢查退出條件（如按 ESC 鍵）

5. 釋放影片資源 & 結束程式

程式實例 ch3_9.py：讀取 deepwisdom.mp4 執行人臉偵測，同時將結果輸出到 video_faces.mp4。基本上此程式會執行到影片結束，或是按 Esc 鍵結束程式。

```
1   # ch3_9.py
2   import cv2
3   import mediapipe as mp
4
5   # 初始化 MediaPipe Face Detection
6   mp_face_detection = mp.solutions.face_detection
7   mp_drawing = mp.solutions.drawing_utils         # 載入繪圖工具，畫出偵測結果
8
9   # 讀取影片
10  video_path = "deepwisdom.mp4"
11  output_path = "video_faces.mp4"
12  cap = cv2.VideoCapture(video_path)
13  if not cap.isOpened():
14      print("無法開啟影片，請確認影片檔案是否存在")
15      exit()
```

```
16
17   # 取得影片資訊
18   frame_width = int(cap.get(cv2.CAP_PROP_FRAME_WIDTH))
19   frame_height = int(cap.get(cv2.CAP_PROP_FRAME_HEIGHT))
20   frame_fps = int(cap.get(cv2.CAP_PROP_FPS))
21
22   # 設定影片輸出
23   fourcc = cv2.VideoWriter_fourcc(*'mp4v')                  # 選擇影片格式
24   out = cv2.VideoWriter(output_path, fourcc, frame_fps,
25                         (frame_width, frame_height))
26
27   # 設定 Face Detection
28   with mp_face_detection.FaceDetection(
29       model_selection=1,
30       min_detection_confidence=0.5
31   ) as face_detection:
32
33       while cap.isOpened():
34           ret, frame = cap.read()
35           if not ret:
36               print("影片播放結束")
37               break
38
39           frame_rgb = cv2.cvtColor(frame, cv2.COLOR_BGR2RGB)  # BGR 轉 RGB
40           results = face_detection.process(frame_rgb)         # 人臉偵測
41
42           if results.detections:
43               for detection in results.detections:
44                   mp_drawing.draw_detection(frame, detection) # 繪製偵測結果
45
46           out.write(frame)                                    # 寫入輸出影片
47           cv2.imshow("Face Detection Result", frame)          # 顯示結果影像
48
49           if cv2.waitKey(1) & 0xFF == 27:                     # 按 ESC 離開
50               break
51
52   cap.release()
53   out.release()                                              # 釋放影片輸出
54   cv2.destroyAllWindows()
```

執行結果
```
================== RESTART: D:/AI_Eye/ch3/ch3_9.py ==================
影片播放結束
```

這個程式在人臉移動過程,會發生無法偵測到的事實,例如:下列是左邊第 1 個人臉暫時沒有偵測到。

3-6 多人影片人臉偵測

下圖是左邊算起第 4 個人的臉沒有偵測到。

3-31

第 3 章　人臉偵測

當 AI 看到這個影片時，它很努力地辨識每一張臉。但有一張臉，它始終無法辨識，可能是因為這張臉處於陰影中，也可能是因為這張臉的角度讓 AI 感到困惑。如果 AI 能說話，它可能會說：「我真的看不見那張臉啊！你可以幫我調整一下參數，讓我試試看嗎？」

不過，AI 持續進步中，相信 MediaPipe Face Detection 未來會更強大。

3-7　多人即時攝影機人臉偵測

在前面，我們已經使用 MediaPipe Face Detection 成功偵測影片中的人臉，這樣的方式適合處理預錄影像，分析過去的影像資料。然而，在許多應用場景中，例如監控系統、人臉辨識門禁、智慧攝影，即時偵測比起離線偵測更具實用性。

這一節，我們將把影片偵測的技術進一步升級，讓 AI 直接透過攝影機進行即時人臉偵測，實現更靈活的 AI 視覺應用。

為何要從影片偵測改為攝影機偵測？下列是彼此的差異：

- 影片偵測的限制
    - 影片偵測適合處理過去的影像，但無法即時反應。
    - 影片是固定的數據，但在現實應用中，人臉位置、角度、光線條件會不斷變化。
- 即時攝影機偵測的優勢
    - 可以即時處理，無需等待影片播放結束。
    - 適用於監控、互動式應用（如虛擬試妝、人臉解鎖）。
    - 與其他 AI 模組（如人臉辨識、動作追蹤）結合時更靈活。

設計程式從影片偵測到攝影機偵測，可以參考下表：

技術	影片偵測（離線處理）	攝影機偵測（即時處理）
輸入來源	讀取預錄影像（影片檔）	讀取攝影機畫面（即時影像）
處理方式	逐幀分析，但影像已固定	即時分析，可持續偵測人臉
應用場景	事後分析、影片回顧	即時監控、互動應用
適用領域	影片人臉標註、犯罪調查	智慧門禁、AI 相機、虛擬主播

3-7 多人即時攝影機人臉偵測

程式實例 ch3_10.py：攝影機拍攝然後進行人臉偵測，按 Esc 鍵可以結束程式。程式的重點是：

- 將「cv2.VideoCapture(" 影片名稱 .mp4")」改為「cv2.VideoCapture(0)」。
- 影片是讀取固定幀數，攝影機則需要不間斷地運行。

```python
1   # ch3_10.py
2   import cv2
3   import mediapipe as mp
4
5   # 初始化 MediaPipe Face Detection
6   mp_face_detection = mp.solutions.face_detection
7   mp_drawing = mp.solutions.drawing_utils           # 載入繪圖工具，畫出偵測結果
8
9   # 使用攝影機拍攝
10  output_path = "camera_faces.mp4"
11  cap = cv2.VideoCapture(0)                          # 使用攝影機
12  if not cap.isOpened():
13      print("無法開啟攝影機")
14      exit()
15
16  # 取得攝影機解析度與FPS
17  frame_width = int(cap.get(cv2.CAP_PROP_FRAME_WIDTH))
18  frame_height = int(cap.get(cv2.CAP_PROP_FRAME_HEIGHT))
19  frame_fps = int(cap.get(cv2.CAP_PROP_FPS))
20
21  # 設定影片輸出
22  fourcc = cv2.VideoWriter_fourcc(*'mp4v')           # 選擇影片格式
23  out = cv2.VideoWriter(output_path, fourcc, frame_fps,
24                        (frame_width, frame_height))
25
26  # 設定 Face Detection
27  with mp_face_detection.FaceDetection(
28      model_selection=1,
29      min_detection_confidence=0.5
30  ) as face_detection:
31
32      while cap.isOpened():
33          ret, frame = cap.read()
34          if not ret:
35              print("攝影機讀取結束")
36              break
37
38          frame_rgb = cv2.cvtColor(frame, cv2.COLOR_BGR2RGB)   # BGR 轉 RGB
39          results = face_detection.process(frame_rgb)          # 人臉偵測
40
41          if results.detections:
42              for detection in results.detections:
43                  mp_drawing.draw_detection(frame, detection)  # 繪製偵測結果
44
45          out.write(frame)                                      # 寫入輸出影片
```

```
46              cv2.imshow("Face Detection Result", frame)      # 顯示結果影像
47
48              if cv2.waitKey(1) & 0xFF == 27:                 # 按 ESC 離開
49                  break
50
51      cap.release()
52      out.release()                                           # 釋放影片輸出
53      cv2.destroyAllWindows()
```

執行結果

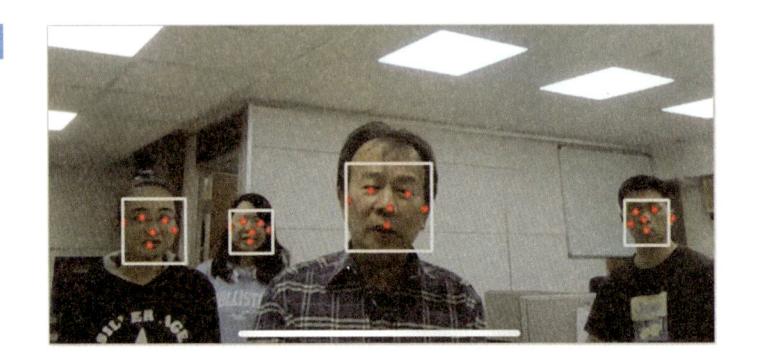

　　　透過這次的改進，我們成功將 AI 視覺技術從「離線影片偵測」升級為「即時攝影機偵測」，使得 AI 之眼能夠即時分析畫面，並應用於智慧監控、… 等場景。這不僅讓 AI 變得更靈活，也讓讀者理解如何讓 AI 即時運行，並應對可能的技術挑戰。

第 4 章

語音輸出與人臉偵測專題

4-1　語音輸出 – 離線模組 pyttsx3
4-2　人臉偵測的應用
4-3　安全監控
4-4　新聞報導人臉馬賽克
4-5　智慧型攝影對焦

第 4 章　語音輸出與人臉偵測專題

在現今的人工智慧與影像處理技術發展下，語音輸出與人臉偵測已成為多個應用領域的重要工具。本章將探討 Python 在語音合成與人臉偵測方面的應用，並透過一系列程式範例，展示如何將這些技術整合到安全監控、智慧攝影、新聞報導人臉馬賽克等實際應用中。

本章內容涵蓋：

- 離線語音輸出（pyttsx3）：不依賴網路，適用於語音播報與自動回應系統。
- 人臉偵測的應用：從基礎偵測到智慧門禁、客流統計、視訊對焦等應用。
- 安全監控系統：偵測異常人臉並觸發警報、錄影。
- 新聞報導人臉馬賽克：實現人臉匿名化處理，以保護隱私。
- 智慧型攝影對焦：透過人臉偵測，自動調整攝影機對焦與曝光。

透過本章的學習，讀者將能夠掌握 Python 影像處理與語音技術的核心概念，並靈活應用於各種場景，從居家安防到商業應用，提升影像處理的智能化與實用性。

4-1　語音輸出 – 離線模組 pyttsx3

pyttsx3 是 Python 的文字轉語音（TTS, Text-to-Speech）模組，它使用本機的語音合成引擎，不需要網路連線，可以離線運作。假設是使用 Python 3.12 版，可以用下列方式安裝此模組：

　　py -3.12 -m pip install pyttsx3

4-1-1　pyttsx3 的特點

- 離線運行：不需要依賴 Google TTS 或其他雲端 API。
- 支援多種語音引擎：Windows、macOS 和 Linux 各有不同的語音引擎。
- 可調整語速、音量、音調。
- 可選擇不同的語音（如男聲、女聲）。
- 支援事件回調（如當語音播放完成時觸發事件）。

4-1-2 基本用法

使用前需導入此模組：

import pyttsx3

有了上述導入模組工作，可以用 pyttsx3.init( ) 初始化模組建立物件，此例是建立 engine 物件：

engine = pyttsx3.init( )

然後用下列 2 個函數，建立與輸出語音內容。

- say(text)：用參數 text 設定要讀出的文字。
- runAndWait( )：讓語音引擎開始朗讀。

程式實例 ch4_1.py：語音輸出「Good Morning! 追求卓越實踐夢想，選擇明志科技大學」。

```
1   # ch4_1.py
2   import pyttsx3
3
4   engine = pyttsx3.init()
5   text = "Good Morning! 追求卓越實踐夢想, 選擇明志科技大學"
6   engine.say(text)
7   engine.runAndWait()
```

執行結果　讀者可以聽到語音輸出。

4-1-3 語音引擎屬性設定

setProperty(name, value) 是 pyttsx3 語音引擎的屬性設定方法，可用來調整語音速度、音量、聲音種類等。其語法如下：

setProperty(name, value)

上述參數意義如下：

- name：要設定的屬性名稱（字串）。
  - rate：語速（每分鐘字數），數值（預設約 200，可調 50 ~ 300）。建議範圍 50 ~ 300，低於 100 會很慢，高於 250 會變機器音。
  - volume：音量大小，預設是 1.0，0.0（靜音）~ 1.0（最大）。

- voice：語音選擇（男聲 / 女聲），可用 engine.getProperty("voices") 取得可用語音。

- pitch：音調高低，0 ~ 100，僅部分 TTS 引擎支援。

● value：對應屬性的值（數值或字串）。

getProperty( ) 可以來查詢當前設定。

程式實例 ch4_2.py：查詢目前的語音設定。

```
1   # ch4_2.py
2   import pyttsx3
3
4   engine = pyttsx3.init()
5   rate = engine.getProperty("rate")        # 取得當前語速
6   volume = engine.getProperty("volume")    # 取得當前音量
7   voice = engine.getProperty("voice")      # 取得當前使用的語音 ID
8
9   print(f"語速: {rate}, \n音量: {volume}, \n語音 ID: {voice}")
```

執行結果
```
======================= RESTART: D:/AI_Eye/ch4/ch4_2.py =======================
語速: 200,
音量: 1.0,
語音 ID: HKEY_LOCAL_MACHINE\SOFTWARE\Microsoft\Speech\Voices\Tokens\TTS_MS_ZH-TW
_HANHAN_11.0
```

有關語音字串說明如下：

● HKEY_LOCAL_MACHINE\SOFTWARE\Microsoft\Speech\Voices\Tokens\：Windows 註冊表路徑，儲存所有可用的 TTS 語音。

● TTS_MS_ZH-TW_HANHAN_11.0：TTS 語音名稱：

- TTS_MS：Microsoft 內建 TTS（Text-to-Speech）語音引擎。
- ZH-TW：語言為中文（台灣，Traditional Chinese）。
- HANHAN：語音名稱，代表 Microsoft HanHan（涵涵）。
- 11.0：TTS 引擎版本，對應 Microsoft Speech Platform 11.0。

程式實例 ch4_3.py：列出所有可用的語音。

```
1   # ch4_3.py
2   import pyttsx3
3
4   engine = pyttsx3.init()
5
6   voices = engine.getProperty("voices")
7   for i, voice in enumerate(voices):
8       print(f"Voice {i}: {voice.name} ({voice.id})\n")
```

執行結果
```
==================== RESTART: D:/AI_Eye/ch4/ch4_3.py ====================
Voice 0: Microsoft Hanhan Desktop - Chinese (Taiwan) (HKEY_LOCAL_MACHINE\SOFTWAR
E\Microsoft\Speech\Voices\Tokens\TTS_MS_ZH-TW_HANHAN_11.0)

Voice 1: Microsoft Zira Desktop - English (United States) (HKEY_LOCAL_MACHINE\SO
FTWARE\Microsoft\Speech\Voices\Tokens\TTS_MS_EN-US_ZIRA_11.0)
```

4-2　人臉偵測的應用

目前筆者只介紹人臉偵測的初步技術，在不涉及臉部辨識或其他進階偵測技術下，可以有下列應用：

- 安全監控
  - 在家用攝影機或智慧門鈴中採用臉部偵測，當有人臉出現於畫面時即可觸發通知或提醒。
  - 由於只需要判斷「有無人臉」，不需進行人臉辨識，成本與開發相對單純。
- 人臉馬賽克 (匿名化)
  - 若新聞報導中僅需要遮蔽人臉，可先用人臉偵測找出臉部區域，在該範圍進行模糊或馬賽克處理。
  - 不需識別臉部身分，只要能偵測位置，就能對臉部做隱私保護。
- 智慧型攝影對焦
  - 在攝影機或手機相機中整合臉部偵測，可以自動偵測視窗中人臉的位置，進行對焦或自動曝光調整。
  - 這樣的功能在攝影中非常實用，僅需偵測臉部而不需要辨別特定人員。
- 人數計算與動線分析 (僅偵測有無人臉)
  - 在公共場所或展覽中，當攝影機偵測到人臉出現時，紀錄人數或進出頻次。
  - 與辨識無關，僅使用人臉偵測即可達到統計「臉部出現次數」的功能，進行客流量或人潮聚集度分析。
- 動態貼紙與濾鏡效果
  - 利用人臉偵測來追蹤臉部大致區域，即可在臉上動態疊加各種貼紙或濾鏡 (例如虛擬眼鏡、搞怪鼻子)。
  - 不需要辨識個人身分，只要能偵測到臉的位置，就能在即時影像中實作有趣的視覺效果。

- 自動調整視窗定位或裁切
  - 直播或視訊應用中，根據臉部所在位置動態裁切畫面，讓講者的臉保持在視窗中央。
  - 與人臉辨識無關，只需判定臉的位置並做視覺上的重排或放大。
- 互動式遊戲或藝術裝置
  - 利用人臉偵測來觸發互動效果，例如當有人臉出現在指定區域，就播放音效或改變燈光。
  - 提供活潑新奇的體驗，僅憑偵測臉部即可建構有趣的互動機制。
- 健康監測或防疫警示 (僅偵測臉部有無)
  - 透過鏡頭偵測臉部出現，結合額溫感測或口罩佩戴狀態 (附加偵測口鼻區域是否被遮蔽)，不需要進行臉部辨識。
  - 當偵測到人臉但未戴口罩，可觸發提醒或警示燈號。

4-3 安全監控

在現今的科技環境中，安全監控系統已成為各類場所的重要防護措施。本章將介紹一款基於 OpenCV、MediaPipe 和 pyttsx3 的人臉偵測與異常警報系統，並透過 Python 進行實作，讓使用者能夠透過攝影機即時監控畫面，並在偵測到人臉時觸發警報與錄影功能。

本程式透過 MediaPipe 進行人臉偵測，當畫面中出現人臉時，將會：

- 發出語音警報：「異常發生」三次。
- 顯示警告畫面：「Exception Occurred」並保持 10 幀，以提醒監控人員。
- 開始錄影：並在錄影進行中顯示「Exception Recording in Progress」訊息。
- 持續監控畫面：當人臉消失後，系統將重置，準備偵測下一次異常狀況。

除此之外，程式也整合了即時時間顯示，讓監控記錄更加完整，並提供即時鍵盤控制，讓使用者能夠隨時停止監控。

程式實例 ch4_4.py:「安全監控 – 異常發生」。攝影機畫面開啟,如果沒有異物出現在畫面,表示是無法偵測到任何人臉。當偵測到人臉後,隨即聲音示警「異常發生」三次。本程式其他功能如下:

- 影片錄製
  - 使用 OpenCV 讀取攝影機畫面 (cv2.VideoCapture(0)),並設定影片輸出 (cv2.VideoWriter) 至檔案 out4_4.mp4。
  - 當偵測到異常時,開始錄製畫面,並在畫面上顯示「Exception Occurred」警告。
- 語音播報:使用 pyttsx3 來讓電腦朗讀「異常發生,異常發生,異常發生」。
- 畫面顯示
  - 在畫面左下角顯示目前系統時間。
  - 如果正在錄影,則顯示「Exception Recording in Progress」。
- 輸入控制:按下 q 鍵即可結束程式。

```
1   # ch4_4.py
2   import cv2
3   import mediapipe as mp
4   import pyttsx3
5   import datetime
6
7   # 初始化人臉偵測
8   mp_face_detection = mp.solutions.face_detection
9   face_detection = mp_face_detection.FaceDetection(
10      model_selection = 1,
11      min_detection_confidence = 0.5
12  )
13
14  # 初始化攝影機
15  cap = cv2.VideoCapture(0)
16
17  # 取得影像尺寸與 FPS
18  frame_width = int(cap.get(3))
19  frame_height = int(cap.get(4))
20  fps = 30
21
22  # 設定影片輸出
23  fourcc = cv2.VideoWriter_fourcc(*'mp4v')    # 設定 MP4 編碼格式
24  out = cv2.VideoWriter('out4_4.mp4', fourcc, fps, (frame_width, frame_height))
25
26  # 初始化語音引擎
27  engine = pyttsx3.init()
28
```

```python
29      # 設定變數來追蹤是否已經偵測到人臉
30      face_detected_before = False
31      exception_displayed = False              # 確保只顯示一次警告
32
33      # 控制是否顯示 "Exception ... in Progress"
34      recording_in_progress = False
35
36      while True:
37          ret, frame = cap.read()
38          if not ret:
39              break
40
41          # 轉為 RGB 影像以供 MediaPipe 推論
42          rgb_frame = cv2.cvtColor(frame, cv2.COLOR_BGR2RGB)
43
44          # 進行人臉偵測
45          results = face_detection.process(rgb_frame)
46
47          # 獲取當前時間
48          now = datetime.datetime.now().strftime("%Y-%m-%d %H:%M:%S")
49
50          # 判斷是否偵測到臉
51          if results.detections:
52              if not face_detected_before:
53                  face_detected_before = True
54                  # 確保異常發生時不會立即切換到錄影狀態
55                  recording_in_progress = False
56
57              # 先顯示警告畫面
58              if not exception_displayed:
59                  for _ in range(10):              # 讓畫面顯示 10 幀
60                      frame_with_text = frame.copy()
61                      cv2.putText(frame_with_text, "Exception Occurred", (50, 50),
62                                  cv2.FONT_HERSHEY_SIMPLEX, 1, (0, 0, 255), 3)
63                      cv2.imshow("Security Monitor", frame_with_text)
64                      out.write(frame_with_text)
65                      if cv2.waitKey(30) & 0xFF == ord('q'):
66                          break
67
68                  # 播放語音
69                  engine.say("異常發生，異常發生，異常發生")
70                  engine.runAndWait()
71                  # 確保不會重複顯示Exception Occurred
72                  exception_displayed = True
73                  recording_in_progress = True      # 語音播放後開始顯示錄影狀態
74
75          else:
76              face_detected_before = False
79              recording_in_progress = False          # 停止錄影狀態顯示
80
81          # 在畫面左下角顯示藍色系統時間
82          cv2.putText(frame, now, (10, frame_height - 10),
```

```
83                   cv2.FONT_HERSHEY_SIMPLEX, 0.7, (255, 0, 0), 2)
84
85      # 如果正在錄影，顯示 "Exception Recording in Progress"
86      if recording_in_progress:
87          cv2.putText(frame, "Exception Recording in Progress", (50, 80),
88                      cv2.FONT_HERSHEY_SIMPLEX, 1, (0, 255, 255), 3)
89
90      # 顯示畫面
91      cv2.imshow("Security Monitor", frame)
92
93      # 將影像寫入影片檔案
94      out.write(frame)
95
96      # 按下 q 鍵退出
97      if cv2.waitKey(1) & 0xFF == ord('q'):
98          break
99
100 cap.release()
101 out.release()
102 cv2.destroyAllWindows()
```

執行結果 下列是異常發生後，執行錄影中。

此程式設計原則如下：

❏ 初始化設定

在程式開始時，先完成所有必要的初始化：

- 載入所需的函式庫（第 2～5 列）
    - cv2：用於影像處理與視訊錄製。

4-9

- mediapipe：用於人臉偵測。
- pyttsx3：用於文字轉語音。
- datetime：用於顯示當前時間。
- 初始化人臉偵測模型（第 8～12 列）
  - model_selection = 1：選擇較遠距離偵測模式，因為是安全監控，需要偵測比較遠的距離，所以設為 1。
  - min_detection_confidence = 0.5：設定最低可信度門檻（低於 50% 則忽略）。
- 啟動攝影機（第 15 列）
  - cv2.VideoCapture(0)：開啟預設攝影機（0 代表內建攝影機），之後會從攝影機獲取影像來進行分析。
- 獲取影像尺寸與設定 FPS（第 18～20 列）
  - cap.get(3) 和 cap.get(4) 分別獲取影像的寬度和高度。
  - 設定每秒 30 幀（fps）來確保錄影流暢。
- 設定影片輸出（第 23～24 列）
  - cv2.VideoWriter_fourcc(*'mp4v')：指定 MP4 格式的影像編碼。
  - cv2.VideoWriter( )：建立影片輸出物件，將錄影結果儲存到 out4_4.mp4。
- 初始化語音引擎（第 27 列）
  - pyttsx3.init( ) 來初始化 TTS（文字轉語音）引擎。
- 設定控制變數（第 30～34 列）
  - face_detected_before：記錄前一幀是否偵測到人臉，避免重複觸發警報。
  - exception_displayed：確保「異常發生」的畫面只顯示一次。
  - recording_in_progress：是否正在錄影（若已啟動錄影，則不重複顯示訊息）。

❏ 進行即時影像處理（第 36～39 列）

進入主迴圈

- cap.read( )：讀取攝影機畫面。
- if not ret: 若無法讀取畫面（攝影機關閉或錯誤），則結束迴圈。

- ❏ 進行人臉偵測（第 42～45 列）
  - cv2.cvtColor(frame, cv2.COLOR_BGR2RGB)：將 OpenCV 的 BGR 影像轉換為 RGB，供 MediaPipe 使用。
  - face_detection.process(rgb_frame)：執行人臉偵測，結果存入 results。

- ❏ 檢查是否有偵測到人臉（第 58～73 列）
  - 如果偵測到人臉
    - 若這是第一次偵測到人臉（face_detected_before=False），則標記為 True。
    - 異常發生時，顯示警告畫面 10 幀。
    - 播放語音提醒。
    - 啟動錄影模式。
    - 播放「異常發生」的語音。
    - 畫面顯示 "Exception Occurred"。
    - 錄影開始。

- ❏ 若未偵測到人臉（第 76～79 列）
  - 允許 下一次偵測到異常時，可以重新觸發警報。
  - 停止錄影模式，「Execption Recording in Progressing」暫停顯示。

- ❏ 顯示系統時間（第 82～83 列）
  - 在畫面左下角顯示 系統時間。
  - 使用藍色字體 (255, 0, 0)。

- ❏ 若正在錄影，顯示「錄影進行中」（第 86～88 列）
  - 若「recording_in_progress=True」，顯示黃色訊息：「Exception Recording in Progress」。

- ❏ 顯示畫面並寫入影片（第 91～94 列）
  - 更新即時畫面。
  - 寫入影片檔案。

- ❏ **監聽鍵盤輸入（第 97～98 列）**
  - 按下 q 退出程式。
- ❏ **釋放資源（第 100～102 列）**
  - 關閉攝影機。
  - 關閉影片輸出。
  - 釋放所有 OpenCV 視窗。

本程式的核心功能為即時人臉偵測、異常警報與錄影，可以進一步擴展應用到多種場景。以下是幾個可能的延伸應用方向：

- ❏ **安全監控系統強化**
  - 適用場景：公司、學校、公共場所的安全監控。
  - 擴展功能：
    - 人臉識別（Face Recognition）：可加入 OpenCV 或 DeepFace 來辨識特定人員，如黑名單通緝犯、VIP 來訪者等。
    - 異常行為偵測：結合姿勢估計（Pose Estimation）或 YOLO 目標偵測，識別可疑行為，如打架、跌倒、入侵等。
    - 遠端警報通知
      - ◆ 若偵測到異常，可透過 Email、Telegram Bot 立即發送通知。
      - ◆ 可將異常畫面存到雲端（Google Drive, AWS S3）以便後續分析。
- ❏ **智慧門禁與考勤系統**
  - 適用場景：辦公室、學校、工廠。
  - 擴展功能：
    - ◆ 自動門開啟：當系統辨識到授權人員時，觸發 Relay GPIO 或 IoT 設備開門。
    - ◆ 考勤記錄：辨識人臉後，自動記錄 上下班時間，並存入 Excel、MySQL、Google Sheets。若遲到，可發送通知至主管 Email。

❏ 居家防盜與智慧警報

- 適用場景：住家、公寓、Airbnb。
- 擴展功能：
    - ◆ 陌生人偵測：若偵測到「非家庭成員」，則觸發警報聲、燈光閃爍、門鎖自動鎖定。
    - ◆ 入侵者記錄：記錄入侵者影像並即時上傳到雲端存儲或發送到手機通知。
    - ◆ 紅外線夜視攝影機整合：使用夜視攝影機（IR Camera）來提升夜間偵測效果。

❏ 健康監測與老人照護

- 適用場景：醫院、療養院、居家護理。
- 擴展功能：
    - ■ 跌倒偵測：結合 MediaPipe Pose 或 OpenPose，當偵測到跌倒行為，立即發送警報給家人或護理人員。
    - ■ 長時間靜止警告：若長時間偵測不到動作，則播放語音提醒：「您還好嗎？」並詢問是否需要幫助。
    - ■ 心率與情緒分析：透過深度學習模型（如 EmotionNet）分析臉部表情，偵測情緒變化（如焦慮、痛苦），並通知醫護人員。

❏ 自動收銀與商店客流分析

- 適用場景：無人商店、便利店、大型商場。
- 擴展功能
    - ■ 顧客統計
        - ◆ 記錄每日進出人數，分析客流高峰時段。
        - ◆ 利用年齡/性別分類模型（Face Attribute Analysis）來分析顧客群體特徵。
    - ■ VIP 顧客識別：若偵測到常客/VIP，可在 POS 系統顯示顧客購買偏好。
    - ■ 異常行為偵測（防止偷竊）：若發現可疑行為，如顧客將商品藏入衣服內，則啟動警報並通知保全。

第 4 章　語音輸出與人臉偵測專題

❑ **人工智慧自動客服與機器人**
- **適用場景**：博物館、展覽中心、機場、銀行
- **擴展功能**：
  - **語音互動機制**
    ◆ 若偵測到有人在面前停留超過 5 秒，則播放「您好，需要幫助嗎？」
    ◆ 可結合 ChatGPT API，提供即時問答。
  - **表情回應**：透過臉部表情分析（如 開心、困惑、生氣），機器人可提供不同的回應語氣。
  - **自動導航**：若顧客詢問方向，可讓機器人指引至指定位置（透過 ARKit, OpenCV AR）。

這個程式的核心功能「即時人臉偵測、警報與錄影」，不僅適用於安全監控，還可擴展至智慧門禁、健康照護、商店分析、AI 互動等多種應用。透過與人工智慧、雲端、物聯網（IoT）的結合，可以打造更智能、更高效的系統，滿足不同場景的需求。

4-4 新聞報導人臉馬賽克

由於現行法規與隱私意識不斷提升，新聞媒體、監控系統等常常需要在對外公開畫面時，針對特定人員或所有人臉進行匿名化處理，以保護個人隱私。

在此需求下，「人臉馬賽克 (匿名化)」的設計可以依靠「人臉偵測」快速找出臉部所在的範圍，無需多餘的個人身分資訊，便能對該區域進行模糊或馬賽克處理。這種方法兼具隱私與效率，只要將偵測到的臉部進行像素化或高斯模糊即可立即完成匿名化，顯著降低了誤用或濫用個人資訊的風險。

4-4-1 圖像馬賽克原理

將圖片馬賽克化的核心方法，是透過「降低解析度再放大」的過程，讓畫面上的細節變成一格一格的色塊，常見於隱私保護或特殊效果製作。大致步驟如下：

1. **讀取原圖**：用程式載入圖片資料。假設圖片尺寸為 (W×H)，畫素越多、細節越清晰。

2. 縮小至較小尺寸：將 (W×H) 縮小為 (mosaic_width×mosaic_height)，例如縮小到 10×10、20×20 等。這一步會嚴重壓縮原圖的像素資訊，導致大部分細節流失或合併。

3. 放大回原尺寸：再將小圖 (mosaic_width×mosaic_height) 放大回 (W×H) 的大小。因為縮小後的影像非常模糊或只保留了大色塊，放大時仍只呈現方塊狀的顏色區域，看起來就成了馬賽克。

4. 顯示或儲存結果：將馬賽克化後的影像輸出或展示。

使用者可調整「縮小後的大小」來控制馬賽克的顆粒度：縮得越小，馬賽克格子越大，資訊越模糊；縮得較大，則保留更多畫面細節。

程式實例 ch4_5.py：將 jk.jpg 圖片馬賽克化設計。

```python
# ch4_5.py
import cv2

# 讀取原圖
image = cv2.imread("jk.jpg")

# 設定馬賽克縮小後的尺寸 (可依需求調整越小顆粒越大)
mosaic_width = 20
mosaic_height = 20

# 取得原圖的寬高
h, w, _ = image.shape

# 將圖片縮小至 (mosaic_width × mosaic_height)
small = cv2.resize(image, (mosaic_width, mosaic_height),
                   interpolation=cv2.INTER_LINEAR)

# 再放大回原圖大小 (使用最近鄰插值，可製造明顯的方塊感)
mosaic_img = cv2.resize(small, (w, h), interpolation=cv2.INTER_NEAREST)

# 顯示並儲存結果
cv2.imshow("jk.jpg", image)
cv2.imshow("Mosaic Result", mosaic_img)
cv2.waitKey(0)
cv2.destroyAllWindows()

# 如果想將結果輸出成檔案，可使用以下程式碼
cv2.imwrite("jk_mosaic.jpg", mosaic_img)
print("馬賽克結果已儲存為 jk_mosaic.jpg")
```

執行結果 下方左圖是原圖像，右圖是馬賽克的結果圖像。

第 4 章　語音輸出與人臉偵測專題

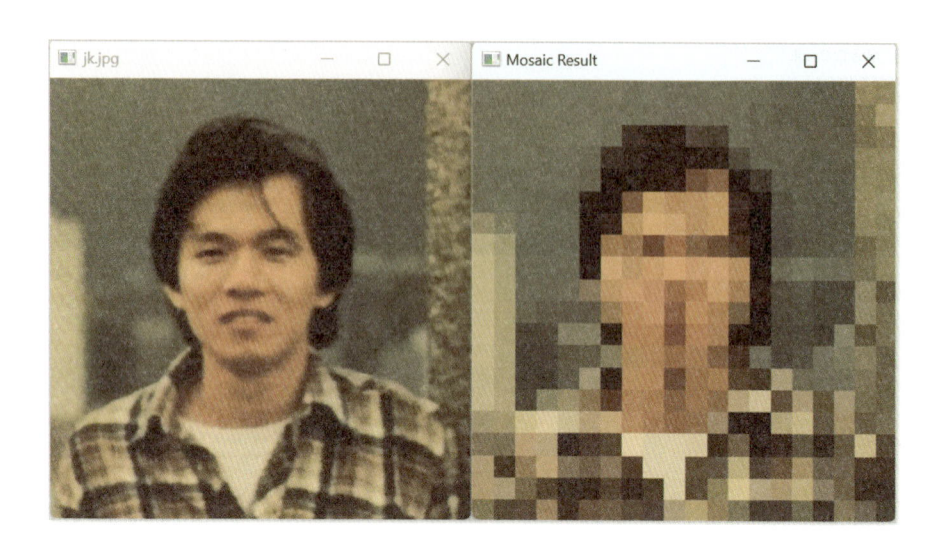

❑ **程式步驟說明**

- 讀取圖片（第 5 列）
    - 使用 cv2.imread("jk.jpg") 讀取原始圖檔。
- 縮小尺寸（第 15～16 列）
    - 使用 cv2.resize( ) 將原圖縮小到指定寬高（範例中為 20×20）。
    - INTER_LINEAR 用於縮小時的插值策略，可以保有一些相對平滑的結果。
- 放大回原本大小（第 19 列）
    - 再次使用 cv2.resize( )，這次調整回原圖尺寸 (w×h)，並採用 INTER_NEAREST (最近鄰插值)。
    - 由於先前的圖已縮得很小，放大時依然只會把少量的像素以方格形式套用到整個影像，形成馬賽克效果。
- 顯示與儲存（第 22，23 和 28 列）
    - cv2.imshow( )：用於在視窗中顯示原圖和處理結果。
    - cv2.imwrite("jk_mosaic.jpg", mosaic_img) 用於輸出成新的影像檔。

❑ **調整馬賽克顆粒度**

- 若將 mosaic_width, mosaic_height 設得更小 (如 8×8)，會得到更「粗」的馬賽克，可參考程式實例 ch4_5_1.py，結果是下方左圖。

4-4 新聞報導人臉馬賽克

● 若提高到 (50×50) 則馬賽克格子變小，畫面仍保有較多特徵細節，可參考程式實例 ch4_5_2.py，結果是上方右圖。

在實際應用中，可根據需求彈性調整縮放比來控制馬賽克的模糊程度。如果只想對圖片某一區域 (例如個資或隱私內容) 進行馬賽克，可事先選擇該區塊 ROI，再對該區塊進行同樣的縮放處理即可。

❑ 總結

「將整張圖片做馬賽克處理」的關鍵，在於先強力壓縮畫面資訊，再放大回原尺寸，使得原本細膩的圖像細節無法辨識，進而保護隱私或達到特殊視覺效果。此方法簡單、計算量小，且可靈活調整馬賽克顆粒度，在新聞媒體後製、影像特效等場合都有廣泛應用。

4-4-2　設計新聞報導時的人臉馬賽克系統

前一節我們了解了馬賽克的原理，錄影時要將人臉處理成馬賽克，重點是截取人臉區域，這也是本節的重點。

程式實例 ch4_6.py：新聞報導時執行人臉馬賽克功能，按 q 鍵可以結束程式。

● 利用 MediaPipe Face Detection 套件，精準擷取臉部區域位置。
● 在該區域套用馬賽克化或其他形式的模糊處理。
● 最終將處理完的臉部疊回原畫面，即可達到人臉匿名化的效果。

4-17

第 4 章 語音輸出與人臉偵測專題

　　不論是新聞影片的後製、公共場所的監控錄影，抑或任何需要分享錄影畫面卻又不希望暴露人臉身分的場合，都能使用此功能快速完成匿名化，同時兼顧隱私與法規遵循。

```python
1   # ch4_6.py
2   import cv2
3   import mediapipe as mp
4
5   # 載入 mediapipe 的人臉偵測模組
6   mp_face_detection = mp.solutions.face_detection
7
8   # 初始化攝影機
9   cap = cv2.VideoCapture(0)
10
11  # 取得影像尺寸與 FPS
12  frame_width = int(cap.get(3))
13  frame_height = int(cap.get(4))
14  fps = 30    # 假設攝影機 FPS 為 30，可根據攝影機支援的數值調整
15
16  # 設定影片輸出 (MP4 格式)
17  output = "out4_6.mp4"
18  fourcc = cv2.VideoWriter_fourcc(*'mp4v')
19  out = cv2.VideoWriter(output, fourcc, fps, (frame_width, frame_height))
20
21  # 使用 with 確保在程式結束時正確釋放 FaceDetection 物件
22  with mp_face_detection.FaceDetection(
23      model_selection=0,                      # 模型選擇 0，適用近距離臉部
24      min_detection_confidence=0.5            # 偵測門檻
25  ) as face_detection:
26
27      while True:
28          ret, frame = cap.read()
29          if not ret:
30              break
31
32          # 將 BGR 轉為 RGB，以供 FaceDetection 模組使用
33          rgb_frame = cv2.cvtColor(frame, cv2.COLOR_BGR2RGB)
34          results = face_detection.process(rgb_frame)
35
36          # 若有偵測到人臉，取得每張臉的 bounding box
37          if results.detections:
38              for detection in results.detections:
39                  # 取得 bounding box 相對位置 (0 ~ 1 之間)
40                  box = detection.location_data.relative_bounding_box
41                  ih, iw, _ = frame.shape
42
43                  # 換算成實際畫面中的座標
44                  x1 = int(box.xmin * iw)
45                  y1 = int(box.ymin * ih)
46                  w = int(box.width * iw)
47                  h = int(box.height * ih)
48
49                  # 根據左上角 (x1, y1) 與寬高 (w, h) 計算右下角座標
50                  x2 = x1 + w
51                  y2 = y1 + h
```

```python
                    # 防呆處理，確保索引範圍不超出畫面
                    x1 = max(0, x1)
                    y1 = max(0, y1)
                    x2 = min(iw, x2)
                    y2 = min(ih, y2)

                    # 針對臉部區域進行馬賽克化
                    face_roi = frame[y1:y2, x1:x2]

                    # 設定馬賽克縮小後的大小，這裡以 16x16 為例
                    mosaic_size = 16          # 可視需求調整馬賽克顆粒度

                    # 縮小
                    small = cv2.resize(face_roi, (mosaic_size, mosaic_size),
                                       interpolation=cv2.INTER_LINEAR)

                    # 再放大回原本臉部區塊大小
                    mosaic_face = cv2.resize(small, (x2 - x1, y2 - y1),
                                             interpolation=cv2.INTER_NEAREST)

                    # 將馬賽克區塊覆蓋回原影像
                    frame[y1:y2, x1:x2] = mosaic_face

        # 顯示畫面 (含馬賽克處理後的臉)
        cv2.imshow("Face Mosaic Demo", frame)

        # **將影像寫入影片檔案**
        out.write(frame)

        # 按下 q 鍵結束
        if cv2.waitKey(1) & 0xFF == ord('q'):
            break

# 釋放攝影機與影片寫入物件
cap.release()
out.release()
cv2.destroyAllWindows()
```

執行結果

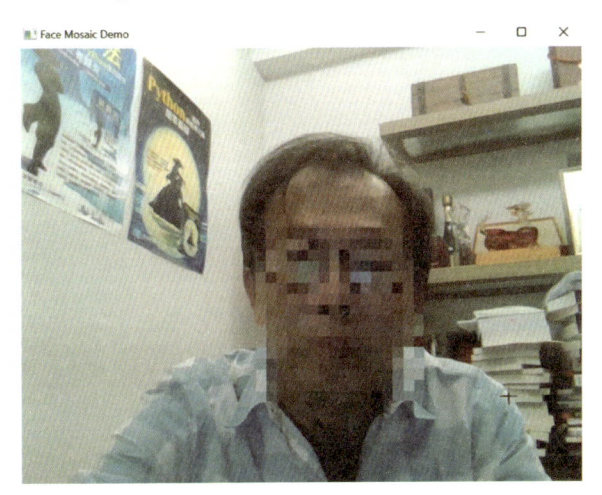

這個程式的重點是截取新聞報導時的人臉，步驟說明

- **人臉偵測**：使用 FaceDetection( ) 讀取影像並偵測臉部。此處只需偵測臉的位置與大小 (bounding box)，不需進行臉部辨識或關鍵點標記。
- **擷取臉部區域**：從偵測結果取得相對座標（0～1 的浮點數），可以參考第 40 列。第 44～51 列是換算出臉部在畫面中的實際像素範圍 (x1, y1, x2, y2)。
- **馬賽克化**：取出臉部區塊 (ROI) 後，先將該區域縮小至固定大小（如 16×16），可以參考第 66～67 列。再放大回原本臉部的大小，此時影像會產生「像素方塊」的馬賽克效果，可參考第 70～71 列。
- **繪製回原圖**：程式第 74 列是將馬賽克處理後的臉部區塊覆蓋回原始影像，達到「只匿名臉部，其他區域保持正常」的效果。
- **顯示結果**：使用 cv2.imshow( ) 即時顯示處理後的影像，在測試完成或按下 q 鍵時結束程式，並釋放攝影機與視窗資源。

這個專案程式，可以延伸應用如下：

- 可用於新聞報導、隱私保護或在影片後製等情境，需要只遮蔽人臉的同時保留主體畫面。
- 不需要進階人臉辨識能力，只要能取得臉部區域，就可實作匿名化。
- 若同時存在多張人臉，程式會遍歷所有偵測結果，將畫面中的所有人臉一併是馬賽克處理。

只要單純進行人臉偵測，而非人臉辨識，便能在兼顧使用者隱私的前提下，迅速完成新聞影像、監控錄影等需要遮蔽臉部的工作流程。

4-5 智慧型攝影對焦

在數位攝影與視訊應用廣泛的時代，「智慧型攝影對焦」成為提升拍攝品質的重要功能之一。由於人臉往往是影像中最關鍵的元素，在攝影機或手機相機中導入人臉偵測機制，能即時追蹤畫面中臉部所在的位置，進而針對該區域進行精準的對焦與曝光調整。這樣的設計不僅能確保人物臉部在各種光線環境下保持清晰，也能自動因應被攝者的移動而同步更新攝影參數。

與傳統僅能選擇整體測光的模式相比，人臉驅動的智慧對焦能更靈活地保留拍攝對象的細節，即使背景明暗對比強烈，也能避免人臉過暗或過亮。由於此應用僅需偵測臉部位置而不需辨別身分，能兼顧隱私與高效能，使其在家庭監控、視訊會議、手機相機或直播平台等多種情境下展現實用價值。透過整合人臉偵測與動態曝光對焦技術，使用者能享受更穩定且友善的攝影體驗，也進一步提升影像品質與實用性。

4-5-1　圖像亮度調整原理

在數位影像處理與攝影應用中，亮度往往是決定畫面品質與觀感的關鍵因素。無論是一般拍照、監控系統還是藝術創作，若照片或影像本身曝光不足就會呈現出灰暗或噪點增多的情形，過度曝光則容易造成細節流失和螢幕刺眼。為了在不同的環境光源或攝影器材條件下，都能得到更接近理想的視覺效果，對影像進行亮度調整成為必備的處理步驟之一。

透過簡單的平均亮度運算或更進階的演算法（如直方圖均衡化、Gamma 校正等），使用者可以根據實際需求，適度提升（增亮）或壓低（減暗）畫面，讓整體視覺更舒適，也更能看清細節。在應用層面上，亮度調整可廣泛運用於新聞媒體的影像報導強化、工業檢測中的特徵看清，以及一般使用者在社群平台分享照片時的後製修圖等。藉由靈活掌握亮度處理技術，我們能於各種場景下輕鬆提升影像品質，並打造更理想的視覺呈現。

整張圖片亮度處理原理與步驟如下：

1. 讀取圖片：以 OpenCV 載入原始圖像至程式中。
2. 計算平均亮度
   - 通常先將圖片轉為灰階 (Grayscale)，以便取得單一通道的像素平均值。
   - numpy.mean( ) 可以快速計算整張圖片（或灰階圖片）的平均亮度值 (0～255)。
3. 設定目標亮度
   - 根據需求設定一個「目標亮度」(target brightness)，例如 130 或 150 等，用於對比當前平均亮度。
   - 計算差值 diff = (target_brightness - current_avg_brightness) 來決定要增亮或壓暗。

4. 調整亮度
   - 將原圖片轉為 float32 型態陣列，進行加法或減法操作。
   - 用 np.clip(…, 0, 255) 將每個像素限制在合法範圍內，避免溢位。
   - 最終轉回 uint8 型態，得到增亮或減暗後的結果圖片。
5. 顯示與儲存
   - 使用 cv2.imshow( ) 在視窗中查看結果。
   - 也可將結果輸出成新檔，以便進行後續使用或比較。

此方法一併調整了所有像素亮度，適合整張圖片均勻曝光不足或過亮的情況。若只想調整局部區域 (如人臉)，可搭配人臉偵測或遮罩處理局部畫面。

程式實例 ch4_7.py：圖像亮度調整，目標亮度均值是 130。

```python
1   # ch4_7.py
2   import cv2
3   import numpy as np
4
5   # 讀取圖片
6   image = cv2.imread("jk.jpg")
7
8   # 計算整張圖片的平均亮度 (轉灰階後再計算平均值)
9   gray = cv2.cvtColor(image, cv2.COLOR_BGR2GRAY)
10  current_avg_brightness = np.mean(gray)
11  print(f"原圖平均亮度: {current_avg_brightness:.2f}")
12
13  # 設定目標亮度與差值 (例如 130.0, 依需求調整)
14  target_brightness = 130.0
15  diff = target_brightness - current_avg_brightness
16  print(f"欲提升亮度: {diff:.2f}")
17
18  # 進行亮度調整, 先轉型態為 float32 以避免加法時像素溢位
19  image_float = image.astype(np.float32)
20
21  # 將整張圖片每個像素都加上差值 diff
22  image_float += diff      # 若diff為正表示增亮; 若diff為負表示減亮
23
24  # 使用 np.clip 限制像素值在 [0, 255] 範圍
25  image_float = np.clip(image_float, 0, 255)
26
27  # 轉回 uint8
28  enhanced_image = image_float.astype(np.uint8)
29
30  # 顯示結果 (比較前後)
31  cv2.imshow("Original", image)
32  cv2.imshow("Enhanced", enhanced_image)
33  cv2.waitKey(0)
34  cv2.destroyAllWindows()
```

```
35
36  # 可選：儲存結果
37  cv2.imwrite("jk_enhanced.jpg", enhanced_image)
38  print("已將亮度調整結果儲存為 jk_enhanced.jpg")
```

執行結果

```
================== RESTART: D:/AI_Eye/ch4/ch4_7.py ==================
原圖平均亮度: 92.86
欲提升亮度: 37.14
已將亮度調整結果儲存為 jk_enhanced.jpg
```

下方左圖是原始影像，右圖是目標亮度均值為 130 的結果。

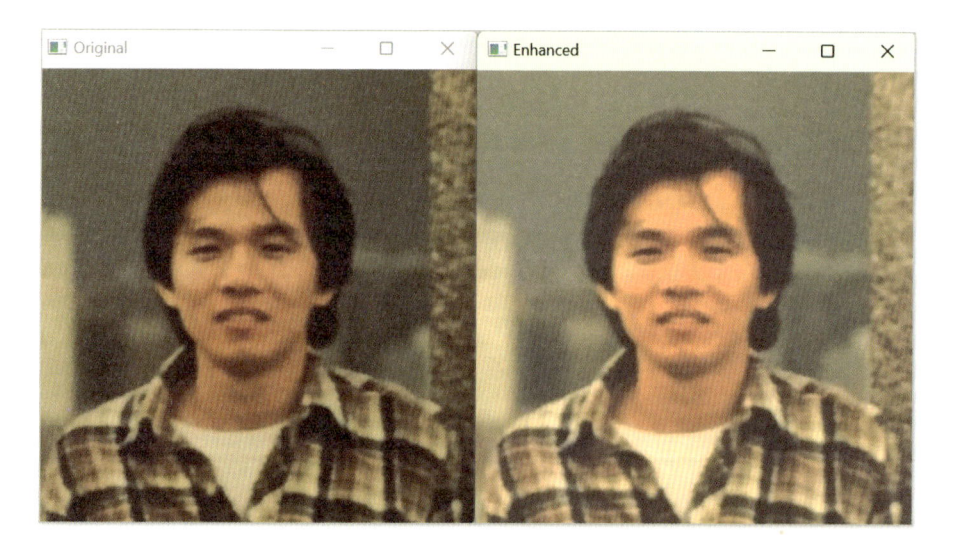

注意事項

- **整體 vs. 局部**：此程式一併調整了整張圖片，每個像素都套用相同的亮度改變量。若只想增亮臉部或特定區域，可先偵測區域範圍，再單獨處理該區域 ROI。

- **細部控制**：
  - 若照明不均或有暗部 / 亮部差異較大，可考慮更進階的「影像增強」方法，如直方圖均衡化 (Histogram Equalization)、Gamma 校正、曲線調整等。
  - 以目標平均亮度來調整屬於最簡單直接的方法，效果有時較為「整體性」，無法區分局部亮區 / 暗區。

- **色彩偏移**：若希望同時考慮顏色飽和度或對比度，則需進一步在 HSV 或 Lab 色彩空間中調整亮度 (Value 或 L 通道)。

「整張圖片亮度處理」透過簡單的平均亮度差值，加法或減法運算即可快速完成。此範例較適合用於全局光線不足或過亮的影像調整。若需更細膩或針對性（如僅調亮臉部，或校正大範圍暗角），建議搭配局部偵測與更進階的影像增強算法。無論何種方式，核心原則皆是先分析影像的亮度分布，再進行適度加權或運算以達到最終想要的視覺效果。

4-5-2　圖片人臉亮度調整

這一節是前一節的擴充，「只針對臉部區域進行亮度增強」的程式，用同一張名為「jk.jpg」的靜態圖片作為範例。程式將先透過人臉偵測找到臉部位置，再測量臉部亮度並自動提高該區域亮度，以達到局部增強效果。

程式實例 ch4_8.py：擴充 ch4_7.py，做人臉圖片亮度的調整，為了標記調整的肚份，增強效果的圖片會將人臉框起來。

```python
# ch4_8.py
import cv2
import mediapipe as mp
import numpy as np

mp_face_detection = mp.solutions.face_detection      # 人臉偵測模組

image = cv2.imread("jk.jpg")                         # 讀取圖片
cv2.imshow("Original", image)
rgb_image = cv2.cvtColor(image, cv2.COLOR_BGR2RGB)   # BGR 轉為 RGB

# 使用 with 語法確保執行完後釋放資源
with mp_face_detection.FaceDetection(
    model_selection = 0,                             # 模型選擇 0 適用近距離臉部
    min_detection_confidence = 0.5                   # 偵測門檻
) as face_detection:

    results = face_detection.process(rgb_image)      # 進行人臉偵測

    if results.detections:
        ih, iw, _ = image.shape

        # 只示範處理第一張臉 (若有多臉可自行遍歷)
        detection = results.detections[0]
        box = detection.location_data.relative_bounding_box

        # 換算座標
        x1 = int(box.xmin * iw)
        y1 = int(box.ymin * ih)
        w = int(box.width * iw)
        h = int(box.height * ih)
```

```python
32              x2 = x1 + w
33              y2 = y1 + h
34
35              # 避免超出邊界
36              x1 = max(0, x1)
37              y1 = max(0, y1)
38              x2 = min(iw, x2)
39              y2 = min(ih, y2)
40
41              # 擷取臉部區域
42              face_roi = image[y1:y2, x1:x2]
43
44              # 計算臉部平均亮度 (灰階)
45              gray_roi = cv2.cvtColor(face_roi, cv2.COLOR_BGR2GRAY)
46              avg_brightness = np.mean(gray_roi)
47
48              # 設定目標亮度 (可依需求微調)
49              target_brightness = 130.0
50              diff = target_brightness - avg_brightness
51              # 為避免一次變化過大,可調整一個比例 factor,這裡直接全量補償
52              offset = diff
53
54              # 增亮處理 ROI 轉 float32 後,加上 offset
55              face_float = face_roi.astype(np.float32)
56              face_float += offset
57              face_float = np.clip(face_float, 0, 255)    # 限制範圍在 [0,255]
58              # 再轉回 uint8
59              enhanced_face = face_float.astype(np.uint8)
60
61              # 將增亮後臉部覆蓋回原圖
62              image[y1:y2, x1:x2] = enhanced_face
63
64              # 也可在臉部區域畫個框作為標記
65              cv2.rectangle(image, (x1, y1), (x2, y2), (0, 255, 0), 2)
66              print(f"原臉部平均亮度       : {avg_brightness:.2f}")
67              print(f"增亮後估計亮度目標   : {target_brightness:.2f}")
68         else:
69              print("未偵測到任何人臉。")
70
71  # 顯示與儲存結果
72  cv2.imshow("Enhanced Face Brightness", image)
73  cv2.waitKey(0)
74  cv2.destroyAllWindows()
75  cv2.imwrite("jk_face_enhanced.jpg", image)
76  print("已將臉部增亮結果儲存為 jk_face_enhanced.jpg")
```

執行結果

```
======================= RESTART: D:/AI_Eye/ch4/ch4_8.py =======================
原臉部平均亮度       : 108.90
增亮後估計亮度目標   : 130.00
已將臉部增亮結果儲存為 jk_face_enhanced.jpg
```

第 4 章　語音輸出與人臉偵測專題

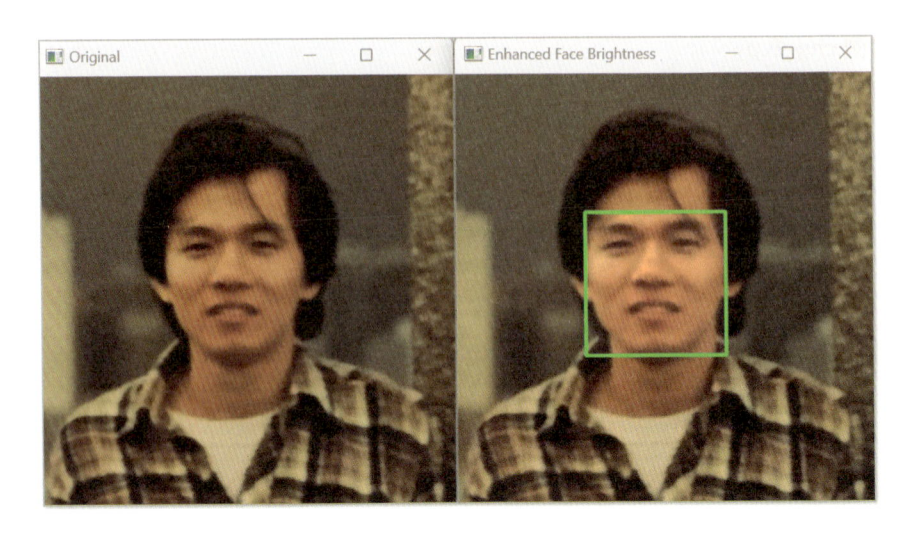

此程式展示了「只針對臉部區域亮度」進行增強的做法，無須影響整張圖片的其他區域。核心做法包含：

- 定位臉部：使用簡單的人臉偵測 (Face Detection)，取得臉部範圍，可以參考第 42 列。
- 分析亮度：計算臉部灰階值的平均亮度, 與想要的目標亮度 (Target) 比較，可以參考第 45～52 列。
- 局部增亮：局部套用加法並做 clip 限制，提高臉部畫素亮度，可以參考第 55～59 列。

此作法常用於照片後製、影像修圖，特別適合在光源不足的環境拍攝到的人像，可以做針對性的亮度補償而不破壞背景氛圍。若須更細緻控制，還可整合更進階的演算法 (如曲線調整、曝光補償等)，依應用需求彈性運用。

4-5-3　智慧型攝影對焦 – 整體畫面調整

這一節實例示範「智慧型攝影對焦／自動曝光」的基本概念，以人臉偵測當作依據，動態調整攝影機的亮度或曝光參數，達到類似「在臉部位置進行對焦或曝光優化」的效果。實務上有 2 種做法：

- 硬體驅動：是否能真正調整鏡頭對焦、曝光，取決於攝影機硬體與驅動程式是否開放對應的控制功能。
- 軟體驅動：這是本節的做法。

程式實例 ch4_9.py：用 OpenCV 與 MediaPipe 進行人臉偵測，同時在讀取攝影機影像的每個畫面 (幀) 中：

- 偵測人臉位置。
- 計算臉部區域的平均亮度。
- 依該臉部亮度，軟體模擬調整整張畫面的亮度，使得臉部可視度更佳。
- 同時顯示「原始畫面」與「調整後的畫面」方便對照。

最後，當使用者按下 q 鍵時，結束程式並釋放所有資源。

```python
1   # ch4_9.py
2   import cv2
3   import mediapipe as mp
4   import numpy as np
5
6   # 初始化 MediaPipe 人臉偵測
7   mp_face_detection = mp.solutions.face_detection
8   face_detection = mp_face_detection.FaceDetection(
9       model_selection = 0,              # 模型 0 通常適用近距離臉部
10      min_detection_confidence = 0.5
11  )
12
13  # 初始化攝影機
14  cap = cv2.VideoCapture(0)
15
16  # 設定臉部預期亮度（軟體模擬）
17  TARGET_FACE_BRIGHTNESS = 100.0
18  # 每次調整亮度時的增益（控制調整幅度）
19  ADJUST_GAIN = 0.5
20
21  while True:
22      ret, frame = cap.read()
23      if not ret:
24          break
25
26      # 原始畫面（未調整亮度版本），直接顯示
27      original_frame = frame.copy()
28
29      # 為了檢測，需要將 BGR 轉為 RGB
30      rgb_frame = cv2.cvtColor(frame, cv2.COLOR_BGR2RGB)
31      results = face_detection.process(rgb_frame)
32
33      ih, iw, _ = frame.shape            # 圖像高、寬、_ 通道數未使用
34
35      if results.detections:
36          # 取第一個偵測到的人臉（若同時多張臉，可改成遍歷）
37          detection = results.detections[0]
38          box = detection.location_data.relative_bounding_box
```

```python
            x1 = int(box.xmin * iw)
            y1 = int(box.ymin * ih)
            w = int(box.width * iw)
            h = int(box.height * ih)
            x2 = x1 + w
            y2 = y1 + h

            # 防呆，避免超出畫面範圍
            x1, y1 = max(x1, 0), max(y1, 0)
            x2, y2 = min(x2, iw), min(y2, ih)

            # 在原畫面上標示臉部位置 (方便觀察)
            cv2.rectangle(original_frame, (x1, y1), (x2, y2), (0, 255, 0), 2)

            # 計算臉部區域的平均亮度 (灰階)
            face_roi = frame[y1:y2, x1:x2]
            gray_roi = cv2.cvtColor(face_roi, cv2.COLOR_BGR2GRAY)
            avg_brightness = np.mean(gray_roi)

            # 以軟體方式進行亮度調整，根據臉部亮度做整個frame全局調整
            # 若臉部亮度低於 TARGET_FACE_BRIGHTNESS，則提亮；反之則壓暗
            diff = TARGET_FACE_BRIGHTNESS - avg_brightness
            # 可視需求自行調整 ADJUST_GAIN，避免每幀波動太大
            offset = diff * ADJUST_GAIN

            # 建立一個浮點型的臨時影像，加上 offset 後再做裁切到 [0,255]
            temp_frame = frame.astype(np.float32)
            temp_frame += offset
            temp_frame = np.clip(temp_frame, 0, 255)
            adjusted_frame = temp_frame.astype(np.uint8)

            # 在調整後的畫面也畫出同樣的人臉框 (方便比較)
            cv2.rectangle(adjusted_frame, (x1, y1), (x2, y2), (0, 255, 0), 2)

            # 於畫面上用藍色顯示資訊
            text1 = f"Face Avg Brightness: {avg_brightness:.2f}"
            cv2.putText(adjusted_frame, text1, (10, 30),
                        cv2.FONT_HERSHEY_SIMPLEX, 1, (255, 0, 0), 2)

            text2 = f"Brightness Offset: {offset:.2f}"
            cv2.putText(adjusted_frame, text2, (10, 70),
                        cv2.FONT_HERSHEY_SIMPLEX, 1, (255, 0, 0), 2)
    else:
        # 若無偵測到人臉，則 "adjusted_frame" 直接使用原始畫面即可
        adjusted_frame = frame.copy()

    # 分別顯示：
    # original_frame : 未調整亮度
    # adjusted_frame : 依臉部亮度做軟體調整後的畫面
    cv2.imshow("Original", original_frame)
    cv2.imshow("Adjusted", adjusted_frame)
```

```
92          # 按下 q 鍵退出
93          if cv2.waitKey(1) & 0xFF == ord('q'):
94              break
95
96      cap.release()
97      cv2.destroyAllWindows()
```

執行結果

此程式重點如下：

- TARGET_FACE_BRIGHTNESS：第 17 列，為期望的人臉亮度 (約略的灰階值 , 0 ～ 255)。若實際臉部亮度低於此值，程式會嘗試提亮整個畫面。

- ADJUST_GAIN：第 19 列，決定調整快慢，避免亮度在每個幀之間大幅波動。

- 第 27 列建立 original_frame 作為「原畫面」的備份，以便後續顯示比較。

- 若 results.detections 不為空，表示檢測到臉部。

- 第 37 列是只取清單中的第一筆 (detection)，表示第一張臉。

- 第 38 ~ 45 列，box 是相對範圍 (介於 0 ～ 1)，需乘以影像寬高，換算成實際像素位置，即 (x1, y1, x2, y2)。

- 第 48 ~ 49 列的 max 與 min 用來避免座標出現負值或超出畫面範圍。

- 第 55 列 face_roi 取出臉部區塊 (ROI, region of interest)。

- 第 56 列轉灰階後，第 57 列用 np.mean( ) 計算該區域像素平均亮度 (0 ～ 255)，這個 avg_brightness 將作為「臉部當前實際亮度」的依據。

- 第 61 列「diff = (目標亮度 - 當前臉部亮度)」用來判斷需要增亮或減暗。

- 第 63 列「offset = diff * ADJUST_GAIN」用來控制調整幅度，避免一次改變過大導致畫面劇烈閃動。

- 第 66 列是為了能安全地加或減 offset，先將 frame 的像素值轉成 float32 (浮點數)。
- 第 67 列「temp_frame += offset」表示每個像素都加上這個調整值，達到「增亮或減暗整張畫面」的效果。
- 第 68 列 np.clip(temp_frame, 0, 255)，可以保證所有像素維持在合法範圍 [0, 255]，避免溢位或負值。
- 第 69 列轉回 uint8 後，得到最終「調整後」的影像 adjusted_frame。
- 第 72 列為了在「調整後的畫面」也能看到人臉位置，同樣畫出綠框。
- 第 75～81 列在「調整後的畫面 (adjusted_frame)」左上方印出：
  - 臉部平均亮度 (avg_brightness)
  - 亮度調整量 (offset)

這段程式碼透過 MediaPipe 人臉偵測，先計算攝影鏡頭畫面中臉部的平均亮度，再以軟體方式動態調整整張畫面的亮度，讓人臉不會過暗或過亮。程式也在兩個視窗中分別顯示「原始畫面」與「調整後畫面」，利於比較與觀察效果。

❏ 補充解釋「adjust_gain = 0.5」的意義？

adjust_gain 是一個用來控制亮度調整幅度的增益因子 (或叫縮放係數)。

- 程式中的差值計算

  diff = (TARGET_FACE_BRIGHTNESS- avg_brightness)
  offset = diff * adjust_gain

  - 若臉部實際亮度 (avg_brightness) 與目標亮度 (TARGET_FACE_BRIGHTNESS) 差了很多，diff 數值可能很大。為了避免每一幀影片畫面亮度「劇烈抖動」，我們只採用 diff 的一部分 (由 adjust_gain 來決定)，讓畫面可以漸進調整，變得更平滑。

- 換句話說

  - adjust_gain 大於 1 時，每次都大幅度改變畫面亮度。
  - adjust_gain 小於 1 時，代表僅採用部分差值，調整較為平順。
  - 本實例設為 0.5，即只採用差值的 50%，讓亮度不至於一下子暴漲或暴跌。

4-5-4 智慧型攝影對焦 – 臉部畫面調整

程式實例 ch4_10.py：讓「只針對臉部區域進行增亮」，而非對整個 frame 進行全局亮度調整。

```
59          # 依據臉部亮度與目標亮度，計算差值
60          diff = TARGET_FACE_BRIGHTNESS - avg_brightness
61          # 調整幅度
62          offset = diff * ADJUST_GAIN
63
64          # 只增亮臉部區域 (face_roi)，不改動整個 frame
65          face_float = face_roi.astype(np.float32)
66          face_float += offset
67          face_float = np.clip(face_float, 0, 255)
68          enhanced_face = face_float.astype(np.uint8)
69
70          # 將增亮後的臉部貼回 adjusted_frame
71          adjusted_frame = frame.copy()     # 建立「調整後」的畫面基底
72          adjusted_frame[y1:y2, x1:x2] = enhanced_face
```

執行結果

從上圖可以看到只有臉部變亮。與原程式相比，主要修改部分

- 移除對「整個 frame」做加上 offset 的程式
  - 原本程式中使用「temp_frame = frame.astype(np.float32)」並「temp_frame += offset」後，得到 adjusted_frame。這樣的流程會將整張影像都做增/減亮度。

- 局部增亮程式邏輯：在修改後，我們改為只針對 face_roi（臉部區域）做增亮或減暗，可以參考 65 ~ 68 列。

- 貼回原圖：「改為先 adjusted_frame = frame.copy( )」，再將 enhanced_face 貼回 (y1:y2, x1:x2)，就能只看到臉部區域被增亮，其它區域保持不變，可以參考 71 ~ 72 列。

透過這些調整，即可只增亮臉部區塊，讓背景或非臉部區域保持原樣，達到更精準的局部亮度補償效果。如果覺得臉部仍不夠亮，可以調整第 17 列的亮度，程式實例 ch4_10_1.py 是將 TARGET_FACE_BRIGHTNESS 調整為 130 的結果。

讀者可以看到亮度的 Brightness Offset 是 29.56，整個臉部更亮了許多。

第 5 章
人臉關鍵點偵測 68 點模型

5-1　緣起與背景

5-2　68 點模型概述

5-3　Dlib 模組 - 人臉偵測基礎

5-4　Dlib 68 點人臉關鍵點偵測

5-5　人臉對齊

5-6　多人臉的偵測

5-7　AI 貼圖 (AI Stickers)

隨著人工智慧與電腦視覺技術的迅速演進，人臉辨識與相關應用已從研究領域逐漸進入大眾生活。無論是手機的臉部解鎖、社群平台的人臉濾鏡，亦或是安防系統的人臉監控，這些應用都依賴了對人臉偵測與人臉特徵分析的核心技術。其中，「人臉關鍵點（Facial Landmarks）偵測」扮演了不可或缺的角色。它能協助我們精準掌握人臉上重要位置的座標（例如眼睛、鼻子、嘴巴等），進而達成人臉對齊、表情分析或臉部美化等進階操作。

本章和下一章的應用重點是使用 68 點模型技術模組，此名稱的英文是「68 Facial Landmarks Model」或「68-point facial landmark model」。

5-1 緣起與背景

本節將帶領讀者回顧人臉偵測在電腦視覺領域的發展與地位，並進一步說明為何從「偵測臉部區域」進展到「偵測臉部關鍵點」是一個必然且關鍵的演進過程。透過這樣的背景介紹，讀者將更能理解「68 點模型」在後續章節中所擔任的重要角色與其影響範圍。

5-1-1 人臉偵測與關鍵點在電腦視覺中的地位

人臉偵測（Face Detection）指的是在影像或視訊畫面中找到所有人臉的位置並以方框（bounding box）的方式標註出來。這項技術的成功，得益於大量標註資料的累積與傳統機器學習（如 Haar 特徵、SVM）到深度學習（如卷積神經網路）的全面進步。人臉偵測解決了「在複雜背景中找到臉」的挑戰，對許多臉部應用來說是第一步。

然而，僅僅知道臉部所在區域仍不足以支援更多精細操作。例如，若我們想要校正臉部角度（避免頭部歪斜或不同角度造成的差異），或者想要偵測微小表情變化，就需要更細緻的特徵資訊。這時，人臉關鍵點（Facial Landmarks）的出現，讓我們能取得臉部各個區域的精準座標；它不僅能用來做臉部對齊，更能進一步分析表情、估計年齡與性別，甚至用於視覺特效或動作捕捉等應用。

因此，「人臉偵測」與「人臉關鍵點偵測」一同構築了臉部影像分析的基礎架構。先藉由人臉偵測定位臉部區域，再透過關鍵點偵測掌握臉部細節位置，便能完成後續各種高階的影像處理與智慧應用。

5-1-2 從人臉偵測到關鍵點定位的演進

過去的人臉偵測方法著重在整張臉部區塊的辨識，強調在各種環境、姿態、光線條件下仍能找到臉。然而，光是知道「這裡有一張臉」並不夠。想像在一張照片中，若人臉稍微側轉或低頭，傳統偵測方法可能會因為臉部比例或形變的差異，而無法精準處理後續的臉部特徵抽取工作。於是，研究人員開始思考：「能否更細緻地描述臉部的資訊？」

對此，工程師們提出「人臉關鍵點定位（Facial Landmark Localization）」的解決方案。在此思維下，臉部不再被視為一塊整體區域，而是由若干個關鍵位置（點）所構成的集合。這些點往往對應到眼角、嘴角、鼻樑、下巴等容易判別與標記的部位。藉由這些點的精準分布，可以做許多有趣且實用的運算，例如：

- 臉部對齊：先將人臉旋轉或平移到統一的基準位置，以消除不同角度或姿態造成的差異。
- 表情分析：比較關鍵點在不同影格或不同照片中的位置差異，以推論人物的表情或情緒。
- 變形與特效：利用特徵點來實現臉部變形、美顏、換臉等視覺特效。
- 姿勢與頭部方向估計：依據關鍵點在三維空間的相對位置，推斷頭部的轉動角度。

在此背景下，「68 點模型」成為人臉關鍵點偵測最具代表性的方案之一。它提供相對精簡卻又足以應付大多數場景的 68 個臉部特徵點，使得實作難度不至於過高，卻又能穩定且廣泛地應用於不同領域。這也是本章我們將著重探討的核心原因。

5-2 68 點模型概述

「68 點模型」是人臉關鍵點偵測領域中相當知名且被廣泛運用的技術方案。它會在臉部影像上標註 68 個具有代表性與穩定性的特徵位置，這些位置涵蓋了眼睛、眉毛、鼻子、嘴巴與下巴的輪廓，能充分描述臉部主要區域的相對關係。由於此模型在多種人臉應用情境中都能達到不錯的定位效果，故成為學術研究與實務應用間的常見選擇。本節將進一步介紹該模型的訓練基礎與具體結構，並說明為何它能在各種環境下依然保持穩定的偵測表現。

5-2-1 模型來源與資料庫

在探討 68 點模型的起源時，不得不提到 Dlib 函式庫與其對人臉偵測、關鍵點預測器的貢獻。Dlib 提供了名為「shape_predictor_68_face_landmarks.dat」的預訓練模型，該模型是用多個公開人臉資料庫訓練而成，如 iBUG 300-W 等含有豐富臉部標註的數據集。

- **iBUG 300-W 資料庫**：這是一個常被學術界與工業界引用的人臉標註資料集，包含各種不同種族、年齡、性別與多元拍攝條件下的人臉影像。該資料庫由專業標註人員手動標記臉部特徵點，且標註品質高，能為模型提供豐富且多樣化的訓練數據。

- **訓練流程**：模型訓練時會採用迭代回歸（iterative regression）或其他回歸技術，透過不斷修正預測結果與真實標註之間的誤差，進而取得較精確的關鍵點位置。由於標註資料量大，且涵蓋不同的光線、角度與臉部特徵，最終的模型能在一般情況下保持相當不錯的定位性能。

5-2-2 68 個關鍵點的位置分佈

「68 點模型」中的 68 個關鍵點主要可分為幾大區塊，每個區塊對應臉部某一主要特徵，如下所示：

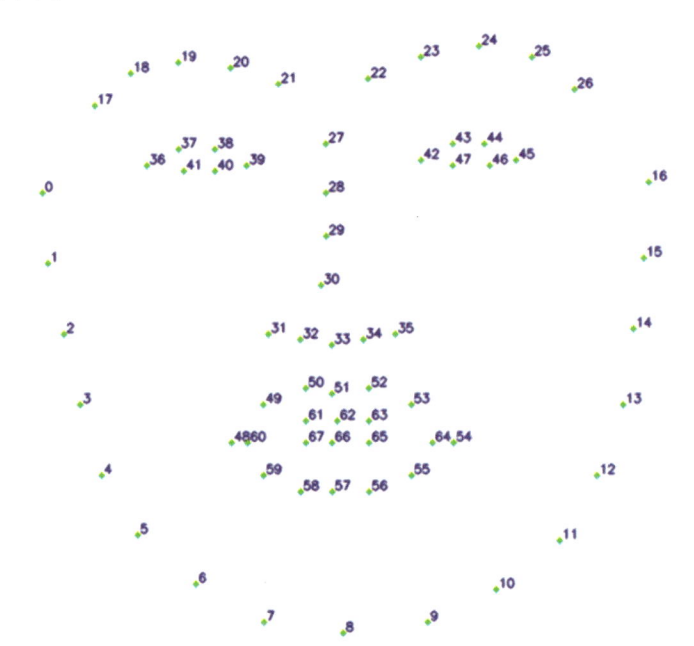

上圖是程式實例 ch5_3.py 的執行結果，68 個關鍵點是從 0 編號到 67。註：有的文件的關鍵點編號是從 1 到 68。

- 0～16：下巴輪廓 (Jawline)，自下巴尖端開始，沿著臉部輪廓延伸到下顎兩端，用以刻畫整體臉型。
- 17～26：眉毛 (Eyebrows)，通常是從眉毛頭部至眉尾部分佈這些關鍵點，用來描繪眉毛的曲線與位置。
- 27～35：鼻子 (Nose)，包含鼻樑與鼻翼等位置，是辨別人臉中心線與臉部空間深度的重要依據。
- 36～47：眼睛 (Eyes)，分佈於眼周圍，能精準描述上下眼瞼的形狀。
- 48～67：嘴巴 (Mouth & Lips)，嘴唇外圍與內部都包含多個關鍵點，可用於表情分析與口型追蹤。

透過這 68 個點，人臉的各個主要區域都能被相對完整地描述。當我們取得這些關鍵點位置之後，即可用於多種後續應用，如臉部對齊、表情分析、臉部變形與特效等。

具體對應關鍵點與功能：

區域	點號範圍	功能
下巴	0～16	繪製臉部輪廓
眉毛	17～21 (左眉), 22～26 (右眉)	眉毛形狀、表情分析
鼻子	27～35	鼻樑與鼻尖定位
眼睛	36～41 (左眼), 42～47 (右眼)	眼球追蹤、眨眼偵測
嘴巴	48～59 (外嘴唇), 60～67(內嘴唇)	嘴型變化、講話動作分析

5-2-3 模型優點與限制

- 優點：
  - 穩定且成熟：由於該模型問世已久，社群資源與教學文件非常豐富，能讓開發者迅速上手。
  - 精簡且足夠：68 個點的數量雖不算多，但已足以應付許多常見的臉部應用，也能快速地在一般硬體環境上執行。
  - 擴充與整合容易：可搭配 OpenCV、Dlib 等常見影像處理函式庫使用，程式碼範例與相關資源也容易取得。

- 限制：
  - **細節刻畫不足**：相較於 MediaPipe Face Mesh 等高密度點位模型，68 點模型在需要細部表情或微小部位精準動態追蹤時，可能會力有未逮。
  - **強光或大角度偏移場景**：在極端條件下（如光線不足、臉部嚴重遮擋或劇烈側轉），偵測結果的穩定度可能下降，需要額外的前處理或後處理技術來輔助。
  - **需額外訓練針對特殊群體**：若應用於特定人種、年齡、妝容特徵強烈等族群時，若訓練數據不足，偵測效果可能不如預期。

5-2-4 為何選擇 68 點模型

儘管現在已有許多更高精度或更複雜的人臉關鍵點偵測模型，「68 點模型」依然在許多場合被選用，原因如下：

- **系統資源需求低**：執行速度快、記憶體佔用少，適合在一般環境或實時應用中使用。
- **模組支援度高**：如 Dlib、OpenCV 等知名影像處理與機器學習函式庫都有相當友好的整合。
- **功能與複雜度平衡**：68 個點能提供相對完整的人臉描述，同時不會因過多的點位而造成模型運算的負擔。

5-3 Dlib 模組 - 人臉偵測基礎

Dlib 是一個開源的機器學習與影像處理函式庫，由 Davis E. King 開發，主要用於電腦視覺 (Computer Vision)、深度學習 (Deep Learning)、人臉偵測 (Face Detection) 等應用。Dlib 以 C++ 為核心，並提供 Python API，使其能夠快速執行複雜的影像處理任務。這一節所述的函數是來自此模組，使用前需要安裝，不過安裝此模組前需先安裝 C++ Builder，因為需要 C++ 編譯器重新編譯 Dlib。

❑ **安裝方法 1**

安裝 C++ builder 完成後，才可以在命令提示字元環境安裝 Dlib 模組。假設要將 Dlib 安裝在 Python 3.12，則安裝此模組方式如下：

```
py -3.12 -m pip install dlib
```

❏ 安裝方法 2

我們可以啟動 Visual Studio Build Tools。

點選啟動鈕後，可參考下圖輸入「py -3.12 -m pip install dlib」。

❏ 測試是否安裝成功

在 Python 中輸入：

```
>>> import dlib
>>> print(dlib.__version__)
19.24.6
```

上述在測試時看到的 19.24.6 代表 Dlib 的版本號，其中：

- 19：Dlib 的主要版本 (Major Version)
- 24：Dlib 的次要版本 (Minor Version)
- 6：Dlib 的修訂版本 (Patch Version)

這表示安裝的是 Dlib 19.24.6，這是 2023 年發布的最新穩定版之一。

5-3-1 初始化人臉偵測器

dlib.get_frontal_face_detector( ) 是 Dlib 模組提供用的人臉偵測器，能夠從影像中檢測人臉位置 (Bounding Box)。可用於靜態圖片或即時攝影機影像，並廣泛應用於人臉識別、表情分析、視線追蹤、臉部對齊等領域。

程式設計時首先需要初始化人臉偵測器：

import dlib

　　...

detector = dlib.get_frontal_face_detector( )　　# 初始化 Dlib 前向人臉偵測器

5-3-2　get_frontal_face_detector( ) 的核心技術

dlib.get_frontal_face_detector( ) 主要用 HOG + SVM 方法來偵測人臉：

❑ HOG (Histogram of Oriented Gradients)

HOG 是一種影像特徵描述方法，可用來捕捉影像中的邊緣方向，特別適合偵測物件輪廓 (如人臉)。主要流程：

1. 將影像轉換為灰階，可降低計算成本。
2. 計算每個像素的梯度（Gradient），獲取邊緣資訊。
3. 建立 HOG 特徵向量，描述影像中的結構特徵。
4. 將 HOG 特徵輸入分類器 (SVM)，來判斷影像中是否包含人臉。

❑ SVM (Support Vector Machine)

支援向量機 (SVM) 是一種監督式學習的分類演算法，能夠透過 HOG 特徵來區分「有人臉」與「沒有人臉」的影像區域。訓練數據包含：

- 正樣本 (Positive Samples)：人臉影像。
- 負樣本 (Negative Samples)：無人臉的影像。

訓練完成後，模型能夠有效偵測正面朝向的臉部 (Frontal Faces)。

❑ 優點與缺點

特性	HOG + SVM (Dlib Detector)
訓練方式	透過大量人臉影像訓練 SVM
偵測速度	快，適合即時偵測
準確度	一般不如 CNN（Convolutional Neural Network），中文翻譯為卷積神經網路
偵測角度	適合正面人臉，對側臉較弱
計算需求	較低，可在 CPU 上執行
適用場景	即時偵測、嵌入式設備、低功耗應用

5-3-3 解析 detector

5-3-1 節獲得 detector 物件後，我們可以用 detect 物件名稱，以函數方式引用該物件：

faces = detector(gray, upsample_num_times=0)

- gray：是輸入給 Dlib 偵測器 (detector) 的影像資料，通常是灰階影像，因為：
  - Dlib 的 HOG + SVM 人臉偵測演算法主要依賴影像的邊緣資訊 (Gradient Information)，不需要顏色資訊。
  - 轉換為灰階影像可以提高運算效率，減少 RGB 的 3 個通道的計算成本。
  - 提高人臉偵測的準確度，因為灰階影像能夠減少光線變化帶來的干擾。
- upsample_num_times：這是小型人臉偵測的參數，有下列選項：
  - 0 (預設)：正常解析度（適合近距離人臉）。
  - 1：影像放大 1 倍，提高遠距離人臉偵測能力。
  - 2：影像放大 2 倍，適合較小或遠處的人臉。

上述 detector( ) 函數回傳的 faces，可以用下列方法取得內容。

- face.left( )：左上角 X 座標。
- face.top( )：左上角 Y 座標。
- face.right( )：右下角 X 座標。
- face.bottom( )：右下角 Y 座標。
- face.width( )：臉部寬度 (right- left)。
- face.height( )：臉部高度 (bottom- top)。

程式實例 ch5_1.py：使用 Dlib 模組的 get_frontal_face_detector( ) 做人臉偵測，同時輸出

```
1   # ch5_1.py
2   import dlib
3   import cv2
4
5   # 初始化人臉偵測器
6   detector = dlib.get_frontal_face_detector()
7
8   # 讀取影像
9   image = cv2.imread("jk.jpg")
10  gray = cv2.cvtColor(image, cv2.COLOR_BGR2GRAY)
```

```
11
12   # 偵測人臉
13   faces = detector(gray)
14
15   # 標記人臉邊界框
16   for face in faces:
17       x, y, w, h = (face.left(), face.top(), face.width(), face.height())
18       cv2.rectangle(image, (x, y), (x + w, y + h), (0, 255, 0), 2)
19
20   # 輸出人臉邊框座標, 寬和高
21   for i, face in enumerate(faces):
22       print(f"Face {i+1}: Left={face.left()}, Top={face.top()}, ",end='')
23       print(f"Right={face.right()}, Bottom={face.bottom()}, ", end='')
24       print(f"Width={face.width()}, Height={face.height()}")
25
26   cv2.imshow("Face Detection", image)
27   cv2.waitKey(0)
28   cv2.destroyAllWindows()
```

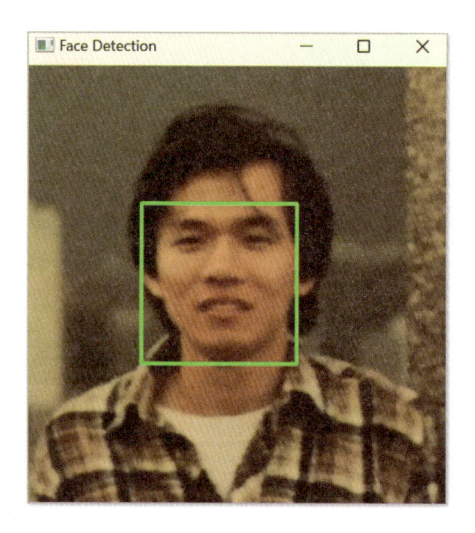

執行結果
```
======================= RESTART: D:/AI_Eye/ch5/ch5_1.py =======================
Face 1: Left=93, Top=107, Right=217, Bottom=231, Width=125, Height=125
```

5-4　Dlib 68 點人臉關鍵點偵測

　　dlib.shape_predictor( ) 是 Dlib 提供的 68 點人臉關鍵點 (Facial Landmark) 偵測器，主要用於人臉對齊 (Face Alignment)、表情識別 (Emotion Detection)、眼動追蹤 (Eye Tracking)、嘴型分析 (Lip Sync) 等應用。

5-4-1 dlib.shape_predictor( ) 的基本概念

dlib.shape_predictor( ) 需要一個已偵測到的人臉 (Bounding Box) 作為輸入。

它會在該人臉範圍內，透過預訓練的 shape_predictor_68_face_landmarks.dat 模型，輸出 68 個關鍵點座標。每個關鍵點 (Landmark) 代表人臉的特定部位，例如：眼睛、鼻子、嘴巴、下巴、眉毛等。

程式設計時，首先需要初始化 68 個關鍵點模型：

import dlib

...

predictor = dlib.shape_predictor(shape_predictor_68_face_landmarks.dat)

❑ 官網取得 shape_predictor_68_face_landmarks.dat

讀者需到 Dlib 官網下載頁面取得此檔案，步驟如下：

1. 打開 Dlib 官方下載頁面
2. 下載 shape_predictor_68_face_landmarks.dat.bz2
3. 解壓縮 (.bz2)，獲得 shape_predictor_68_face_landmarks.dat
4. 將此 .dat 檔案放到專案目錄內，此例是放在 ch5 資料夾。

❑ Github 網站取得 shape_predictor_68_face_landmarks.dat

也可以用 Google 直接搜尋此檔案，然後下載。

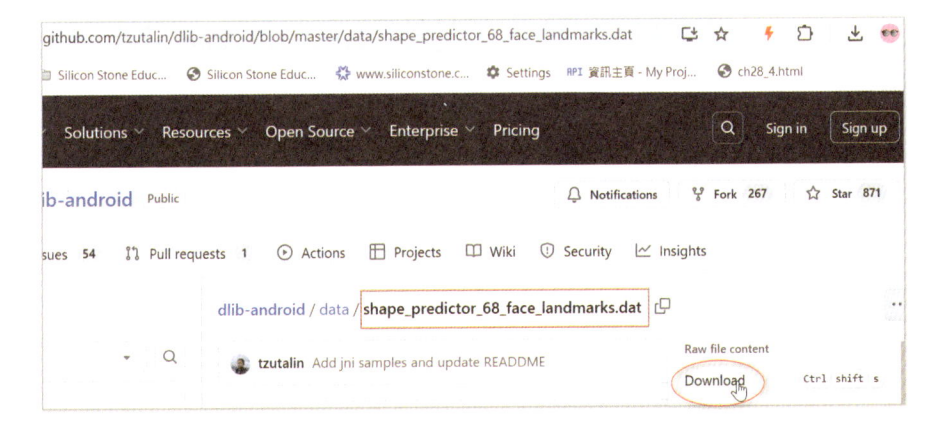

5-4-2 解析 predictor

5-4-1 節獲得 predictor 物件後，我們可以用 predictor 物件名稱，以函數方式引用該物件：

landmarks = predictor(gray, face)

- gray：這是影像，但建議使用灰階影像。
- face：由 dlib.get_frontal_face_detector( ) 偵測到的人臉邊界框。

predictor(image, face) 會回傳一個 dlib.full_object_detection 物件，該物件包含 68 個人臉關鍵點座標。

- num_parts：格式是 int，取得總共有幾個關鍵點，預設為 68。
- .part(i)：取得第 i 個關鍵點 (0 ≤ i < 68)。
- .part(i).x：格式是 int，取得第 i 個關鍵點的 X 座標。
- .part(i).y：格是是 int，取得第 i 個關鍵點的 Y 座標。

程式實例 ch5_2.py：輸出 68 個關鍵點座標，同時將關鍵點繪製到圖像上。

```
1   # ch5_2.py
2   import dlib
3   import cv2
4
5   # 初始化人臉偵測器
6   detector = dlib.get_frontal_face_detector()
7
8   # 載入 68 點人臉關鍵點模型
9   predictor = dlib.shape_predictor("shape_predictor_68_face_landmarks.dat")
10
11  # 讀取影像並轉為灰階
12  image = cv2.imread("jk.jpg")
13  gray = cv2.cvtColor(image, cv2.COLOR_BGR2GRAY)
14
15  # 偵測人臉
16  faces = detector(gray)
17
18  for face in faces:
19      landmarks = predictor(gray, face)
20
21      # 在影像上繪製 68 個關鍵點
22      for i in range(68):
23          x, y = landmarks.part(i).x, landmarks.part(i).y
24          cv2.circle(image, (x, y), 2, (0, 255, 0), -1)
25
26      print(f"總共有 {landmarks.num_parts} 個關鍵點")
```

```
27      for i in range(68):
28          print(f"Point {i}: ({landmarks.part(i).x}, {landmarks.part(i).y})")
29
30
31  # 顯示結果
32  cv2.imshow("Facial Landmarks", image)
33  cv2.waitKey(0)
34  cv2.destroyAllWindows()
```

執行結果

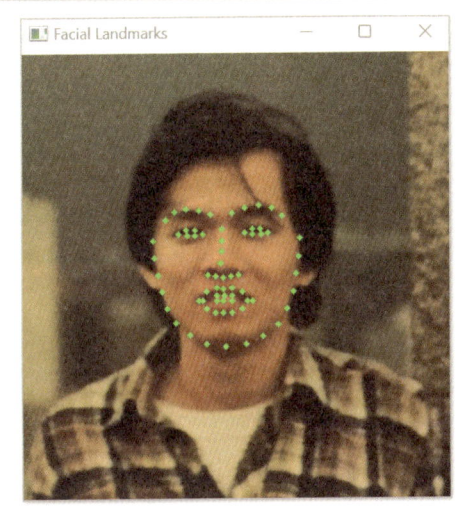

```
======================= RESTART: D:/AI_Eye/ch5/ch5_2.py =======================
總共有 68 個關鍵點
Point 0: (104, 143)
Point 1: (105, 156)
Point 2: (108, 169)
                                    ...
Point 65: (166, 189)
Point 66: (159, 189)
Point 67: (154, 189)
```

5-4-3 標記人臉 68 個關鍵點

在人臉識別與表情分析的應用中，人臉關鍵點 (Facial Landmarks) 的精準標記與視覺化是不可或缺的技術。這一節會使用 Dlib 提供的 68 點人臉關鍵點模型，透過人臉偵測與特徵點提取，對人臉的關鍵區域 (如 眼睛、眉毛、鼻子、嘴巴與輪廓) 進行標記。

程式實例 ch5_3.py：用白色畫布標記人臉 68 個關鍵點，此程式功能如下：

- 縮放人臉關鍵點：確保標記點之間的距離被放大，方便觀察細節。
- 去除背景影像：將標記點繪製在 純白畫布 上，避免雜訊干擾。
- 標記點號：在每個關鍵點上標示編號，使其具備可讀性，適用於未來可以進一步分析。

```python
# ch5_3.py
import dlib
import cv2
import numpy as np

# 初始化偵測器與 68 點預測器
detector = dlib.get_frontal_face_detector()
predictor = dlib.shape_predictor("shape_predictor_68_face_landmarks.dat")

img = cv2.imread("jk.jpg")                              # 讀取原始影像
gray = cv2.cvtColor(img, cv2.COLOR_BGR2GRAY)            # 轉成灰階

faces = detector(gray)                                  # 偵測人臉

# 若偵測到多張人臉，可依需求在此進行迴圈處理
for face in faces:
    # 取得原圖 68 點座標
    landmarks = predictor(gray, face)

    points = []
    for n in range(68):
        x = landmarks.part(n).x
        y = landmarks.part(n).y
        points.append((x, y))

    # 轉為 Numpy array，方便做向量化運算
    points = np.array(points, dtype=np.float32)

    # 計算當前 68 點的最小與最大座標
    min_x = np.min(points[:, 0])
    max_x = np.max(points[:, 0])
    min_y = np.min(points[:, 1])
    max_y = np.max(points[:, 1])

    width = max_x - min_x
    height = max_y - min_y

    # 先平移所有點，讓最小座標對準 (0,0)，後面縮放就會以 (0,0) 為基準
    points[:, 0] -= min_x
    points[:, 1] -= min_y

    # 設定縮放倍數，確實 放大點之間的相對距離
    scale_factor = 4.0          # 4.0 代表放大 4 倍，可依實際需求調整

    points *= scale_factor

    # 放大後的新 寬與高
    new_width = int(width * scale_factor)
    new_height = int(height * scale_factor)

    # 建立白底畫布，此處多留一些邊界 margin，避免放大後的點貼齊畫布邊緣
    margin = 50
    canvas_width = new_width + margin * 2
    canvas_height = new_height + margin * 2
```

```python
55
56      canvas = 255 * np.ones((canvas_height, canvas_width, 3), dtype=np.uint8)
57
58      # 在新畫布上繪製「放大後」的 68 點
59      for i, (px, py) in enumerate(points):
60          # offset_x 與 offset_y 用於把 (0,0) 移到 (margin, margin)
61          draw_x = int(px + margin)
62          draw_y = int(py + margin)
63          cv2.circle(canvas, (draw_x, draw_y), 2, (0, 255, 0), -1)
64
65          # 小字體標示點編號以免重疊過於嚴重
66          font_scale = 0.3
67          cv2.putText(canvas, str(i), (draw_x + 2, draw_y - 2),
68                      cv2.FONT_HERSHEY_SIMPLEX, font_scale,
69                      (255, 0, 0), 1, cv2.LINE_AA
70          )
71
72  # 顯示結果
73  cv2.imshow("Original Image (No scaling)", img)
74  cv2.imshow("Scaled 68 Landmarks on White Canvas", canvas)
75  cv2.waitKey(0)
76  cv2.destroyAllWindows()
```

執行結果

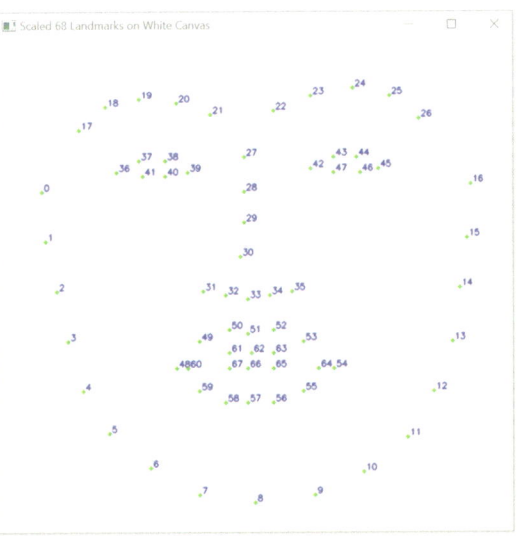

上述程式幾個關鍵點設計細節如下：

❏ 提取 68 個關鍵點並計算範圍（第 16～36 列）

- 擷取 68 個關鍵點，取得座標。

- landmarks.part(n).x
- landmarks.part(n).y
- 轉換為 Numpy 陣列
  - np.array(points, dtype=np.float32)，方便數學運算
- 計算 68 個點的範圍
  - min_x，max_x，min_y，max_y

這一步驟的目的是找出 68 點的邊界 (bounding box)，確保之後的放大縮放能準確執行。

❏ **縮放 68 點座標並建立白色畫布（第 39 ~ 56 列）**
- 先平移所有點，使 min_x, min_y 對應到 (0,0)
  - 這樣可以確保縮放後的點仍然集中在畫布中心。
- 縮放點距離
  - 「scale_factor = 4.0」，代表點之間的距離增加 4 倍。
- 建立白色畫布
  - np.ones( ) 創建全白畫布。
  - margin = 50 讓放大後的點不會貼齊邊界。

❏ **在白色畫布上繪製放大後的 68 點（第 59 ~ 70 列）**
- 計算繪製位置
  - draw_x = px + margin，讓所有點偏移 margin。
- 繪製點
  - cv2.circle(canvas, (draw_x, draw_y), 2, (0, 255, 0),-1)
- 標記點編號
  - cv2.putText( ) 使用小字體 (font_scale = 0.3)，避免數字重疊。

透過此程式，使用者可以清楚地觀察人臉的 68 個關鍵點分布，並可用於人臉對齊 (Face Alignment)、表情識別 (Facial Expression Recognition)、視線追蹤 (Eye Tracking) 及其他電腦視覺應用場景。

5-5 人臉對齊

人臉對齊 (Face Alignment) 的主要目標是,「讓人臉的兩隻眼睛水平對齊」。在人臉識別、表情分析與視線追蹤的應用中,人臉的角度變化可能會影響系統的準確度。當人臉以不同角度拍攝時,特徵點的位置會偏移,使得人臉比對產生誤差。因此,人臉對齊是提升識別率的關鍵技術,透過對齊後的影像,確保不同拍攝角度下的同一張臉能夠正確匹配。

5-5-1 演算法硬功夫處理人臉對齊

Dlib 提供 68 點人臉關鍵點模型 (shape_predictor_68_face_landmarks.dat),其中 37 ~ 42 為左眼,43 ~ 48 為右眼。本節的方法將透過計算兩眼的中心點,來確保兩眼在影像中水平對齊,提高辨識準確度。

此演算法是根據眼睛的中心點進行旋轉,步驟如下:

1. 偵測人臉,獲取人臉的 68 個關鍵點。
2. 取得兩眼的關鍵點 (36 ~ 41 為左眼,42 ~ 47 為右眼)。
3. 計算兩眼中心點:
    - 左眼中心 (left_x, left_y) 為 (36 ~ 41 號點的平均值)
    - 右眼中心 (right_x, right_y) 為 (42 ~ 47 號點的平均值)
4. 計算旋轉角度:
    - 透過 atan2(y 差異, x 差異) 計算兩眼的傾斜角度
5. 使用仿射變換 (cv2.getRotationMatrix2D()) 旋轉影像,使眼睛對齊水平線。

程式實例 ch5_4.py:用 Dlib 來偵測人臉,並透過兩眼中心點計算旋轉角度,使用 OpenCV 仿射變換 (Affine Transformation) 來調整人臉,使其對齊。

```
1   # ch5_4.py
2   import dlib
3   import cv2
4   import numpy as np
5
6   # 初始化 Dlib 偵測器與 68 點模型
7   detector = dlib.get_frontal_face_detector()
8   predictor = dlib.shape_predictor("shape_predictor_68_face_landmarks.dat")
9
10  # 讀取影像並轉為灰階
11  image = cv2.imread("face.jpg")
12  gray = cv2.cvtColor(image, cv2.COLOR_BGR2GRAY)
13
```

```python
14    # 偵測人臉
15    faces = detector(gray)
16    
17    if len(faces) > 0:
18        for face in faces:
19            # 偵測 68 個關鍵點
20            landmarks = predictor(gray, face)
21    
22            # 取得左右眼的 6 個關鍵點
23            left_eye = np.array([(landmarks.part(i).x, landmarks.part(i).y) \
24                                for i in range(36, 42)])
25            right_eye = np.array([(landmarks.part(i).x, landmarks.part(i).y) \
26                                for i in range(42, 48)])
27    
28            # 計算左右眼的中心
29            left_eye_center = np.mean(left_eye, axis=0).astype("int")
30            right_eye_center = np.mean(right_eye, axis=0).astype("int")
31    
32            # 計算兩眼中心的水平角度 (atan2 計算旋轉角度)
33            dy = right_eye_center[1] - left_eye_center[1]
34            dx = right_eye_center[0] - left_eye_center[0]
35            angle = np.degrees(np.arctan2(dy, dx))
36    
37            # 計算仿射變換矩陣 (旋轉)
38            eye_center = ((left_eye_center[0] + right_eye_center[0]) // 2.0,
39                          (left_eye_center[1] + right_eye_center[1]) // 2.0)
40            M = cv2.getRotationMatrix2D(eye_center, angle, 1)
41    
42            # 旋轉整張影像，使眼睛水平對齊
43            aligned_image = cv2.warpAffine(image, M,
44                                          (image.shape[1], image.shape[0]))
45    
46    # 顯示對齊後的影像
47    cv2.imshow("Original", image)
48    cv2.imshow("Aligned Face", aligned_image)
49    cv2.waitKey(0)
50    cv2.destroyAllWindows()
```

執行結果 下方左圖是原圖，右圖是人臉水平對齊的結果。

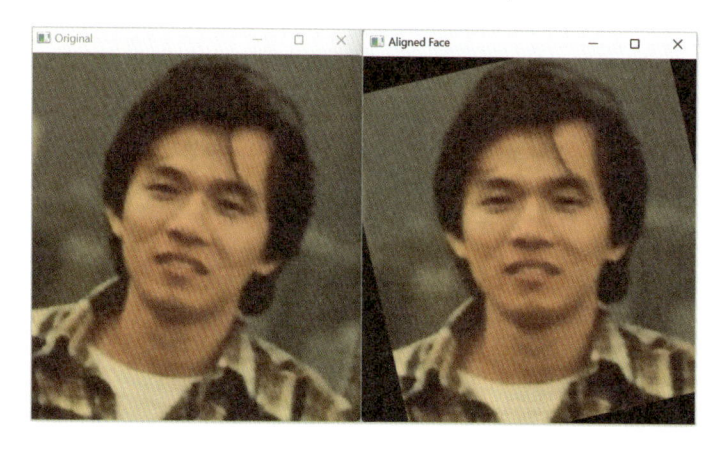

上述程式第 40 列 cv2.getRotationMatrix2D( ) 是 OpenCV 提供的計算旋轉矩陣函數。其語法如下：

M = cv2.getRotationMatrix2D(center, angle, scale)

- center：tuple (x, y) 旋轉中心點 (通常是眼睛中心點)。
- angle：代表旋轉角度，單位為度數 (float)，逆時針為正，順時針為負。
- scale：縮放比例 (例如：1.0 保持原大小，0.5 變小，1.5 變大)。

上述函數的回傳值是 M (2x3 變換矩陣)，可用於 cv2.warpAffine( ) 來進行旋轉。cv2.warpAffine( ) 函數語法如下：

warped_image = cv2.warpAffine(src, M, dsize, flags=cv2.INTER_LINEAR,
　　　　　　　borderMode=cv2.BORDER_CONSTANT, borderValue=(0,0,0))

- src：原始影像
- M：仿射變換矩陣 (2 x 3)，用於旋轉、平移、縮放。
- Dsize：輸出影像大小 (像素) (width, height)。
- flags：插值方法，預設是 cv2.INTER_LINEAR。
- borderMode：邊界填充模式，可以有下列選項：
  - cv2.BORDER_CONSTANT：預設，用黑色填充背景，可參考 ch5_4.py。
  - cv2. cv2.BORDER_REPLICATE：用邊緣相同顏色填充，可參考 ch5_4_1.py。
- borderValue：邊界填充顏色，當 borderMode=cv2.BORDER_CONSTANT 時使用。

這個程式幾個重點設計細節如下：

❏ 計算左右眼的中心點（第 23 ~ 30 列）

這一步的目的是「計算兩眼的中心點」，以便確保旋轉時能夠使眼睛水平對齊。

- Dlib 68 點模型
  - 36 ~ 41：左眼。
  - 42 ~ 47：右眼。
- 「np.mean(left_eye, axis=0)」取得左眼中心座標。
- 「np.mean(right_eye, axis=0)」取得右眼中心座標。

❏ 計算旋轉角度（第 33 ~ 35 列）

這一步的目的是「計算人臉需要旋轉的角度」，使眼睛水平對齊。

- 透過「np.arctan2(dy, dx)」計算兩眼的傾斜角度。
- 「np.degrees( )」轉換為角度。

❏ 計算仿射變換矩陣（第 38 ~ 40 列）

這一步的目的是「建立旋轉矩陣」，準備進行仿射變換 (Affine Transformation)。

- 設定眼睛的中心點 (eye_center) 旋轉中心。
- 使用「cv2.getRotationMatrix2D( )」計算旋轉矩陣。
- Angle 是旋轉角度。
- 1.0 是縮放比例 (保持原大小)。

❏ 旋轉影像，使眼睛水平（第 43 ~ 44 列）

這一步的目的是「根據兩眼中心點旋轉影像」，讓人臉水平對齊。

- 「cv2.warpAffine( )」根據旋轉矩陣 M 旋轉影像
- 「(image.shape[1], image.shape[0])」保持影像大小不變

當我們在第 43 列使用第 40 列 cv2.getRotationMatrix2D( ) 函數得到的 M，進行仿射變換「cv2.warpAffine( )」時，影像是用原尺寸進行旋轉，導致：

- 旋轉後的影像部分超出原始範圍：預設會填充黑色。
- 原始影像的邊界不足旋轉後的部分區域沒有影像數據，因此顯示黑色

這就是為什麼旋轉後的影像四角出現黑色區域。使用 cv2.warpAffine( ) 自動填充邊界時，可以增加下列參數：

borderMode=cv2.BORDER_REPLICATE

這樣當影像旋轉時，邊界會使用最近的像素值填充，而不是黑色。程式實例 ch5_4_1.py，第 43 ~ 45 列就是依此觀念修改。

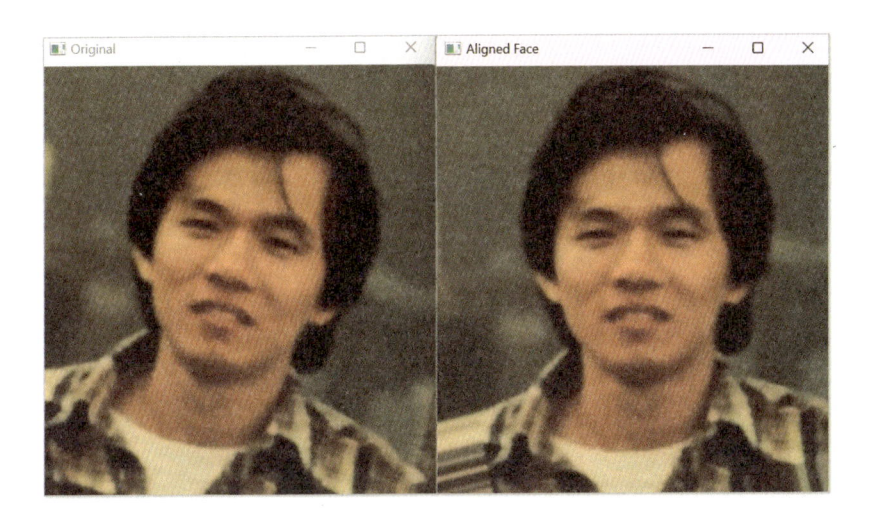

上述可以看到背景不再有黑色塊狀，有比較自然了。

5-5-2 應用場景

人臉對齊 (Face Alignment) 是提升人臉識別準確度的重要步驟。透過兩眼中心點計算旋轉角度，我們可以使用仿射變換來修正人臉傾斜，使其在影像中正對攝影機。這樣可以確保在不同光線、角度與表情條件下，人臉特徵仍然一致，提高識別效果。此技術在多種應用場景中發揮重要作用：

- 人臉識別系統：透過人臉對齊，使不同角度的照片能夠正確比對，提高匹配率。
- 表情識別 (Facial Expression Recognition)：對齊人臉後，可更準確地分析 嘴型、眼神、眉毛 的變化。
- 視線追蹤 (Eye Tracking)：當眼睛對齊後，視線方向的計算會更加精確。
- 自動對焦與美顏應用：在手機相機或 AI 攝影技術中，對齊人臉可讓濾鏡、特效更精準地應用。

5-6 多人臉的偵測

這一節主要探討如何在單張影像中偵測多張人臉，並標記每張人臉的特徵點。這項技術可應用於群體照片分析、人臉識別系統、影像監控等場景。進一步為群集中的人臉對齊、表情分析提供支援。

5-6-1 多人臉與關鍵點的偵測

前面章節的人臉與 68 點關鍵點偵測是用一張照片有一個人像做實例，其實本章所有程式實例可以看到下列程式碼，此程式碼可以偵測所有圖像上的人臉。

faces = detector(gray)

我們可以用「len(faces)」獲得偵測到的人臉數量。

程式實例 ch5_5.py：偵測與繪製圖像，首先列出偵測到的人臉數量，然後標記圖像內所有的人臉框和 68 點關鍵點。本程式使用的 faces3.jpg 內容如下：

```
1   # ch5_5.py
2   import dlib
3   import cv2
4
5   # 初始化人臉偵測器
6   detector = dlib.get_frontal_face_detector()
7
8   # 載入 68 點人臉關鍵點模型
9   predictor = dlib.shape_predictor("shape_predictor_68_face_landmarks.dat")
10
11  # 讀取影像並轉為灰階
12  image = cv2.imread("faces3.jpg")
13  gray = cv2.cvtColor(image, cv2.COLOR_BGR2GRAY)
14
15  # 偵測人臉
16  faces = detector(gray)
17  print(f"偵測到人臉數 : {len(faces)}")
18
19  for face in faces:
20      # 繪製人臉框
```

```
21          x, y, w, h = (face.left(), face.top(), face.width(), face.height())
22          cv2.rectangle(image, (x, y), (x + w, y + h), (0, 255, 255), 2)
23
24          # 取得關鍵點座標
25          landmarks = predictor(gray, face)
26
27          # 在影像上繪製 68 個關鍵點
28          for i in range(68):
29              x, y = landmarks.part(i).x, landmarks.part(i).y
30              cv2.circle(image, (x, y), 2, (0, 255, 0), -1)
31
32      # 顯示結果
33      cv2.imshow("Facial Landmarks", image)
34      cv2.waitKey(0)
35      cv2.destroyAllWindows()
```

執行結果
```
================================ RESTART: D:/AI_Eye/ch5/ch5_5.py ================================
偵測到人臉數：3
```

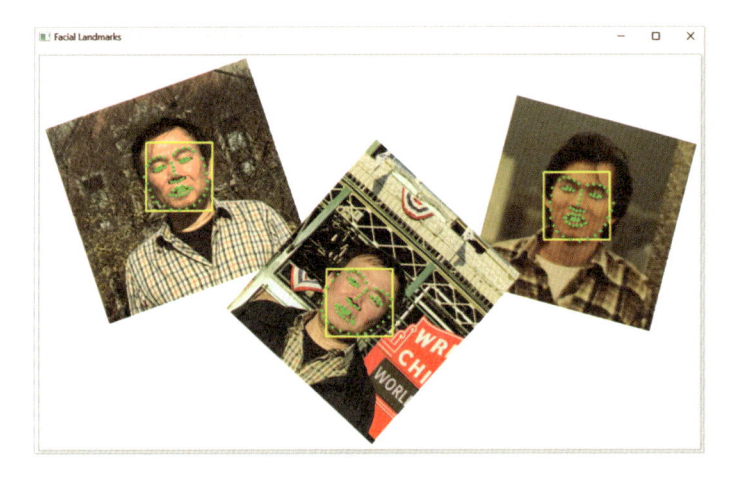

上圖找出了圖像內所有人臉，同時可以看到圖像內每個人臉的 68 個人臉關鍵點，並不會因為人臉傾斜而錯誤標記。這個結果建構了下一節主題，我們可以用函數進行人臉對齊。

5-6-2　多人臉 68 點關鍵點容器

Dlib 模組有提供方法可以讓我們執行人臉對齊，首先筆者要介紹儲存人臉集合的方法 dlib.full_object_detections( )，這個方法可以建立容器物件，未來可用此容器儲存所有 68 點關鍵點數據，初始化法如下：

all_landmarks = dlib.full_object_detections( )

第 5 章　人臉關鍵點偵測 - 68 點模型

程式實例 ch5_6.py：儲存多人臉的容器實例。

```python
1   # ch5_6.py
2   import dlib
3   import cv2
4
5   # 初始化人臉偵測器
6   detector = dlib.get_frontal_face_detector()
7
8   # 載入 68 點人臉關鍵點模型
9   predictor = dlib.shape_predictor("shape_predictor_68_face_landmarks.dat")
10
11  # 讀取影像並轉為灰階
12  image = cv2.imread("faces3.jpg")
13  gray = cv2.cvtColor(image, cv2.COLOR_BGR2GRAY)
14
15  # 偵測所有人臉
16  faces = detector(gray)
17
18  # 建立未來要存放所有人臉的 landmarks
19  all_landmarks = dlib.full_object_detections()    # 正確使用方式
20
21  # 偵測每張人臉的 68 個關鍵點
22  for face in faces:
23      landmarks = predictor(gray, face)     # 取得單張人臉的 landmarks
24      all_landmarks.append(landmarks)       # 存入 all_landmarks 容器
25
26  print(f"偵測到 {len(all_landmarks)} 張人臉")
```

執行結果
```
=================== RESTART: D:/AI_Eye/ch5/ch5_6.py ===================
偵測到 3 張人臉
```

5-6-3　多張人臉對齊實作

當我們將偵測到的多張人臉存入 dlib.full_object_detections( ) 容器之後，此例容器名稱是用 all_landmarks，我們可以使用 dlib.get_face_chips( ) 來對齊這些人臉，使眼睛水平。此函數語法如下：

aligned_faces = dlib.get_face_chips(image, all_landmarks, size=150, padding)

- image：原始影像。
- all_landmarks：有 68 個關鍵點多張人臉的容器。
- size：輸出影像的大小，預設為 150。
- padding：邊界填充比例，預設為 0.25。

程式實例 ch5_7.py：擴充 ch5_6.py，執行 3 張人臉對齊，下列是增加的程式碼。

```
28  # 使用 get_face_chips() 對齊所有人臉
29  aligned_faces = dlib.get_face_chips(image, all_landmarks, size=150)
30
31  # 顯示對齊後的所有人臉
32  for i, face_chip in enumerate(aligned_faces):
33      cv2.imshow(f"Aligned Face {i+1}", face_chip)
34
35  cv2.waitKey(0)
36  cv2.destroyAllWindows()
```

執行結果
```
==================== RESTART: D:/AI_Eye/ch5/ch5_7.py ====================
偵測到 3 張人臉
```

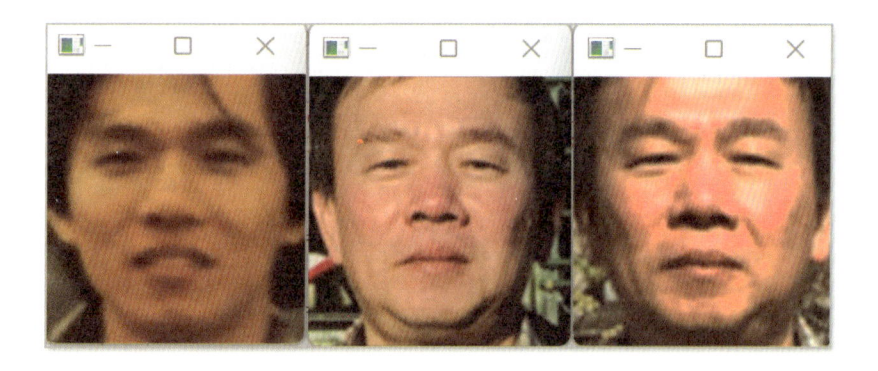

從上述可以看到儘管原始圖片，人像是傾斜的，我們得到水平對齊的人像了。有了上述結果，我們就可以對圖像做更多分析與應用了。

5-7 AI 貼圖 (AI Stickers)

在現代 AI 影像技術中，「AI 貼圖 (AI Stickers)」已成為社群媒體、擴增實境 (AR)、AI 影像處理等領域的重要應用。無論是 Snapchat 濾鏡、Instagram AR 貼紙、VTuber 虛擬形象，還是遊戲角色動態貼圖，這些技術的核心原理都是基於 AI 視覺分析與影像疊加。

5-7-1 什麼是 AI 貼圖 (AI Stickers)？

AI 貼圖是一種透過 AI 偵測人臉特徵點，並根據影像特徵疊加數位貼圖的技術。這與一般靜態貼圖不同，AI 貼圖可以根據：

第 5 章　人臉關鍵點偵測 - 68 點模型

- 人臉特徵點變化 (如眼睛、嘴巴、鼻子)
- 物件偵測與追蹤 (如手勢、頭部動作)
- 即時影像分析 (如擴增實境特效)

這使得 AI 貼圖可以在影片、自拍相機、直播、遊戲等場景中提供動態效果。

5-7-2　AI 貼圖的技術核心

在本節，將結合 AI 影像處理的核心技術：人臉偵測 (Face Detection)，透過 Dlib 偵測 68 個人臉特徵點

- 特徵點定位 (Facial Landmark Detection)：鎖定眼睛位置。
- 影像疊加 (Image Overlay)：使用透明 PNG 貼圖疊加到眼睛上。
- 動態縮放 (Dynamic Resizing)：依據眼睛大小自適應縮放貼圖。

透過這些技術，筆者將開發一個簡單但強大的 AI 貼圖功能，讓愛心貼圖可以自動貼合人臉的雙眼，並根據眼睛大小進行調整。

5-7-3　愛心圖片貼到雙眼的實例

程式實例 ch5_8.py：為 jk.jpg 圖像上的雙眼增加 heart_rb.png 愛心圖片，按任意鍵可以結束程式。

```
1   # ch5_8.py
2   import cv2
3   import dlib
4   import numpy as np
5
6   # 載入 dlib 模型
7   detector = dlib.get_frontal_face_detector()
8   predictor = dlib.shape_predictor("shape_predictor_68_face_landmarks.dat")
9
10  # 讀取圖片, 讀取包含透明通道
11  image_path = "jk.jpg"
12  img = cv2.imread(image_path)
13
14  # 讀取 Heart 圖片
15  heart_img = cv2.imread("heart_rb.png", cv2.IMREAD_UNCHANGED)
16
17  # 轉換為灰階
18  gray = cv2.cvtColor(img, cv2.COLOR_BGR2GRAY)
19
20  # 偵測人臉
21  faces = detector(gray)
```

```
22
23      scales = 1.5                                            # 愛心放大比例
24
25      for face in faces:
26          landmarks = predictor(gray, face)
27
28          # 取得左眼 & 右眼關鍵點
29          left_eye = np.array([[landmarks.part(n).x, landmarks.part(n).y]
30                              for n in range(36, 42)]])
31          right_eye = np.array([[landmarks.part(n).x, landmarks.part(n).y]
32                               for n in range(42, 48)]])
33
34          # 計算左眼和右眼的眼睛中心點
35          left_eye_center = np.mean(left_eye, axis=0).astype(int)
36          right_eye_center = np.mean(right_eye, axis=0).astype(int)
37
38          # 計算左眼和右眼的眼睛寬度
39          left_eye_width = np.linalg.norm(left_eye[0] - left_eye[3])
40          right_eye_width = np.linalg.norm(right_eye[0] - right_eye[3])
41
42          # 愛心圖片處理函數
43          def add_heart(image, heart, center, eye_width):
44              # scales 倍數的眼睛寬度
45              heart_width = int(eye_width * scales)
46              # 保持比例
47              heart_height = int(heart_width * (heart.shape[0] / heart.shape[1]))
48
49              # 調整 Heart 大小
50              heart_resized = cv2.resize(heart, (heart_width, heart_height),
51                                         interpolation=cv2.INTER_AREA)
52
53              # 確保圖片有透明通道 (RGBA)
54              if heart_resized.shape[2] == 3:
55                  heart_resized = cv2.cvtColor(heart_resized, cv2.COLOR_BGR2BGRA)
56
57              # 計算放置位置
58              x1 = center[0] - heart_width // 2
59              y1 = center[1] - heart_height // 2
60              x2 = x1 + heart_width
61              y2 = y1 + heart_height
62
63              # 處理邊界
64              h, w, _ = image.shape
65              x1, x2 = max(0, x1), min(w, x2)
66              y1, y2 = max(0, y1), min(h, y2)
67
68              # 提取區域並疊加 Heart
69              roi = image[y1:y2, x1:x2]
70              heart_resized = heart_resized[:y2 - y1, :x2 - x1]        # 確保大小匹配
71
72              # Alpha Blend 疊加, # 取得 Alpha 通道
73              alpha_heart = heart_resized[:, :, 3] / 255.0
74              alpha_img = 1.0 - alpha_heart                            # 反向透明度
75
76              for c in range(0, 3):  # BGR 三個通道
```

```
79
80            # 更新原始圖片
81            image[y1:y2, x1:x2] = roi
82
83     # 在左眼 & 右眼中央放置愛心
84     img_with_hearts = img.copy()                              # 保留原圖
85     add_heart(img_with_hearts, heart_img, left_eye_center, left_eye_width)
86     add_heart(img_with_hearts, heart_img, right_eye_center, right_eye_width)
87
88     # 顯示圖片
89     cv2.imshow("Original Image", img)
90     cv2.imshow("Image with Hearts", img_with_hearts)
91
92     cv2.waitKey(0)
93     cv2.destroyAllWindows()
```

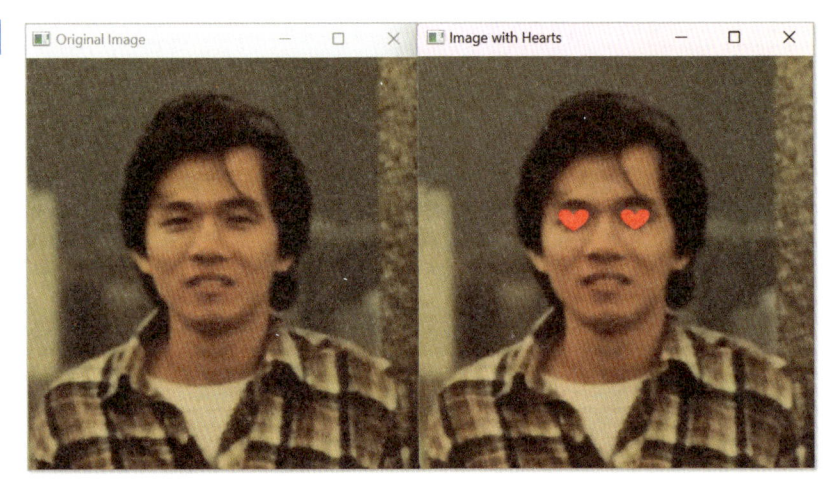

執行結果

5-7-4　AI 貼圖的應用場景

- 社交媒體濾鏡 (Social Media Filters)：例如：Instagram、Snapchat 貼紙
- VTuber 虛擬形象 (VTuber Stickers)：AI 動態表情貼圖。
- AR 擴增實境 (Augmented Reality Stickers)：AI 貼紙動態追蹤。
- 遊戲 & 直播互動 (Game & Streaming AI Stickers)：AI 虛擬貼紙特效。

第 6 章

疲勞駕駛與表情識別

6-1 疲勞駕駛偵測

6-2 人臉表情識別系統

6-1 疲勞駕駛偵測

疲勞駕駛偵測 (Drowsiness Detection) 是利用 Dlib 68 點人臉關鍵點模型來分析駕駛的眼睛與嘴巴狀態，以偵測駕駛是否「閉眼時間過長」或「打哈欠」，並在需要時發出警告。

6-1-1 疲勞駕駛的主要偵測方法

疲勞駕駛通常透過以下方式偵測：

- 眼睛閉合時間 (Blink Detection)
    - 若駕駛長時間閉眼 (如 >2 秒)，則可能進入疲勞狀態。
    - 使用眼睛長寬比 (Eye Aspect Ratio, EAR) 來判斷眼睛是否閉合。
- 打哈欠偵測 (Yawn Detection)
    - 如果嘴巴張開時間過長，則可能表示駕駛疲勞。
    - 使用嘴巴長寬比 (Mouth Aspect Ratio, MAR) 來偵測嘴巴開合狀態。

6-1-2 眼睛開合比 (Eye Aspect Ratio, EAR)

Eye Aspect Ratio，縮寫是 EAR，嚴格翻譯稱眼睛開合比。應用在疲勞駕駛偵測 (Drowsiness Detection)，可以翻譯為「眼睛閉合偵測」。在相關學術應用，我們可以看到下列相關名詞：

英文 (Eye Aspect Ratio, EAR)	對應的中文翻譯	適用場景
Eye Aspect Ratio (EAR)	眼睛開合比	科學計算、論文術語
Eye Closure Detection	眼睛閉合偵測	疲勞駕駛、眨眼偵測
Eye Opening Detection	眼睛開合偵測	表情分析、視線追蹤

上述所述其實是類似，或是我們也可以稱 EAR 是眼睛的長寬比（垂直與水平的比值），計算方式：

- 使用 Dlib 68 點關鍵點模型的眼睛座標
    - 左眼 (36-41)
        - p36 (左眼外角)，p37, p38, p39 (左眼內角)，p40, p41

- 右眼 (42-47)
    - p42（右眼內角）, p43, p44, p45（右眼外角）, p46, p47
- EAR 計算公式

$$EAR = \frac{\text{dist}(p37, p41) + \text{dist}(p38, p40)}{2 \times \text{dist}(p36, p39)}$$

$$EAR = \frac{\text{dist}(p43, p47) + \text{dist}(p44, p46)}{2 \times \text{dist}(p42, p45)}$$

- p36, p39（左眼）/ p42, p45（右眼）是「水平方向的眼睛邊界」
- p37, p41（左眼）/ p43, p47（右眼）是「上方與下方的眼睛邊界」
- p38, p40（左眼）/ p44, p46（右眼）也是「眼睛垂直方向的邊界」

上述邏輯可以用下列程式碼計算：

```
from scipy.spatial import distance as dist
import numpy as np
    ...
def compute_ear(eye):
    A = dist.euclidean(eye[1], eye[5])     # p37-p41（左眼）/ p43-p47（右眼）
    B = dist.euclidean(eye[2], eye[4])     # p38-p40（左眼）/ p44-p46（右眼）
    C = dist.euclidean(eye[0], eye[3])     # p36-p39（左眼）/ p42-p45（右眼）
    ear = (A + B) / (2.0 * C)
return ear
```

EAR 公式解釋如下：

- 如果眼睛閉合
    - 「p37-p41 / p38-p40」：這些垂直方向的距離變小，會導致 EAR 變低。
- 如果眼睛睜開
    - 垂直距離較大，EAR 變高。

❏ 偵測總結

如果 EAR 低於 0.2，則可能表示眼睛閉合。

6-1-3 嘴巴開合程度偵測 (Mouth Aspect Ratio, MAR)

所謂嘴巴開合程度偵測，應用在疲勞駕駛也可說是打哈欠偵測。使用 Dlib 68 點模型的嘴部關鍵點計算嘴巴開合程度長寬比（垂直與水平的比值），用 MAR 表示：

- 外嘴唇 (48-59)
- 內嘴唇 (60-67)

MAR 公式如下：

$$MAR = \frac{\text{dist}(p51, p57)}{\text{dist}(p49, p55)}$$

- p49, p55 為嘴巴水平方向的點
- p51, p57 為嘴巴垂直方向的點

上述邏輯可以用下列程式碼計算：

```
def compute_mar(mouth):
    A = dist.euclidean(mouth[3], mouth[9])    # p51-p57（垂直距離）
    B = dist.euclidean(mouth[0], mouth[6])    # p49-p55（水平距離）
    mar = A / B
    return mar
```

- 嘴巴張大時，MAR 變大
- 嘴巴閉合時，MAR 變小

❏ 偵測總結

如果 MAR 高於 0.6，則可能表示駕駛正在打哈欠。

6-1-4 疲勞駕駛偵測實作

疲勞駕駛完整流程如下：

1. 偵測人臉。
2. 獲取眼睛 (p36-p47) 和嘴巴 (p48-p59) 的關鍵點。
3. 計算 EAR（眼睛長寬比）判斷閉眼狀態。
4. 計算 MAR（嘴巴長寬比）判斷打哈欠。

5. 當 EAR 低於 0.2 超過 2 秒，或 MAR 高於 0.6，發出警告。

程式實例 ch6_1.py：疲勞駕駛偵測，當偵測到閉眼睛超過 2 秒，顯示：

WARNING: DROWSINESS DETECTED!

當偵測到打哈欠，顯示：

YAWNING! DETECTED!

按 q 鍵可以結束程式。

```python
# ch6_1.py
import dlib
import cv2
import numpy as np
from scipy.spatial import distance as dist
import time

# 初始化 Dlib 偵測器與 68 點模型
detector = dlib.get_frontal_face_detector()
predictor = dlib.shape_predictor("shape_predictor_68_face_landmarks.dat")

# 設定閾值
EAR_THRESHOLD = 0.2              # 眼睛閉合閾值
EAR_CONSEC_FRAMES = 20           # 眼睛閉合超過多少幀觸發警告
MAR_THRESHOLD = 0.6              # 嘴巴張開閾值

# 計數器
eye_frame_counter = 0            # 眼睛閉合幀數
start_time = None                # 記錄眼睛閉合開始時間

# 取得 EAR 值的函數
def compute_ear(eye):
    A = dist.euclidean(eye[1], eye[5])
    B = dist.euclidean(eye[2], eye[4])
    C = dist.euclidean(eye[0], eye[3])
    ear = (A + B) / (2.0 * C)
    return ear

# 取得 MAR 值的函數
def compute_mar(mouth):
    A = dist.euclidean(mouth[3], mouth[9])
    B = dist.euclidean(mouth[0], mouth[6])
    mar = A / B
    return mar

# 啟動攝影機
cap = cv2.VideoCapture(0)
```

```python
39  while True:
40      ret, frame = cap.read()
41      if not ret:
42          break
43
44      gray = cv2.cvtColor(frame, cv2.COLOR_BGR2GRAY)
45
46      # 偵測人臉
47      faces = detector(gray)
48
49      for face in faces:
50          # 偵測 68 個關鍵點
51          landmarks = predictor(gray, face)
52
53          # 取得左眼與右眼關鍵點，用於計算 EAR
54          left_eye = np.array([(landmarks.part(i).x, landmarks.part(i).y) \
55                              for i in range(36, 42)])
56          right_eye = np.array([(landmarks.part(i).x, landmarks.part(i).y) \
57                              for i in range(42, 48)])
58          # 計算 EAR
59          left_ear = compute_ear(left_eye)
60          right_ear = compute_ear(right_eye)
61          ear = (left_ear + right_ear) / 2.0          # 平均左右眼 EAR
62
63          # 取得嘴巴關鍵點，用於計算 MAR
64          mouth = np.array([(landmarks.part(i).x, landmarks.part(i).y) \
65                              for i in range(48, 60)])
66          # 計算 MAR
67          mar = compute_mar(mouth)
68
69          # 偵測眼睛閉合
70          if ear < EAR_THRESHOLD:
71              if start_time is None:
72                  start_time = time.time()        # 記錄閉眼開始時間
73              eye_frame_counter += 1
74              elapsed_time = time.time() - start_time
75              if elapsed_time >= 2:               # 眼睛閉合超過 2 秒
76                  cv2.putText(frame, "WARNING: DROWSINESS DETECTED!",
77                              (30, 100),
78                              cv2.FONT_HERSHEY_SIMPLEX, 1,
79                              (0, 0, 255), 3)
80          else:
81              start_time = None                   # 重置計時器
82              eye_frame_counter = 0
83
84          # 偵測打哈欠
85          if mar > MAR_THRESHOLD:
86              cv2.putText(frame, "YAWNING! DETECTED!", (30, 100),
87                          cv2.FONT_HERSHEY_SIMPLEX, 1, (0, 0, 255), 3)
88
89      cv2.imshow("Drowsiness Detection", frame)
90
91      if cv2.waitKey(1) & 0xFF == ord('q'):
92          break
93
94  cap.release()
95  cv2.destroyAllWindows()
```

執行結果

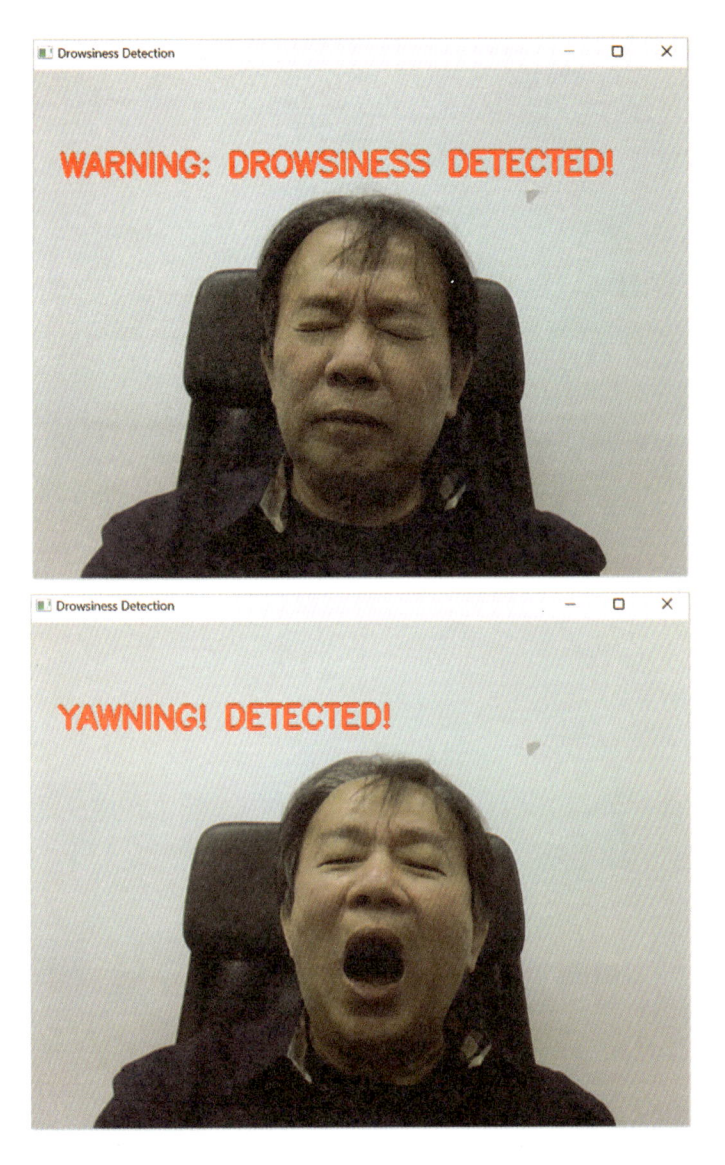

這個程式也有改良空間，例如：一個條件是直接用偵測到嘴張開當作疲勞駕駛的依據，也可以改成：

- 60 秒內打哈欠超過 3 次，當作疲勞駕駛警告。
- 嘴張開超過 2 秒，當作疲勞駕駛警告。

讀者可以自行調整程式設計。

第 6 章 疲勞駕駛與表情識別

6-2 人臉表情識別系統

在表情識別技術中,我們也可以用 Dlib 提供的 68 個關鍵點模型,這些點標記了五官的形狀與位置變化,從而推測表情。

6-2-1 相關表情關鍵點解析

在這 68 個關鍵點中,與表情分析有關的有眉毛、眼睛與嘴巴。這一節講用簡單的眉毛與嘴巴,設計表情分析程式。程式設計採用的原則如下:

- 計算初始的眉毛間距、嘴巴寬度(僅執行一次)
- 程式用下列數據判斷:
  - 計算 MAR(嘴巴開合比),若是「MAR > 0.35」,判斷開心 (Happy)。
  - 計算當前眉毛間距,若小於程式最先測得初始寬度的 90%,則標記為困惑 (Confused)。
  - 計算嘴巴寬度變化,如果嘴巴比初始狀態增加 5 像素以上,則判定為微笑 (Smile)。
- 預設為 Neutral(中性)

程式實例 ch6_2.py:依據上述假設,設計此程式,按 q 鍵可以結束程式。

```
1   # ch6_2.py
2   import cv2
3   import dlib
4   import numpy as np
5
6   # 載入 dlib 的人臉偵測器 & 68 點人臉特徵模型
7   detector = dlib.get_frontal_face_detector()
8   predictor = dlib.shape_predictor("shape_predictor_68_face_landmarks.dat")
9
10  # 計算兩點間的歐幾里得距離
11  def euclidean_distance(p1, p2):
12      return np.linalg.norm(np.array(p1) - np.array(p2))
13
14  # 計算 MAR (嘴巴長寬比)
15  def calculate_mar(landmarks):
16      P = np.array([[landmarks.part(n).x, landmarks.part(n).y]
17                    for n in range(68)])
18
19      mouth_height = (euclidean_distance(P[61], P[67]) +
20                      euclidean_distance(P[62], P[66]) +
21                      euclidean_distance(P[63], P[65])) / 3
22      mouth_width = euclidean_distance(P[60], P[64])
```

```python
    return mouth_height / mouth_width

# 取得初始的左眉毛內角p[21]與右眉毛內角p[22]的 X 軸距離 - 只執行一次
def get_initial_brow_distance(landmarks):
    P = np.array([[landmarks.part(n).x, landmarks.part(n).y]
                  for n in range(68)])
    return abs(P[21, 0] - P[22, 0])    # 計算 P[21] 和 P[22] 的 X 軸距離

# 取得初始嘴巴寬度 - 只執行一次
def get_initial_mouth_width(landmarks):
    P = np.array([[landmarks.part(n).x, landmarks.part(n).y]
                  for n in range(68)])
    return abs(P[54, 0] - P[48, 0])    # 嘴巴寬度 (右嘴角 - 左嘴角)

# 判斷表情 (Neutral, Happy, Smile, Sad, Confused)
def detect_emotion(landmarks, initial_brow_distance, initial_mouth_width):
    MAR = calculate_mar(landmarks)
    P = np.array([[landmarks.part(n).x, landmarks.part(n).y]
                  for n in range(68)])

    mouth_corner_left = P[48, 1]
    mouth_corner_right = P[54, 1]
    brow_distance = abs(P[21, 0] - P[22, 0])    # 眉毛間距
    mouth_width = abs(P[54, 0] - P[48, 0])      # 當前嘴巴寬度

    # Happy 開心
    if MAR > 0.35:
        return "Happy"

    # Confused 困惑
    if brow_distance < 0.8 * initial_brow_distance:
        return "Confused"

    # Smile 微笑 - 嘴巴寬度增加 5 以上
    if mouth_width > initial_mouth_width + 3:
        return "Smile"

    return "Neutral"   # 預設為中性表情

# 開啟攝影機
cap = cv2.VideoCapture(0)
initial_brow_distance = None                    # 存儲初始眉毛距離
initial_mouth_width = None                      # 存儲初始嘴巴寬度

while True:
    ret, frame = cap.read()
    if not ret:
        break

    gray = cv2.cvtColor(frame, cv2.COLOR_BGR2GRAY)
    faces = detector(gray)

    for face in faces:
```

```
77              landmarks = predictor(gray, face)
78
79              # 初始化 眉毛間距 & 嘴巴寬度 - 只執行一次
80              if initial_brow_distance is None:
81                  initial_brow_distance = get_initial_brow_distance(landmarks)
82
83              if initial_mouth_width is None:
84                  initial_mouth_width = get_initial_mouth_width(landmarks)
85
86              # 偵測表情
87              emotion = detect_emotion(landmarks, initial_brow_distance,
88                                      initial_mouth_width)
89
90              # 在畫面上顯示偵測的情緒，輸出為英文
91              cv2.putText(frame, emotion,
92                          (face.left() + 35, 50),
93                          cv2.FONT_HERSHEY_SIMPLEX, 1, (255, 0, 0), 2)
94
95              # 繪製 68 點標記
96              for n in range(68):
97                  x, y = landmarks.part(n).x, landmarks.part(n).y
98                  cv2.circle(frame, (x, y), 1, (0, 255, 0), -1)
99
100         cv2.imshow("Facial Expression Recognition", frame)
101
102         if cv2.waitKey(1) & 0xFF == ord('q'):
103             break
104
105     cap.release()
106     cv2.destroyAllWindows()
```

執行結果

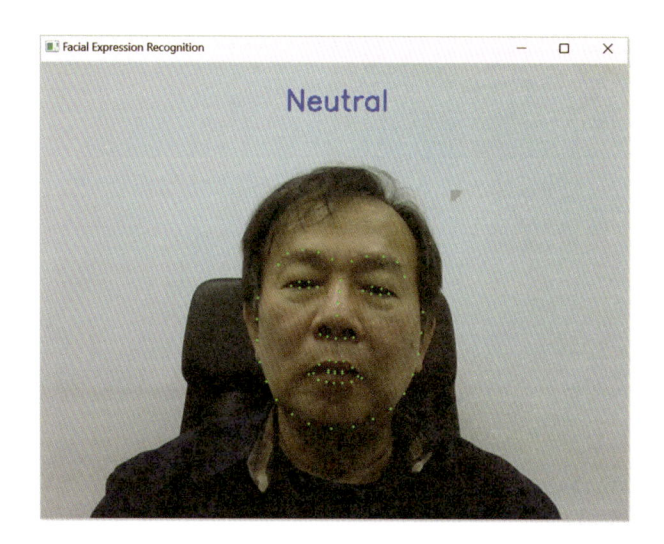

6-2 人臉表情識別系統

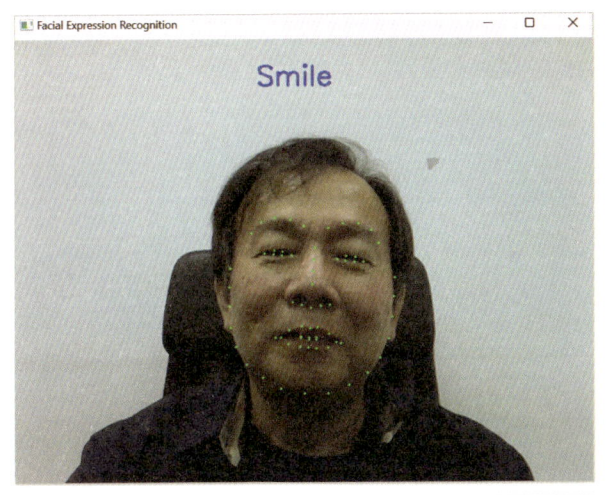

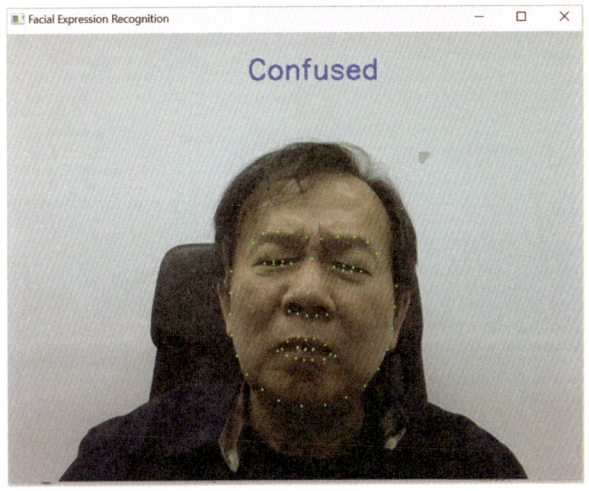

這個程式筆者輸出了 68 個關鍵點，主要是讓讀者可以自行在螢幕前嘗試各種表情，了解關鍵 68 點的位置，未來可以更更精細的調整。

上述程式包含以下主要輔助函數設計：

- euclidean_distance( )：第 11 ~ 12 列，用於計算兩點之間的距離。
- calculate_mar( )：第 15 ~ 24 列，計算 MAR（嘴巴開合比）。
- get_initial_brow_distance( )：第 27 ~ 30 列，取得初始的左眉毛內角 (P[21]) 和右眉毛內角 (P[22]) 之間的 X 軸距離。
- get_initial_mouth_width( )：第 33 ~ 36 列，取得初始嘴巴寬度。
- detect_emotion( )：第 39 ~ 61 列，這是核心函數，用來偵測表情，這是一個簡單的判斷。
  - Happy：MAR > 0.35。
  - Confused：左右內側眉毛距離縮小 20%。
  - Smile：嘴巴寬度比初始狀態 增加 3 以上。
  - 預設為 Neutral（中性）。

6-2-2　6 大主要情緒對應表

更完整精細的情緒對應表如下。

情緒	眉毛變化 (17-26)	眼睛變化 (36-47)	嘴巴變化 (48-67)
開心 (Happy)	上揚	稍微瞇起	嘴角上揚，嘴巴微張
驚訝 (Surprised)	上揚	睜大	嘴巴大張開
生氣 (Angry)	下降、眉心皺起	瞇起或睜大	緊閉或微張
悲傷 (Sad)	下降且內側抬高	下垂	嘴角下垂
害怕 (Fearful)	上揚且皺起	睜大	嘴巴微張或顫抖
厭惡 (Disgusted)	下降	皺起、眼神集中	嘴角歪斜、嘴巴略為緊閉

上述 6 大基本情緒的 68 點模型變化的演算法公式，會使用的對應區域有：

- 眉毛 (P[17]-P[26])
- 眼睛 (P[36]-P[47])
- 嘴巴 (P[48]-P[67])
- 鼻子 (P[27]-P[35])（部分情緒會影響）

讀者可以自行規劃與精緻化 ch6_2.py。

第 7 章

AI 變臉

7-1　AI 變臉 – 演算法原理

7-2　變臉程式設計

7-3　程式重點函數分析

7-4　圖像貼合的羽化

第 7 章　AI 變臉

隨著 AI 影像處理技術的發展，AI 變臉 (AI Face Swap) 已廣泛應用於社交媒體、虛擬角色、電影特效、遊戲與深度偽造技術 (Deepfake) 等領域。透過 Dlib 68 點模型，我們可以精確偵測 眼睛、鼻子、嘴巴等人臉關鍵點，並利用仿射變換 (Affine Transformation)、三角形網格變形 (Delaunay Triangulation) 來將一張臉替換到另一張臉上。

7-1　AI 變臉 – 演算法原理

讀者可以參考下方左圖有要被替代的人臉目標圖像，中間是要用的臉，下方右圖是替換的結果。

變臉程式的整體設計步驟與流程說明：

註 下方所列出的程式碼列數可以參考 ch7_1.py。

1. **臉部特徵點偵測 (get_landmarks)（第 9 ~ 19 列）**
   - 使用 dlib 提供的人臉偵測器偵測臉部位置。
   - 透過預訓練的 68 點特徵點預測器 (predictor) 取得目標人臉圖中的臉部特徵座標 (x, y)，一共 68 個。
   - 此處只取偵測到的「第一張」人臉做處理，如偵測不到則回傳 None。

2. **Delaunay 三角剖分 (delaunay_triangulation)（第 21 ~ 50 列）**
   - 將臉部 68 個特徵點送入 Delaunay Subdivision，對這 68 點做三角剖分。
   - 回傳結果中每個三角形以三個點的索引 (i1, i2, i3) 表示，用於後續貼合處理。

3. **三角形仿射貼合 (warp_triangle)（第 52～89 列）**
   - 根據 Delaunay Triangulation 結果，對來源臉 (B) 的每個三角形，進行「仿射轉換」貼到目標臉 (A) 對應位置：
   - 計算三角形外包的矩形範圍 (bounding rect)。
   - 將來源三角形頂點相對於外包矩形重新定位。
   - 計算仿射轉換矩陣後將該三角形區域扭曲貼到目標臉相應位置。
   - 在貼合時使用遮罩做線性融合 (blend)，避免出現硬邊界。

4. **膚色高斯化校正 (color_transfer_gaussian)（第 104～164 列）**
   - 完成所有三角形貼合之後，即在目標臉 A 上已出現來源臉 B 的五官，但可能仍有顏色或亮度不一致的問題。
   - 使用 L*a*b 色彩空間，分別計算目標臉 (A) 與貼合後結果 (A_warped) 在臉部遮罩區 (maskWarped) 內的平均值 (mean) 與標準差 (std)。
   - 在遮罩區內，透過下列公式，將貼合後的臉部顏色調整到與目標臉 (A) 更接近。

     L' = (L- mean_dst_L) * (std_src_L / std_dst_L) + mean_src_L

   - 運算完成後再將 L*a*b 轉回 BGR，得到色彩校正後的完整臉部。

5. **組合並輸出最終變臉結果**
   - 程式將完成貼合 (A_warped) 並經過膚色校正 (color_transfer_gaussian) 的臉部產生最終結果 result。
   - 在範例中，以 cv2.imshow 顯示「目標臉」、「來源臉」以及「變臉結果」，若無人臉偵測到則回傳 None 並結束。

7-2 變臉程式設計

7-2-1 程式設計

程式實例 ch7_1.py：用 kwei.jpg 當作原始影像，此影像內的人臉未來要給 face.jpg 內的人臉取代。

第 7 章　AI 變臉

```python
1   # ch7_1.py
2   import cv2
3   import numpy as np
4   import dlib
5
6   detector = dlib.get_frontal_face_detector()
7   predictor = dlib.shape_predictor("shape_predictor_68_face_landmarks.dat")
8
9   def get_landmarks(img):
10      """ 取得臉部 68 個特徵點 """
11      gray = cv2.cvtColor(img, cv2.COLOR_BGR2GRAY)
12      faces = detector(gray)                          # 偵測人臉
13      if len(faces) == 0:                             # 若偵測不到人臉則回傳 None
14          return None
15      landmarks = predictor(gray, faces[0])           # 取得第一張臉的人臉特徵
16      points = []
17      # 取得與回傳 68 個特徵點座標
18      points = [(landmarks.part(i).x, landmarks.part(i).y) for i in range(68)]
19      return points
20
21  def delaunay_triangulation(img, landmarks):
22      """ 使用 Delaunay 三角剖分演算法將臉部特徵點劃分成三角形 """
23      """ 回傳三角形的索引列表,每個元素為(i1, i2, i3),代表三個特徵點的索引"""
24      # 建立 Delaunay 範圍: 此處設定為整張圖大小
25      rect = (0, 0, img.shape[1], img.shape[0])
26      subdiv = cv2.Subdiv2D(rect)                     # 建立 Delaunay 劃分物件
27
28      # 插入所有臉部特徵點
29      for p in landmarks:
30          subdiv.insert(p)                            # 插入特徵點
31
32      # 取得所有三角形 (實際上為頂點座標)
33      triangle_list = subdiv.getTriangleList()        # 獲取所有三角形
34      triangle_indices = []
35
36      # 取得所有三角形 (實際上為頂點座標)
37      for t in triangle_list:
38          pts = [(t[0], t[1]), (t[2], t[3]), (t[4], t[5])]
39          idx = []
40          for pt in pts:
41              # 與每個 landmarks 比對, 找到距離<1.0 的當成同一座標
42              for i, landmark in enumerate(landmarks):
43                  if abs(pt[0] - landmark[0]) < 1.0 and abs(pt[1] - landmark[1]) < 1.0:
44                      idx.append(i)
45                      break
46          # 若成功匹配到三個索引, 才視為一個有效的三角形
47          if len(idx) == 3:
48              triangle_indices.append(idx)
49
50      return triangle_indices
51
52  def warp_triangle(img_src, img_dst, t_src, t_dst):
53      """
54      將來源圖 (img_src) 中的三角形 (t_src) 仿射轉換後
55      貼到目標圖 (img_dst) 的相對應位置 (t_dst)
56      t_src, t_dst 皆為三個點的列表 [(x1,y1),(x2,y2),(x3,y3)]
57      """
58      # 取得來源與目標三角形的 bounding rect 外包矩形
59      r1 = cv2.boundingRect(np.float32([t_src]))
60      r2 = cv2.boundingRect(np.float32([t_dst]))
61
62      # 轉換三角形頂點座標, 使其相對於包圍矩形的左上角
```

```python
63        t1_rect = [(t_src[i][0] - r1[0], t_src[i][1] - r1[1]) for i in range(3)]
64        t2_rect = [(t_dst[i][0] - r2[0], t_dst[i][1] - r2[1]) for i in range(3)]
65
66        # 擷取來源圖對應的區域 (r1)
67        img_src_roi = img_src[r1[1]:r1[1]+r1[3], r1[0]:r1[0]+r1[2]]
68
69        # 計算三角形間的仿射變換矩陣 (Affine Matrix)
70        M = cv2.getAffineTransform(np.float32(t1_rect), np.float32(t2_rect))
71        warped = cv2.warpAffine(img_src_roi, M, (r2[2], r2[3]), flags=cv2.INTER_LINEAR,
72                                borderMode=cv2.BORDER_REFLECT_101)
73
74        # 建立三角形的遮罩 (float32 形式), 用於後續融合
75        mask = np.zeros((r2[3], r2[2], 3), dtype=np.float32)
76        cv2.fillConvexPoly(mask, np.int32(t2_rect), (1.0, 1.0, 1.0))
77
78        # 將仿射後的三角形與目標圖的對應區域做融合
79        img_dst_roi = img_dst[r2[1]:r2[1]+r2[3], r2[0]:r2[0]+r2[2]].astype(np.float32)
80        warped = warped.astype(np.float32)
81
82        # (1 - mask)代表未覆蓋區域, mask代表三角形覆蓋區域,做線性疊加的融合計算
83         img_dst_roi = img_dst_roi * (1 - mask) + warped * mask
84
85        # 將結果剪裁到 0~255, 並轉回 uint8
86        img_dst_roi = np.clip(img_dst_roi, 0, 255).astype(np.uint8)
87
88        # 放回目標圖對應的位置
89        img_dst[r2[1]:r2[1]+r2[3], r2[0]:r2[0]+r2[2]] = img_dst_roi
90
91
92    def create_face_mask(img, landmarks):
93        """ 此函式用於產生一張「臉部遮罩」(mask)
94        回傳此遮罩, 可用於後續的顏色校正或融合等處理
95        """
96        # 計算臉部特徵點的凸包
97        hull = cv2.convexHull(np.array(landmarks, dtype=np.int32))
98        # 建立與 img 同尺寸的全黑遮罩
99        mask = np.zeros_like(img, dtype=np.uint8)
100       # 在遮罩上將凸包區域填成白色
101       cv2.fillConvexPoly(mask, hull, (255, 255, 255))
102       return mask
103
104   def color_transfer_gaussian(src, dst, mask=None):
105       """
106       將 dst 的顏色分佈調整為接近 src (以 L*a*b 空間為基準)
107       L是指亮度,  a 是指綠紅色度, b 是指藍黃色度
108       mask: 指定要做顏色轉換的區域 (uint8 二值化, 白色部分才會被轉換)
109              若為 None 則表示整張圖都轉換。
110       """
111       # 若未提供 mask, 則整張圖做顏色轉換
112       if mask is None:
113           mask = np.full(src.shape[:2], 255, dtype=np.uint8)
114
115       # 先將圖轉到 L*a*b 色彩空間, 能更方便做亮度(L)和色度(a,b)的校正
116       src_lab = cv2.cvtColor(src, cv2.COLOR_BGR2LAB)
117       dst_lab = cv2.cvtColor(dst, cv2.COLOR_BGR2LAB)
118
119       # 分離 L, a, b 三個通道
120       src_l, src_a, src_b = cv2.split(src_lab)
121       dst_l, dst_a, dst_b = cv2.split(dst_lab)
122
123       # 只計算 mask 範圍內的平均及標準差
```

```python
124        # 這裡以 mask[:,:,0] > 0 的位置代表要處理的區域
125        src_mask_bool = (mask[:,:,0] > 0)   # or mask in grayscale
126        dst_mask_bool = (mask[:,:,0] > 0)
127
128        # 計算 src (參考圖) 的 L,a,b 各通道在遮罩區域內的平均值與標準差
129        src_l_mean, src_l_std = cv2.meanStdDev(src_l, mask=mask[:,:,0])
130        src_a_mean, src_a_std = cv2.meanStdDev(src_a, mask=mask[:,:,0])
131        src_b_mean, src_b_std = cv2.meanStdDev(src_b, mask=mask[:,:,0])
132
133        # 計算 dst (待調整圖) 的 L,a,b 各通道在遮罩區域內的平均值與標準差
134        dst_l_mean, dst_l_std = cv2.meanStdDev(dst_l, mask=mask[:,:,0])
135        dst_a_mean, dst_a_std = cv2.meanStdDev(dst_a, mask=mask[:,:,0])
136        dst_b_mean, dst_b_std = cv2.meanStdDev(dst_b, mask=mask[:,:,0])
137
138        # 避免在計算過程中出現分母為 0 的情況,加入一個很小的 eps 值
139        eps = 1e-6
140
141        # 做顏色校正時,需要先將 dst 的 L,a,b 通道轉成 float 型態,方便做加減乘除
142        dst_l_float = dst_l.astype(np.float32)
143        dst_a_float = dst_a.astype(np.float32)
144        dst_b_float = dst_b.astype(np.float32)
145
146        # 僅在遮罩區 (mask_bool 為 True 的位置) 執行公式
147        # L' = (L - mean_dst_L) * (std_src_L / std_dst_L) + mean_src_L
148        # a', b' 同理
149        mask_idx = np.where(dst_mask_bool)
150        dst_l_float[mask_idx] = (dst_l_float[mask_idx] - dst_l_mean[0][0]) * \
151            (src_l_std[0][0] / (dst_l_std[0][0] + eps)) + src_l_mean[0][0]
152        dst_a_float[mask_idx] = (dst_a_float[mask_idx] - dst_a_mean[0][0]) * \
153            (src_a_std[0][0] / (dst_a_std[0][0] + eps)) + src_a_mean[0][0]
154        dst_b_float[mask_idx] = (dst_b_float[mask_idx] - dst_b_mean[0][0]) * \
155            (src_b_std[0][0] / (dst_b_std[0][0] + eps)) + src_b_mean[0][0]
156
157        # 將調整後的 L,a,b 通道合併回來
158        merged = cv2.merge([dst_l_float, dst_a_float, dst_b_float])
159        # 將結果限定在 0~255 後轉回 uint8
160        merged = np.clip(merged, 0, 255).astype(np.uint8)
161        # 再將 LAB 空間轉回 BGR, 得到最終結果
162        merged_bgr = cv2.cvtColor(merged, cv2.COLOR_LAB2BGR)
163
164        return merged_bgr
165
166    def face_swap_with_color_transfer(imgA, imgB):
167        # 取得 A, B 的臉部特徵點
168        landmarksA = get_landmarks(imgA)
169        landmarksB = get_landmarks(imgB)
170        if landmarksA is None or landmarksB is None:
171            print("未偵測到人臉或特徵點!")
172            return None
173
174        # 以 A 的特徵點做 Delaunay 三角剖分
175        trianglesA = delaunay_triangulation(imgA, landmarksA)
176
177        # 建立 A 的拷貝, 以在其上「貼 B 的臉」
178        imgA_warped = imgA.copy()
179
180        # 將 B 的每個三角形, 仿射貼到 A_warped
181        for tri in trianglesA:
182            tA = [landmarksA[tri[0]], landmarksA[tri[1]], landmarksA[tri[2]]]
183            tB = [landmarksB[tri[0]], landmarksB[tri[1]], landmarksB[tri[2]]]
184            warp_triangle(imgB, imgA_warped, tB, tA)
```

```
185
186         # 對已完成的臉部區域做「膚色」高斯化校正
187         # (使用 A 的膚色來調整貼上去的 B 臉部區域)
188         # 先做臉部遮罩，避免整張圖都轉色，maskWarped是貼好後的臉部範圍
189         maskWarped = create_face_mask(imgA_warped, landmarksA)
190
191         # 在臉部遮罩區，以 A (原圖) 為「膚色參考」物件
192         # A_warped (貼好 B 臉的圖) 為「被調整」物件
193         result = color_transfer_gaussian(imgA, imgA_warped, mask=maskWarped)
194
195         return result                       # 回傳結果
196
197     imgA = cv2.imread("kwei.jpg")           # 目標臉所在的照片
198     imgB = cv2.imread("face.jpg")           # 欲貼上的臉部照片
199     swap_result = face_swap_with_color_transfer(imgA, imgB)
200     # 顯示結果
201     cv2.imshow("Target Image A", imgA)
202     cv2.imshow("Face(source) Image B", imgB)
203     cv2.imshow("Face Swap", swap_result)
204     cv2.waitKey(0)
205     cv2.destroyAllWindows()
```

執行結果 下列從左到右分別是 kwei.jpg 和 face.jpg 人臉。

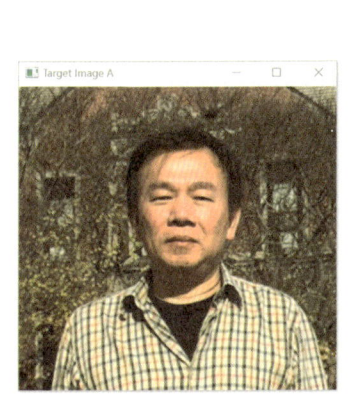

上述圖像大小不一樣，下列是變臉的結果。

主程式步驟如下：

1. 第 197～198 列是分別讀取目標臉圖像，和貼上新臉的圖像。
2. 第 199 列是呼叫 face_swap_with_transfer( ) 執行變臉，此函數是第 166～195 列。

7-2-2　主程式分析

　　face_swap_with_color_transfer( ) 函數是「整個變臉」的主要執行流程。它負責從偵測臉部特徵點開始，一直到最終完成臉部貼合及膚色校正，以下將針對其內部各步驟做完整說明，以便理解為何在此函數裡即能完成「變臉」的主要功能。

❏ 偵測臉部特徵點 (Landmarks)

程式碼如下（第 168～172 列）：

```
landmarksA = get_landmarks(imgA)
landmarksB = get_landmarks(imgB)
if landmarksA is None or landmarksB is None:
    print(" 未偵測到人臉或特徵點 !")
    return None
```

- 呼叫 get_landmarks( )：
  - 偵測人臉位置，並使用 predictor 取得臉部 68 個特徵點座標。
  - 分別在 imgA（目標臉）與 imgB（來源臉）執行此步驟，如果任何一邊找不到人臉，就直接回傳 None 表示失敗。
- 為什麼先要偵測特徵點？：接下來要用 Delaunay Triangulation 做三角剖分，再用三角形仿射貼合 (warp_triangle) 的方法交換臉部五官。因此需先取得臉上各個關鍵位置 (landmarks)。

❏ Delaunay 三角剖分 (Delaunay Triangulation)

程式碼如下（第 175 列）：

trianglesA = delaunay_triangulation(imgA, landmarksA)

- 以 A 的特徵點做剖分
  - delaunay_triangulation( ) 會根據目標臉的 68 點座標，生成許多三角形 (索引)。
  - 每個三角形以 3 個特徵點的索引 (i1, i2, i3) 表示。
- 為什麼用 A 的三角形索引
  - 在臉部替換時，我們想「將 B 的臉部資訊貼到 A 上」。
  - 因此先把 A 的臉上分成許多三角形，再把對應的 B 上同樣索引到的 3 個點，作仿射轉換貼到 A。

❏ 三角形仿射貼合 (Triangle Affine Warp)

程式碼如下（第 178 ~ 184 列）：

```
imgA_warped = imgA.copy( )
for tri in trianglesA:
tA = [landmarksA[tri[0]], landmarksA[tri[1]], landmarksA[tri[2]]]
tB = [landmarksB[tri[0]], landmarksB[tri[1]], landmarksB[tri[2]]]
warp_triangle(imgB, imgA_warped, tB, tA)
```

- 初始化 imgA_warped：建立一份 imgA 的複本，後續要在這張圖上放入 B 的臉。

- 迴圈處理所有三角形
    - 每個三角形 tri 就是一組 (i1, i2, i3)。
    - tA：目標臉 A 該三角形頂點的 (x,y)
    - tB：來源臉 B 對應的三角形頂點 (x,y)
- 呼叫 warp_triangle(imgB, imgA_warped, tB, tA)
    - 它會以 tB (來源三角形) → tA (目標三角形) 的仿射轉換方式，把 B 的對應區域「扭曲」貼到 imgA_warped 上。
    - 貼合時，會做像素融合 (Blending)，避免硬切割的邊緣。
- 結果：經過所有三角形後，imgA_warped 就是一張「把 B 臉部形狀三角貼合到 A」的合成圖，雖然五官位置與形狀已接近，但有時會有明顯的亮度、顏色差異。

❑ 膚色高斯化校正 (Color Transfer in L*a*b)

程式碼如下（第 189 和 193 列）：

maskWarped = create_face_mask(imgA_warped, landmarksA)
result = color_transfer_gaussian(imgA, imgA_warped, mask=maskWarped)

- 建立臉部遮罩
    - 透過 create_face_mask(imgA_warped, landmarksA)，計算目標臉上特徵點的「凸包 (Convex Hull)」並填成白色。
    - 得到一個只包含臉部區域的二值遮罩 (白色 = 臉部，黑色 = 背景)。
- 呼叫 color_transfer_gaussian(imgA, imgA_warped, mask=maskWarped)
    - 在 L*a*b 色彩空間下，比較 imgA (目標臉) 與 imgA_warped (已換上 B 臉) 在遮罩區的平均值、標準差。
    - 透過線性轉換，把 imgA_warped 的亮度、色度分布調整到更接近 imgA。
    - 減少兩張臉在曝光或色彩上的差異，讓貼合效果更自然。
- 結果：result 即「已完成三角貼合 + 膚色校正」後的最終輸出。

❑ 總結：face_swap_with_color_transfer 為何是整個「變臉」的核心

- 一氣呵成

- 先檢查臉部特徵點 → Delaunay 三角剖分 → 三角形仿射貼合 → (選擇性) 膚色校正。
- 這幾個步驟串起來，就能完成「從來源圖分割人臉，貼到與取代目標圖上的人臉，最終獲得合成圖」的整條流程。

● 函數結構：此函數將所有邏輯集中在一起，最後只回傳一張已完成臉部替換並做過色彩校正的結果。

● 符合實務需求
- 真實場景下，光是把臉貼過去還不夠，還要應對膚色不同、亮度落差，因此加上 color transfer。
- 這使結果看起來不會有過度違和或「貼上去」的感覺。

因此，我們可以說 face_swap_with_color_transfer( ) 函數確實承擔了整個變臉核心流程，將「三角形仿射貼合」(換臉最基本的技術) 與「膚色校正」(讓顏色更一致) 結合在一起，達成較為完整且逼真的臉部交換效果。

7-3 程式重點函數分析

7-3-1 三角剖分 (delaunay_triangulation)

在臉部替換或人臉融合的流程中，Delaunay 三角剖分（Delaunay Triangulation）扮演非常重要的角色。此方法能將臉部特徵點（例如 68 點 landmarks）劃分為「不重疊且覆蓋完整」的許多三角形，接著我們可使用「仿射轉換（Affine Transform）」逐一貼合小三角形，最終拼合整張臉部。以下是更完整的說明。

❑ 為何在臉部替換時要對特徵點做三角剖分？

核心目的是要能在「細粒度」的區域層次上控制變形或扭曲，而不只是「整片臉」做一次仿射。具體來說：

● 臉部的自由度很高：人臉的形狀不只是一個簡單的矩形，光靠兩眼和嘴巴等少數幾個控制點無法精細表達臉部曲面的細微變化。如果只用全臉「一個矩形」或「一個仿射轉換」去變形來源臉，通常會出現臉部扭曲不足或過度扭曲的情況。

- 局部變形的細膩度：透過將臉部分割成許多小三角形，每個三角形可以做獨立的仿射轉換或扭曲，能更細膩地對應來源臉與目標臉的輪廓、五官位置等。這有助於保持臉部的整體結構，也能增強最後替換效果的逼真度。

❑ **Delaunay Triangulation 的特性**

在「給定平面上一組點」的情況下，Delaunay 三角剖分有以下特徵：

- 避免「細長三角形」：它會盡可能生成「形狀較均衡」的三角形網格，使後續的仿射或扭曲不會集中在細長的三角形上產生大失真，也能降低邊緣縫隙或重疊問題。

- 完整覆蓋特徵點所在範圍：每個點都會被包含在三角形的頂點集合中，任何新的邊都會以盡可能貼近該組點的方式建立，能充分利用每個特徵點。

- 適合局部仿射變形：一旦把特徵點三角化，後續的「逐三角形仿射貼合」會簡單而且自然，不容易產生破洞或重疊。

❑ **對比「不使用」三角剖分的情況**

- 若只做單次仿射 (或投影)
  - 假設我們將臉部視為一個多邊形，一次將來源臉貼上目標臉。只有 3 個對應點就只能做基本仿射，5 個點可做雙線性或更複雜，但還是比較粗略。
  - 由於臉部結構複雜，僅靠少數控制點往往無法準確表達整臉的形狀變化 (眼睛、鼻子、嘴巴、下巴、臉頰等都在不同平面)。
  - 結果通常是某些區域扭曲剛好，但其他區域失真明顯。

- 若只用像素級 (光流 , 像素網格等)
  - 需要比對大量像素 (或做更複雜的光流估計)，計算量更大且實作複雜度高。
  - 反而 Delaunay 分割能在「結構化」的網格中局部轉換，兼具精確度和實作可行性。

❑ **如何運作 (程式層面)**

- 取得人臉特徵點：例如 68 點 landmark：鼻子、眼睛、眉毛、嘴巴、下巴、臉頰等特徵座標。

- 將這些特徵點餵給 OpenCV 的 Delaunay 演算法：它會輸出一組三角形，每個三角形由三個「索引 (i1, i2, i3)」組成，對應到特徵點清單中的位置。
- 逐三角形仿射貼合 (warp_triangle)：針對來源臉 (B) 與目標臉 (A)，對應相同的三角形頂點，做仿射轉換。

逐塊將來源臉的三角形拼湊到目標臉上，使五官與下巴、臉頰形狀跟著目標臉輪廓排列。

❏ 結論

「Delaunay 三角剖分」是一種在臉部替換、融合以及其他圖像扭曲應用中常用的方法。它之所以受青睞，主要是由於：

- 能對臉部特徵點做均勻且不重疊的區域劃分，適度保證三角形形狀「合理」且覆蓋完整。
- 在許多小三角形上做仿射扭曲，比單一矩形或五官區塊的變形更細膩、更能符合臉部真實的拓撲結構。
- 實務中易於實作，且效果明顯：換臉後的輪廓和五官會比較緊密貼合，邊緣接縫也自然。

在 21 ~ 50 列的 delaunay_triangulation( ) 函數設計中，讀者可能會碰上下列陌生函數，下列是這些重點函數說明。

❏ 第 26 列的 cv2.Subdiv2D(rect)

cv2.Subdiv2D 是 OpenCV 提供的一個類別 (class)，可在 2D 平面上進行點的 Delaunay Triangulation 與 Voronoi Diagram 建立。呼叫 cv2.Subdiv2D(rect) 即可建立一個 Subdiv2D 物件 (以下簡稱「subdiv」)，其中 rect 為建構子所需的邊界矩形 (bounding rectangle)。

- Delaunay Triangulation：一種將平面上一組點剖分成一組三角形的演算法，使得這些三角形盡可能地保持均勻、避免細長三角形。
- Voronoi Diagram：以相同點集為基礎劃分為互不重疊的多邊形，每個多邊形包圍該點在平面上的「最近區域」。

此函數的語法如下：

subdiv = cv2.Subdiv2D(rect)

參數 rect (tuple 或 list) 觀念如下：

- 表示 Subdiv2D 處理的 2D 區域範圍，通常以四元組 (x, y, width, height) 形式給出。
- 例如 (0, 0, w, h) 即在左上角 (0,0)、寬高 w, h 的矩形中進行 Delaunay、Voronoi 的計算。
- 只有插入的座標落在這個矩形中或邊緣附近，才會被正確納入演算法範圍。

❑ 第 33 列的 triangles = subdiv.getTriangleList( )

在使用 cv2.Subdiv2D 物件進行 Delaunay Triangulation 之後，可以透過呼叫 getTriangleList( ) 來取得計算完成後的所有三角形串列。這些三角形通常用於可視化或後續影像處理 (例如人臉替換中的三角形仿射貼合)。此函數的語法如下：

triangles = subdiv.getTriangleList( )

回傳值是一個包含許多三角形頂點資訊的 ndarray 或 List，每個三角形以 (x1, y1, x2, y2, x3, y3) 形式表示 (皆為浮點數型態)。

7-3-2　三角形仿射貼合 (Triangle Affine Warp)

這是在影像或臉部替換中，將某個來源三角形區域以「仿射轉換 (Affine Transform)」的方式對應到目標三角形區域的過程。此方法可用來做局部扭曲或變形，比單一的全圖變換更精細，常見於人臉替換、臉部融合、影像扭曲等應用。

以下是此方法的概念、步驟與特點做完整說明。

❑ 為何要用三角形仿射貼合

- 局部微調：若只對整張臉做一次仿射，通常只能對應少數控制點，無法精細調整臉部複雜曲面。把臉部分割成許多小三角形，每個三角形可以獨立做仿射扭曲，能更細膩地校正五官位置，讓結果更逼真。

- 與 Delaunay Triangulation 結合
  - 在人臉上選取多個特徵點 (例如 68 點 landmarks) 後，用 Delaunay 三角剖分生成小三角形網格。
  - 之後，每個三角形 (t_src) 可以對應到目標臉的相同三個特徵點 (t_dst)。

- 利用仿射變換，將來源臉該三角形區塊貼到目標臉對應三角形區塊。

❏ 仿射轉換的原理

仿射轉換 (Affine Transform) 是一種線性轉換 + 平移，可保留「直線、平行及比例」等幾何關係；三角形在仿射轉換後仍是三角形，不會產生彎曲。一般以 3 組對應點即可唯一決定一個 2D 仿射。

- 擷取來源三角形 (t_src) 的外包矩形 (Bounding Rect)
  - 例如：取三角形頂點最小與最大 x, y 組合成一個矩形範圍。
  - 將該矩形區域的像素擷取出來。
- 對應到目標三角形 (t_dst) 的外包矩形：同樣計算最小與最大 x, y，得到矩形範圍。
- 計算仿射矩陣：透過 cv2.getAffineTransform 或手動計算，使用來源三角形頂點 (t_src) 與目標三角形頂點 (t_dst) 的對應關係，求得 2×3 的仿射矩陣 M。
- 對該矩形區域做仿射變換
  - cv2.warpAffine(img_src_roi, M, (width, height))
  - 生成與目標三角形大小相符的「扭曲後結果」。
- 與目標區域融合
  - 生成一個遮罩 (mask)，表示三角形區域 (白色) 與背景 (黑色)。
  - 在目標圖對應的位置上以線性加權方式混合 (blend)，例如：

    img2_rect = (1-mask)*old + mask*warped。

❏ 實作步驟說明

- 輸入：t_src, t_dst
  - 皆為三個點 [(x1,y1), (x2,y2), (x3,y3)]。
  - 來源臉與目標臉上的對應三角形頂點。
- 計算外包矩形：r1, r2 分別為 (x, y, w, h)，可以參考第 59 ~ 60 列。

  r1 = cv2.boundingRect(np.float32([t_src]))
  r2 = cv2.boundingRect(np.float32([t_dst]))

- 修正三角形座標到相對於矩形左上角,可參考 63 ~ 64 列。
- 計算仿射矩陣,可參考 70 ~ 72 列。
- 生成三角形遮罩,可以參考 75 ~ 76 列。
- 融合到目標 ROI,可以參考 79 ~ 89 列。

❏ **特性與優點**

- 保留三角形區域的局部拓撲:仿射後的三角形仍保持線性的邊,避免過度彎曲失真。
- 易於實作:OpenCV 提供現成的 getAffineTransform 與 warpAffine。
- 可重複多次
    - 可以將臉部分割成許多三角形 (通常用 Delaunay Triangulation),針對每個三角形做貼合,最後再整合起來。
    - 比單次大變形更容易控制細節、減少失真。

❏ **常見應用**

- 人臉替換 (Face Swap):逐三角形將來源臉五官貼到目標臉上,讓五官細節能更契合目標臉輪廓。
- 臉部細節調整 (美容 / 微整):如果只要調整鼻子或嘴巴,可只對指定三角形集群做變形。
- 影像扭曲 (Image Warping):在任意影像裡,對一組控制點做三角剖分後,再透過仿射變形,每個三角形各自扭曲到新的位置,達到可控的自由變形效果。

總之「三角形仿射貼合」就是利用 3 個對應點即可唯一決定的「仿射變換」,將來源三角形扭曲到目標三角形的過程。步驟包含找外包矩形、相對座標修正、計算仿射矩陣,再以線性疊加方式融合到目標 ROI。透過將臉部分割成許多小三角形並逐一執行仿射貼合,可以細膩地調整臉部的曲面與輪廓,實現在人臉替換或影像扭曲中更自然、更真實的效果。

在 52 ~ 89 列的 warp_triangle( ) 函數設計中,讀者可能會碰上下列陌生函數,下列是這些重點函數說明。

❑ 第 59 列的 cv2.boundingRect( )

這一列使用了 OpenCV 函數 cv2.boundingRect( ) 來計算三角形頂點所構成的「最小外包矩形 (Bounding Rectangle)」。換句話說，給定一組 2D 座標點，它會找出能完全涵蓋這些點的最小矩形，並以 (x, y, w, h) 形式回傳。

在臉部替換或影像扭曲中，將「某個三角形」(t_src) 的三個頂點傳入 boundingRect( )，取得其邊界，再用來裁切或擷取該三角形所在的區域 (ROI)。此函數語法如下：

r1 = cv2.boundingRect(arrayOfPoints)

- arrayOfPoints：一個包含 2D 點座標的 NumPy 陣列 (常見維度為 N×2 或 N×1×2)。
- 回傳值 (x, y, w, h)：
  - (x, y)：bounding box 的左上角座標
  - w, h：bounding box 的寬度與高度

執行之後，就得到該組座標點在影像中的最小包圍矩形。為何第 51 列要使用 np.float32([t_src])

- cv2.boundingRect 的輸入格式：OpenCV 的 boundingRect( ) 需要的是 Numpy 陣列格式，通常是 2D 或 3D shape，如 (N, 1, 2) 或 (N, 2)。
- t_src 是一個三角形頂點串列
  - t_src 通常是類似 [(x1,y1), (x2,y2), (x3,y3)] 這樣的 Python list。
  - 直接傳入可能無法被 boundingRect( ) 接受，需要轉成 Numpy 陣列。
- np.float32([t_src])
  - 先用 [t_src] 包成一層 list，使其成為 (1, 3, 2) 維度左右的結構 (或最少 (3, 2) 的陣列)，然後 np.float32( ) 轉為浮點型態以便 OpenCV 正常運算。
  - 這樣就符合 boundingRect( ) 的輸入需求。

❑ 第 70 列的 cv2.getAffineTransform( )

cv2.getAffineTransform(srcPoints, dstPoints) 用來根據「兩組三個對應點」(source 與 destination) 計算一個 2×3 的仿射轉換矩陣 (Affine Transformation Matrix)。仿射轉換

能處理圖像的縮放、旋轉、平移、傾斜等線性操作。此函數語法如下：

M = cv2.getAffineTransform(srcPoints, dstPoints)

回傳值 M 的形狀為 (2, 3) 的 Numpy 陣列，表示 2D 仿射變換所需的係數矩陣。

- ❑ **第 71 ~ 72 列的 cv2.warpAffine( )**

cv2.warpAffine(src, M, dsize, ...) 是一個用於對影像執行「仿射變換」的函數，它需要一個 2×3 的變換矩陣 (Affine Transformation Matrix) 作為輸入，然後將原圖 src 根據該矩陣進行扭曲或變形，輸出結果圖 dst。此函數語法如下：

dst = cv2.warpAffine(src, M, dsize[, flags[, borderMode[, borderValue]]])

- src：輸入影像 (NumPy 陣列)，通常為 BGR 或灰階。
- M：2×3 的仿射轉換矩陣 (由 cv2.getAffineTransform() 或自訂方式取得)。
- dsize：輸出影像大小 (width, height) 的元組。
- flags (可選)：插值方法與其他處理旗標，常見有 cv2.INTER_LINEAR、cv2.INTER_NEAREST、cv2.INTER_CUBIC、cv2.INTER_AREA 等。
- borderMode (可選)：邊界外插模式，在臉部貼合時，若仿射區域超出原圖，常見做法是使用 cv2.BORDER_REFLECT_101 使邊緣更自然，或 cv2.BORDER_CONSTANT 填黑邊。可以有下列選擇：
  - cv2.BORDER_CONSTANT：超出範圍的像素以 borderValue 來填充 (如黑色、白色等)。
  - cv2.BORDER_REPLICATE：超出範圍時以邊界像素重複。
  - cv2.BORDER_REFLECT_101：以反射方式填充，類似鏡像。
  - cv2.BORDER_WRAP：將邊界另一側包回來。
- borderValue (可選)：在 BORDER_CONSTANT 時，用於填充影像邊界區域的像素值 (例如白色或黑色)。

回傳值是 dst: 仿射後的輸出影像。

- ❑ **在變臉替換 (Face Swap) 中的應用**

在 Face Swap 裡，如果我們把臉部分割成若干三角形 (例如用 Delaunay Triangulation)，那麼對每個三角形 (t_src) 與目標三角形 (t_dst) 之間，就可以做以下步驟：

1. 計算外包矩形 (boundingRect)，截出該區域。
2. 建立 srcPoints：為該三角形 3 個頂點對於外包矩形左上角的相對座標。
3. 建立 dstPoints：為目標三角形的 3 個頂點對於目標外包矩形左上角的相對座標。
4. M = cv2.getAffineTransform(srcPoints, dstPoints)。
5. warped = cv2.warpAffine(...)。
6. 將來源三角形貼合到目標區域上。

這樣逐三角形執行，就能完成臉部精細的貼合與扭曲。

7-3-3　膚色高斯化校正 (color_transfer_gaussian)

在人臉替換、影像合成或美顏應用中，我們常遇到「兩張臉在亮度或膚色上有明顯差異」的問題，例如：

- 來源臉 (Face B) 與目標臉 (Face A) 的膚色、光源、曝光設定皆不同。
- 即便在同一張臉上，不同區域的皮膚亮度、色相也可能有差異。

若直接把來源臉貼到目標臉，常會出現「貼紙」般的不自然效果。此時，我們需要對臉部區域做色彩校正，讓兩邊的亮度與色度分布相近，膚色更融合自然。

程式實例 ch7_2.py：這是修訂設計 ch7_1.py，回傳未經過膚色高斯化校正的結果圖。

```
195        return imgA_warped                    # 回傳結果
```

執行結果

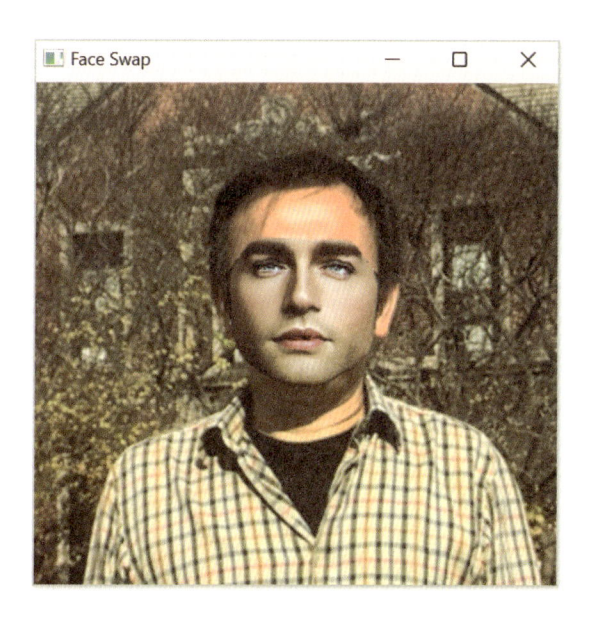

從上述執行結果,可以了解膚色高斯化校正的重要。

❏ **採用 L*a*b 色彩空間的原因**

L*a*b 色彩空間 (或稱 CIELAB) 的主要特點是:

- L 通道 (Lightness):只代表明度,與色彩分離。
- a, b 通道:代表色度維度 (綠紅、藍黃),與亮度分開。
- 近似「感知均勻」:在 L*a*b 空間進行亮度與色度校正,往往比在 RGB、BGR 空間更直觀也更有效。

因此,許多影像處理流程 (含「高斯化膚色校正」) 都選擇先把圖轉到 L*a*b,再做通道統計 (平均值、標準差) 與轉換。

❏ **「高斯化」的含意 — 以平均值、標準差匹配的線性轉換**

「高斯化」通常指假設某區域 (如臉部皮膚) 近似服從「平均值 μ、標準差 σ」的正態分布 (或分佈相近),那麼只要在該區域中匹配亮度與色度的平均值和標準差,就能把一張臉的顏色分布拉近到目標臉的顏色。

簡單線性轉換公式 (以 L 通道為例):

L' = (L- mean_dst_L) * (std_src_L / (std_dst_L + ε)) + mean_src_L

- mean_src_L、std_src_L:來源臉 (或參考臉) L 通道的平均值、標準差。
- mean_dst_L、std_dst_L:待調整臉 L 通道的平均值、標準差。
- ε : 避免除以 0 的一個微小數值

如此做,能讓「待調整臉」的整體亮度分布趨近「來源臉 (或參考臉)」的分布,色度 a、b 通道也做相同轉換。

❏ **實作步驟 (color_transfer_gaussian)**

以下以程式中的流程做範例:

- 輸入參考圖 (src) 與待調整圖 (dst)
  - 以及可選的遮罩 (mask),用來指示只在臉部區域做調整。
- 轉到 L*a*b 色彩空間,可以參考 116 ~ 121 列。
- 計算平均值、標準差 (mean, std):可以參考 129 ~ 136 列。

- ■ 在遮罩區域 (臉部) 中，計算 src 與 dst 各通道 (L, a, b) 的 mean/std。
- 套用線性轉換公式，可以參考 149 ~ 155 列。
- 合併通道並轉回 BGR，可以參考 158 ~ 162 列。可以得到與參考圖膚色分布更接近的圖像。

❑ 遮罩 (mask) 的意義

- 遮罩 (mask) 通常是利用臉部特徵點 (68 landmarks) 所建構出的「臉部凸包」區域。只有在該區域才做顏色校正，以免影響背景或頭髮等非臉部區域。
- 若不指定 mask，就在整張圖執行；某些情況會得到不想要的背景顏色轉移。

❑ 效果與優勢

- 快速且易於實作：只需計算平均值與標準差，做線性轉換即可，運算量不大。
- 能大幅減少臉部顏色不匹配：總體亮度與色相變得更相近，減少「明顯貼紙」感。
- 保留細部紋理：由於只對通道值做線性變換，不會過度模糊細節，臉部紋理仍保留。

❑ 可能的限制

- 假設膚色分布為單一高斯：若臉部有多種不同區域 (比如陰影、泛紅區塊)，單一 mean/std 修正會不夠細緻。讀者若是不留意，常常所選擇的圖片會影響變臉效果。
- 極端光照或嚴重顏色差異：只能部分改善，可能需要多區域或更高階的方法 (如多頻帶融合、多段色彩轉換、Poisson blending 等)。

❑ 總結

- 膚色高斯化校正 (color_transfer_gaussian) 是在 L*a*b 空間中，透過比較「參考臉 (src)」與「待調整臉 (dst)」在臉部區域 (mask) 的平均值和標準差，將待調整臉做線性變換，使兩者膚色更趨相近。
- 其優勢在於實作簡單、可保留大部分臉部細節，且易於與臉部替換 (Face Swap) 結合，能有效解決膚色不協調問題。
- 若要更進一步優化邊緣或亮度差異，可再搭配羽化 (Feathering) 遮罩或 cv2.seamlessClone 等方法。

第 7 章　AI 變臉

7-4　圖像貼合的羽化遮罩處理

若臉部貼合後，邊緣仍出現不自然的銜接或亮度落差，可以在「臉部區域遮罩」的基礎上，再加入「羽化（Feathering）」遮罩的概念，讓臉部邊緣以漸層式度過，以提高視覺品質。

7-4-1　圖像貼合不自然的銜接

變臉在圖像貼合過程，可能由於光源影響，影像人臉膚色和目的臉的膚色差異太大，因此即使經過高斯膚色校正，仍然會有不自然的銜接或亮度落差。

程式實例 ch7_3.py：採用 jk.jpg 當作然人臉的來源影像，重新設計 ch7_2.py。

```
198    imgB = cv2.imread("jk.jpg")              # 欲貼上的臉部照片
```

執行結果　下列從左到右分別是 kwei.jpg 和 jk.jpg 人臉。

下列是變臉的結果。

7-22

7-4　圖像貼合的羽化遮罩處理

上述仍可以看到，人臉貼合部分與目的影像有不自然銜接現象。

7-4-2　Feathering（羽化）的原理

Feathering 通常指對「二值遮罩的邊緣」做「模糊」或「漸層」處理。舉例來說，一張全黑或全白的遮罩，若其邊緣是銳利的 0 → 255 跳變，在影像融合時容易出現硬邊界。如果我們在邊緣加上一個柔和的過渡（例如由 0 漸漸升至 255，需要若干像素距離），那麼貼合後的結果就會呈現「邊緣漸變」的效果，看起來更自然。

❑ 典型做法

- 建立人臉遮罩（如 Convex Hull）：整個臉部為白色 (255)，非臉部為黑色 (0)。
- 將此遮罩以 cv2.GaussianBlur(mask, (k, k), sigma) 或類似方式進行模糊，使其邊緣產生羽化（Feathering）效果。
- 在貼合階段，使用「加權融合 (Alpha Blending)」方式，其中 mask_float 是經過 Feathering 後的遮罩，像素值介於 [0.0 ~ 1.0] 之間，邊緣區域會逐漸從 0 → 1 過渡。

    blended = background * (1- mask_float) + foreground * mask_float

❏ 為何能改善邊緣或亮度差異

- **去除硬邊界**：若遮罩邊緣是銳利的，融合後很容易看出「貼紙」感。羽化遮罩使臉部邊緣與背景產生數十個像素（可自訂大小）的漸層區域，能平滑地混合兩張圖像。

- **彌補亮度落差**：若臉部亮度或顏色與背景略有差異，經過羽化，這些差異可在邊緣逐漸過渡，使視覺上更協調。

- 需留意 Feathering 只解決「邊緣漸變」，若亮度差異過大，可再用色彩校正或深度學習技術。

程式實例 ch7_4.py：擴充程式實例 ch7_3.py，增加羽化處理函數。

```
197   def feather_mask(mask, feather_size=25):
198       """
199       對二值遮罩 mask 進行高斯模糊，使其邊緣產生柔和漸層
200       feather_size: 模糊核大小（須為奇數），通常 15~35 為常見取值
201       """
202       # 假設 mask 為與臉部相同大小之二值遮罩
203       # 若為三通道，轉成單通道方便做模糊
204       if mask.ndim == 3:
205           mask_gray = cv2.cvtColor(mask, cv2.COLOR_BGR2GRAY)
206       else:
207           mask_gray = mask
208
209       # 高斯模糊
210       mask_blur = cv2.GaussianBlur(mask_gray, (feather_size, feather_size), 0)
211
212       # 將值正規化到 0~1
213       mask_float = mask_blur.astype(np.float32) / 255.0
214       return mask_float
215
216   def feathered_blend(background, foreground, mask):
217       """
218       使用羽化後的遮罩 mask 將 foreground (變臉後結果) 與 background (原圖) 融合
219       mask: 二值遮罩（白=臉部區域），將以 feather_mask 函式羽化
220       """
221       # 先做羽化
222       mask_float = feather_mask(mask, feather_size=25)
223
224       # 將 background, foreground 轉為 float32
225       bg_float = background.astype(np.float32)
226       fg_float = foreground.astype(np.float32)
227
228       # 做 alpha blending: result = bg*(1-a) + fg*a
229       # mask_float[..., np.newaxis] 以 broadcast 到 (H, W, 3)
230       blended = bg_float * (1 - mask_float[..., np.newaxis]) + \
231                 fg_float * mask_float[..., np.newaxis]
232
233       blended = np.clip(blended, 0, 255).astype(np.uint8)
234       return blended
```

```
235
236    def feathered_face_blend(imgA, swap_result):
237        """
238        先對 imgA 偵測臉部特徵點並生成遮罩，
239        再使用 feathered_blend 進行最後的羽化融合，然後回傳羽化後的結果
240        """
241        landmarksA = get_landmarks(imgA)                       # 偵測臉部特徵點
242        maskA = create_face_mask(imgA, landmarksA)             # 建立遮罩
243        # 進行羽化融合
244        feathered_result = feathered_blend(imgA, swap_result, maskA)
245        return feathered_result
246
247    imgA = cv2.imread("kwei.jpg")              # 目標臉所在的照片
248    imgB = cv2.imread("jk.jpg")                # 欲貼上的臉部照片
249    swap_result = face_swap_with_color_transfer(imgA, imgB)
250    feathered_result = feathered_face_blend(imgA, swap_result)   # 羽化融合
251
252    # 顯示結果
253    cv2.imshow("Target Image A", imgA)
254    cv2.imshow("Face(source) Image B", imgB)
255    cv2.imshow("Face Swap", swap_result)
256    cv2.imshow("Feathered Face Swap", feathered_result)
257    cv2.waitKey(0)
258    cv2.destroyAllWindows()
```

執行結果 下方左圖是換臉結果，右圖是換臉後羽化處理的結果。

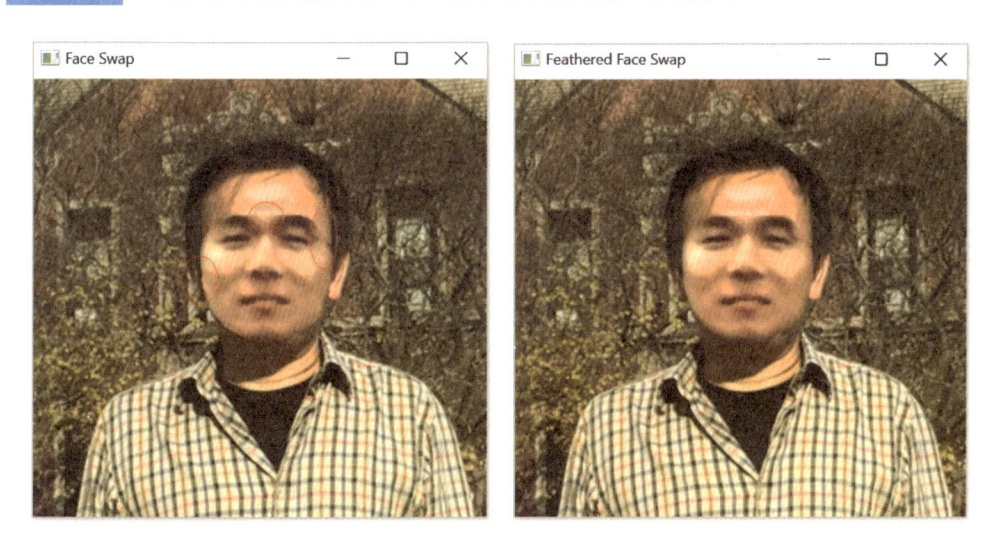

上述羽化後獲得了比較好的貼合過度效果。

第 7 章　AI 變臉

第 8 章

MediaPipe Face Mesh
高精度 468 點人臉識別技術解析

8-1　為什麼需要 Face Mesh？

8-2　MediaPipe Face Mesh 介紹

8-3　認識臉部 468 點

8-4　MediaPipe Face Mesh 模組

8-5　繪製臉部網格

8-6　展示 468 點所在關鍵臉部區域的索引點

第 8 章　MediaPipe Face Mesh

傳統的人臉識別技術，大多停留在「標記五官位置」的層次，例如 68 點模型提供的基礎眼睛、鼻子、嘴巴定位。但 Face Mesh 不只是標記點的位置，而是解析整張臉的結構、形變、甚至深度資訊，這為 AI 理解人臉提供了更多維度的數據支持。

Face Mesh 的 468 點 不僅描述五官輪廓，還標記了臉頰、下巴、**鼻翼**、額頭與髮際線等細節，使得 AI 可以讀懂人的情緒、表情變化，甚至預測未來變化。這不僅是單純的技術升級，而是將人臉解析從 2D 拓展到 近 3D 的結構建模。

8-1　為什麼需要 Face Mesh？

8-1-1　基礎觀念

在電腦視覺領域，人臉偵測（Face Detection）已能有效找出影像或視訊中的人臉位置。然而，若我們只停留在「偵測到人臉區域」或傳統「68 點關鍵點」的標記方式，往往無法捕捉臉部更精細的結構與表情變化。這時候，就需要「Media 的 Face Mesh」技術的加入。

❏ **傳統人臉偵測的不足**

傳統的人臉偵測方式，多半只回傳一個「臉部邊界框」(bounding box) 或是有限的幾十個關鍵點（如常見的 68 點模型）。這些資訊雖然足以做基礎的人臉定位與簡單的臉部對齊，但在下列方面顯得不足：

- 細微表情與臉部動作無法精準描述：僅有 68 點或更少的關鍵點，難以偵測到眼睛細部、唇形變化、臉頰肌肉動作等。
- 立體感與深度資訊不足：傳統的 2D 標記無法提供臉部的深度資訊，對於需要 3D 建模或虛擬試妝的應用而言受限極大。
- 高解析 AR／VR 效果難以達成：當應用需求升級至貼紙特效、動態濾鏡或表情捕捉等，就需要更豐富的臉部定位點來進行合成或互動。

❏ **Face Mesh 的優點**

面對上述限制，Face Mesh 帶來了高密度的臉部關鍵點，通常可達數百個（例如 MediaPipe Face Mesh 提供 468 點），部分模型甚至會給出 3D 座標 (x, y, z)。與傳統方法相比，Face Mesh 的主要優點如下：

- **關鍵點數量多、覆蓋範圍廣**：全臉覆蓋率高，可精準定位眼皮、眉毛、瞳孔、鼻翼、嘴角以及臉頰輪廓等。
- **支援深度資訊**：若模型同時產出 z 值，可用於立體姿態估計，對 AR／VR 應用與臉部旋轉分析特別有幫助。
- **多元應用情境**：透過高密度關鍵點，能進行臉部重建、表情動畫驅動、動作捕捉、微表情分析等高階應用。

這也說明了 Face Mesh 不只是「偵測臉」，而是進一步「描繪臉部結構」。

❏ 應用場景

- **AR／VR**：動態濾鏡、貼紙：在社群媒體與即時通訊應用中，動態濾鏡與貼紙已是常見的功能。Face Mesh 能讓特效更精細地貼合眼睛、嘴巴甚至臉頰，呈現更逼真的增強實境效果。
  - 例如戴上虛擬眼鏡或口罩時，需要準確判斷鼻樑與臉頰曲線。
  - 動態的貼圖或裝飾，也需要根據臉部關鍵點角度做即時調整。
- **醫學**：臉部動作分析、術前術後比較：在醫學與美容領域，分析人臉細節不只局限於外觀，更可能涉及功能性研究。
  - **臉部表情肌動作分析**：協助判斷笑容、皺眉等肌肉協調性。
  - **術前術後比較**：精準取得臉部立體結構，以客觀數據評估手術效果。
- **安全應用**（活體檢測、防偽）：當前的人臉辨識系統若只依靠 2D 影像，很容易被照片或影片所欺騙。引入 Face Mesh 後，可藉由偵測臉部動態、微表情或深度變化來提升安全性。
  - **眨眼偵測、嘴巴張合**：確認人臉是否有真實的肌肉與器官活動。
  - **深度估計**：辨識臉部是否為平面照片而非真實 3D 結構。

❏ Face Mesh 的核心意義

綜觀以上，Face Mesh 讓電腦視覺領域的人臉分析，不再侷限於「有人臉、沒人臉」或「粗略的臉部位置」。它能協助我們在影像中提取更豐富且精準的臉部細節，並透過高維度的關鍵點達成高度客製化的應用。

因此，在正式進入 Face Mesh 的技術面之前，讀者要先理解它的價值：「Face Mesh 不只是偵測臉，而是以高密度座標為基礎，完整呈現臉部空間結構與動態變化」。這些資訊將是進行 AR／VR 特效、醫學動作分析以及安全應用的重要基礎。

綜上所述，「Face Mesh」的出現正好彌補了傳統人臉偵測技術的不足，讓臉部分析不僅停留在 bounding box 或少量關鍵點，而是能深入挖掘臉部的立體輪廓與細微變化。這不僅在娛樂與商業應用上有突破性的價值，也為醫療與安全領域帶來更精準的技術可能。透過下一步對 Face Mesh 的深入學習與實作，我們將進一步瞭解如何取得這些高密度關鍵點、如何把它們轉換成實務中多元的應用。

8-1-2　傳統人臉框與 68 點模型的限制

雖然「68 點模型」仍在很多應用中使用，但它有以下幾點不足，特別是當應用需求變得更為精細時：

- 缺乏細緻度：68 個關鍵點只能大略描繪五官輪廓，對於眼睛、嘴巴等細部構造，例如眼皮摺痕、唇形的褶皺等，仍然無法精準捕捉。
- 無法提供深度資訊：此模型原本設計在 2D 平面上，沒有 (z) 座標。如果應用需要臉部的立體姿態或仰角、側臉旋轉程度時，就顯得力不從心。
- 應對快速變化或較大角度的臉部旋轉較弱：當臉部大幅度偏轉或表情劇烈變化，68 個點可能產生錯位或飄移，穩定度會受到影響。
- 難以應用於高級 AR ／ VR 效果：由於關鍵點較少，對於需要大量關鍵點做貼合的 3D 特效或臉部重建來說，資訊量仍舊不足。

8-1-3　與 Face Mesh 的對比

Face Mesh 的出現，目的正是為了彌補傳統 68 點或類似「寡點標記」模型的缺陷。Face Mesh 通常可提供數百個關鍵點 (如 468 點)，並且可能包含 3D 深度資訊。這種高密度且含立體資訊的標記方式，能讓下列應用更容易實現或有更佳的準確度：

- 更精細的表情分析：辨別細微的嘴角牽動、眼皮變化。
- AR ／ VR 高度擬真濾鏡：貼紙、3D 角色臉部綁定等，更能精準貼合臉部曲面。
- 臉部重建與姿態估計：取得臉部在 3D 空間中的姿態，可以做動作捕捉或多視角合成。

因此，在應用需求還不高、只需要大略臉部位置或少量特徵的場景下，「68 點模型」仍是快捷且容易部署的選擇。但若要進一步實現複雜或高精度的臉部應用，如 AR 動態濾鏡、微表情捕捉或臉部動作分析，就需要 Face Mesh 這樣更高密度的模型來滿足需求。

8-2　MediaPipe Face Mesh 介紹

MediaPipe 的核心概念在於將每個任務拆解為獨立的子模組，讀者可以複習第 1～3 章內容，這一章的重點是 Face Mesh 模組。例如，在 Face Mesh 功能中，會先有一個專門偵測人臉位置的模組，再交由另一個模組負責高密度關鍵點的迴歸 (regression)。這種設計讓開發者可以靈活替換或調整子模組，而不需要大幅度修改整個架構。

8-2-1　即時處理、高效能與易整合特點

❑ 即時效能 (Real-time Performance)

MediaPipe Face Mesh 在設計之初便考量了即時效能，官方實驗顯示在行動裝置或一般個人電腦上，都能以 30 FPS 甚至更高的速率偵測並生成臉部關鍵點。這對於需要即時互動的應用情境，如視訊通話中的動態濾鏡或 AR 特效，尤其重要。

❑ 高效能的輕量化模型

MediaPipe Face Mesh 採用內部優化的模型，通常是為低算力裝置設計，如手機或平板，並結合了高效的臉部偵測演算法 (BlazeFace) 以加速前置步驟。即便在僅有 CPU 的環境下，也能取得不錯的推論速度。

❑ 易於整合

MediaPipe 提供了 Python、C++、Android Java/Kotlin、iOS Swift 等多種 API，且與 OpenCV 等常見的電腦視覺庫可以良好配合。這意味著開發者可以在現有的影像處理流程中，快速插入 Face Mesh 的處理步驟，而不需要重新打造整個系統架構。

8-2-2　468 點模型的全域概念

❑ 高密度人臉關鍵點

傳統人臉關鍵點方法（如 68 點模型）僅能概括描述眼睛、鼻子、嘴巴與輪廓等較大的區域。MediaPipe Face Mesh 所採用的 468 點模型，則能精準刻畫臉部更細膩的部分，例如眼皮褶線、嘴角變化、臉頰細部輪廓等，並大幅提升表情與臉型辨識的細膩度。

❏ 3D 座標 (x, y, z) 支援

Face Mesh 的輸出不僅包含 (x, y) 二維座標，還可能附帶一個相對深度的 (z) 值。當我們需要分析臉部的旋轉角度、凹凸變化或 3D 建模時，這個額外的深度資訊就能派上用場。對於需要準確貼合臉部骨架或動態濾鏡的應用來說，3D 資訊是進階功能的關鍵。

❏ 應用範圍的全球化

由於 MediaPipe 是由 Google 推動且開源，全球許多開發者和研究機構都在使用並進一步發展 Face Mesh 模型。一方面，這使模型精度與效能不斷提升，另一方面，也讓各種開源資源與教學課程日趨完整。開發者除了可直接使用官方提供的模型，也能利用豐富的社群資源，快速掌握技術要領或進行二次開發。

總之 MediaPipe Face Mesh 之所以在臉部分析領域脫穎而出，核心關鍵在於其「即時、高效、可擴充」的設計理念，並提供足以覆蓋多數應用需求的 468 點高密度人臉關鍵點資訊。借助 MediaPipe 的模組化框架，不僅在跨平臺整合上相當便利，也為需要高精度臉部追蹤的應用場景（如 AR 濾鏡、醫學動作分析、活體檢測等）提供了扎實的技術基礎。

8-3 認識臉部 468 點

「從傳統 68 點到 468 點」的演進，代表著人臉分析在細節掌握上的大幅度提升。過去僅能以 2D 方式辨識臉部大略形狀，現在則可藉由高密度模型與 (x, y, z) 深度座標，描繪出臉部三維結構。

8-3-1 高密度人臉關鍵點概述

❏ 從傳統 68 點到 468 點的演進

- **傳統 68 點模型的回顧**：早期的人臉分析主要使用「68 點模型」或其他類似的寡點標記系統。它能將人臉分為特定區域，如眉毛、眼睛、鼻子、嘴巴與臉部輪廓等，為人臉對齊與表情分析提供初步資訊。然而，68 點模型在實際應用中也顯露出以下侷限性：

- 無法捕捉臉部更細微的表情變化，例如眼皮褶痕、細微唇形改變等。
- 僅能提供 2D 座標，缺乏深度訊息，因而難以精準推斷臉部姿態或輪廓凹凸。
- 當應用需求需要高解析度（如 AR 濾鏡、臉部重建）時，僅有幾十個關鍵點往往不敷使用。

● **向高密度標記邁進（468 點模型）**：為了更加精細地描述臉部結構，近年研究團隊與業界開始引入高密度標記的概念。以 MediaPipe Face Mesh 為代表的「468 點模型」更是業界常見的實作之一。以下為其優點與價值：

- **覆蓋臉部更多區域**：468 點並不僅侷限於大範圍的五官，還包含了臉部各處的細部點位，如下巴弧線、臉頰轉折、眼皮邊界等。
- **表情與動作更精準**：細部特徵的標記讓系統能偵測到微小的表情變化，如眉毛高低、眼睛瞇起、嘴角上揚或下壓。
- **豐富的應用可能**：高密度標記能支援 AR／VR 特效、臉部重建與模型擬真、人臉動作捕捉 (motion capture) 等高階應用。

這種從 68 點到數百點的演進，顯示出人臉分析技術在精度與應用層次上的大幅提升，也為更深層的研究與開發奠定基礎。

❏ 3D 座標 (x, y, z) 與深度資訊的意義

● **傳統 2D 座標的不足**：在早期的人臉偵測與標記技術中，我們僅能取得 (x, y) 平面座標。這雖然能描述臉部在影像中的位置分佈，但對於立體空間中的姿態與形變，卻無法做出準確的推斷。例如，要判斷臉部是否略微仰起、側轉，或是想在 3D 空間中重建臉部，就需要更多維度的資訊。

● **(x, y, z) 的深度含義**：MediaPipe Face Mesh 等高密度模型往往會同時輸出一個「z 值」，代表該關鍵點相對於臉部邊界框或相機深度的相對距離。其具體含義包括：

- **臉部立體定位**：知道某個點在前後方向 (z 軸) 的距離，可以更精確地計算臉部角度，例如左右翻轉、上下仰角等。
- **人臉重建基礎**：若搭配多視角影像或其他深度感測器 (如結合深度相機)，就能進一步生成較擬真的 3D 臉部模型。

- **真實感的動態濾鏡與追蹤**：AR／VR 應用中，若能將數位素材貼合在臉部的深度層級，效果將更真實。

❑ 應用案例舉例

- 臉部姿態估測 (Head Pose Estimation)：透過 (x, y, z) 來計算臉部的旋轉向量 (pitch, yaw, roll)，進而實現像是虛擬攝影機跟隨或臉部表情捕捉等功能。
- 活體檢測 (Liveness Detection)：3D 資訊讓系統更容易判斷真假人臉；若是 2D 照片或影片，z 值的變化往往不自然。
- 臉部美型或整形規劃：透過臉部深度資訊可更準確地描述輪廓弧度，支援美容、整形領域的術前評估與術後分析。

8-3-2 468 點定位分佈

在傳統 68 點或 81 點的臉部標記方法中，我們通常只聚焦在眼、鼻、嘴、下巴、臉型等區域。MediaPipe Face Mesh 提供的「468 點模型」則大幅度拓展了關鍵點的覆蓋範圍，使整張臉部被細分為更多區域。下列是所有關鍵點，彼此的三角形連接圖。

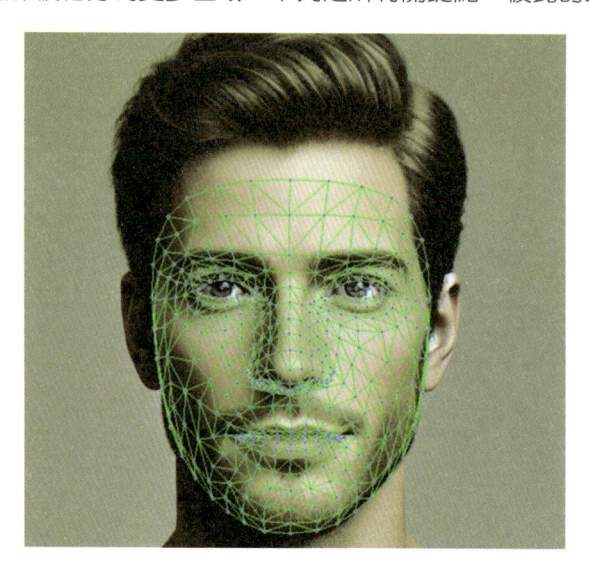

大致上可分為以下幾類：

- 眼睛與虹膜 (Eyes & IRISES)：不同於傳統少量的眼睛，Face Mesh 會在雙眼周圍域布滿更細密的點。同時也有眼睛內部的虹膜的標記點。
- 嘴巴 (Mouth)：傳統 68 點通常以外唇和內唇共兩圈標記。468 點模型則在上下唇的曲線、唇峰、嘴角曲率等處，都增設更多點位，能細緻捕捉嘴唇動態與唇形變化。

- 臉部輪廓 (Jawline & Contour)：包含下巴、頸部交界處，以及側臉部位之間的連續點。透過高密度標記，可更精確辨別下頜骨線條與臉頰弧度，對 AR 濾鏡或醫學美容應用尤其重要。
- 額頭與髮際線 (Forehead & Hairline)：與傳統標記常被忽略或僅標幾個額頭點不同，Face Mesh 在額頭區塊以及臉與髮際線交界處提供更完整的標記，利於全臉遮罩、臉部仿真或貼紙特效時作更全面的貼合。
- 其他細節區域：例如，臉頰轉折、太陽穴附近與顴骨上方等，也都可能布置了額外的點位，用來捕捉臉部肌肉動態或實現更高擬真度的 3D 重建。

「468 點定位分佈」讓我們更加深刻地認識到 Face Mesh 與傳統低密度標記之間的差異它不僅僅是在五官處多設一些點，而是將臉部各區域都採取網格化、緊密覆蓋的方式，使得每一個細微表情、臉部輪廓轉折都能被描繪出來。

在第 5 章的 68 點模型中，我們可以知道每個索引點的位置。在 MediaPipe Face Mesh 中沒有文件指出每個索引點的位置，不過我們可以應用程式技巧列出索引點所在區域，以及像素位置，細節會在 8-6 節解說。

8-4　MediaPipe Face Mesh 模組

FaceMesh( ) 是 MediaPipe 提供的一個 API，使用前需要初始化，才可以用於在影像或影片中偵測臉部並標記 468 個 3D 臉部關鍵點。

8-4-1　建立模組物件

FaceMesh( ) 函數其實就是一個類別，這個函數位於位於下列 MediaPipe Python API 的模組：

mediapipe.solutions.face_mesh

使用前需要定義此類別物件：

import mediapipe as mp

```
...
mp_face_mesh = mp.solutions.face_mesh          # 定義類別物件
```

有了上述 mp_face_mesh 物件後，就可以呼叫 FaceMesh( ) 函數，建立 FaceMesh 物件，習慣會將此物件設為 face_mesh。然後由參數設定控制此函數的行為，此函數語法如下：

```
with mp_face_mesh.FaceMesh(
    static_image_mode=False,
    max_num_faces=1,
    refine_landmarks=True,
    min_detection_confidence=0.5,
    min_tracking_confidence=0.5
) as face_mesh:
```

上述各參數說明如下：

- static_image_mode：類型是布林值，預設是 False。若設為 True，則會將輸入影像視為靜態影像，對每張影像都重新偵測。若設為 False，則會進行追蹤以提升效能。
- max_num_faces：類型是整數，預設是 1，可設定最多能偵測多少張人臉。
- refine_landmarks：類型是布林值，預設是 False。可設定是否啟用更細緻的關鍵點偵測，會加入眼睛、嘴巴等更精細的標記點。
- min_detection_confidence：類型是浮點數，預設值是 0.5。可設定人臉偵測的信心閾值，若偵測結果低於該閾值則不會被標記。
- min_tracking_confidence：類型是浮點數，預設值是 0.5。可設定追蹤的信心閾值，若設為 0.5，則只有當偵測結果大於 0.5 時，才會繼續追蹤。

8-4-2 檢測影像與回傳數據

當用 FaceMesh( ) 建立 fesh_mesh 物件後，就可以用核心 fesh_mesh.process( ) 函數偵測圖像，並回傳臉部偵測結果。此函數語法如下：

```
results = face_mesh.process(image)
```

上述函數可以執行下列工作：

8-4 MediaPipe Face Mesh 模組

- 人臉偵測：檢測影像中的人臉（最多 max_num_faces 張）。
- 關鍵點預測：預測人臉上的 468 個 3D 關鍵點。
- 回傳結構：回傳包含偵測結果的 results 物件。

上述回傳的 results，其結構如下：

- multi_face_landmarks：其結構是 list[NormalizedLandmarkList]，此串列結構包含偵測到的人臉清單，每張人臉有 468 個關鍵點。
- multi_face_world_landmarks：其結構與 multi_face_landmarks 相同，但使用 3D 世界座標（適合 AR/VR 應用）

程式實例 ch8_1.py：輸出 FechMesh( ) 偵測到 468 個關鍵點的數據。

```python
1   # ch8_1.py
2   import cv2
3   import mediapipe as mp
4   
5   # 初始化
6   mp_face_mesh = mp.solutions.face_mesh
7   
8   # 讀取圖片
9   image = cv2.imread("face.jpg")
10  rgb_image = cv2.cvtColor(image, cv2.COLOR_BGR2RGB)    # 影像轉 RGB
11  
12  # 建立 FaceMesh 物件, static_image_mode 設為 True 處理靜態圖片
13  with mp_face_mesh.FaceMesh(
14      static_image_mode=True,
15      max_num_faces=1,
16      refine_landmarks=True,
17      min_detection_confidence=0.5
18  ) as face_mesh:
19      results = face_mesh.process(rgb_image)        # 呼叫 process 進行偵測
20      # 檢查是否偵測到臉
21      if not results.multi_face_landmarks:
22          print("沒有偵測到臉")
23      else:
24          print("有偵測到臉")
25          for face_landmarks in results.multi_face_landmarks:
26              for idx, landmark in enumerate(face_landmarks.landmark):
27                  x = int(landmark.x * image.shape[1])    # 轉為像素座標
28                  y = int(landmark.y * image.shape[0])
29                  print(f"Landmark {idx}: (x={x}, y={y})")
```

第 8 章　MediaPipe Face Mesh

執行結果

```
========================= RESTART: D:/AI_Eye/ch8/ch8_1.py =========================
有偵測到臉
Landmark 0: (x=315, y=439)
Landmark 1: (x=313, y=390)
Landmark 2: (x=313, y=402)
                         ...
Landmark 475: (x=387, y=274)
Landmark 476: (x=371, y=286)
Landmark 477: (x=387, y=299)
```

上述第 27 和 28 列回傳的結果 landmark.x 和 landmark.y，是正規化數據座標，範圍是在 0～1 之間：

x = 0：影像最左側，x = 1 則是最右側。

y = 0：影像最上方，y = 1 則是最下方。

z 為相對深度，負值表示較靠近攝影機，正值表示較遠。

所以上述分別乘以 image.shape[1] 和 image.shape[0]，將正規化座標數據轉成像素座標。

8-4-3　硬功夫繪製 468 點數據

當有了 landmark.x 和 landmark.y 關鍵臉部數據後，我們可以用 OpenCV 的繪圖函數 cv2.circle( )，標記 468 個臉部關鍵點。

程式實例 ch8_2.py：先偵測臉部的 468 個關鍵點，然後用綠色圓點標記。

```
1   # ch8_2.py
2   import cv2
3   import mediapipe as mp
4   import sys
5
6   # 初始化
7   mp_face_mesh = mp.solutions.face_mesh
8   # 讀取圖片
9   image = cv2.imread("face.jpg")
10  rgb_image = cv2.cvtColor(image, cv2.COLOR_BGR2RGB)    # 影像轉 RGB
11
12  # 建立 FaceMesh 物件, static_image_mode 設為 True 處理靜態圖片
13  with mp_face_mesh.FaceMesh(
14      static_image_mode=True,
15      max_num_faces=1,
16      refine_landmarks=True,
17      min_detection_confidence=0.5
18  ) as face_mesh:
19
20      # 使用 face_mesh.process() 進行人臉偵測與關鍵點定位
21      results = face_mesh.process(rgb_image)
```

```
22          # 檢查是否有偵測到臉部
23          if not results.multi_face_landmarks:
24              print("沒有偵測到臉")
25              sys.exit()                                  # 立即終止程式
26
27          # 取第一張臉的 landmarks
28          face_landmarks = results.multi_face_landmarks[0]
29
30          # 迭代全部關鍵點
31          for idx, landmark in enumerate(face_landmarks.landmark):
32              x = int(landmark.x * image.shape[1])
33              y = int(landmark.y * image.shape[0])
34              cv2.circle(image, (x, y), 1, (0, 255, 0))   # 圖上繪製小圓點
35
36      cv2.imshow("FaceMesh - Single Image", image)
37      cv2.waitKey(0)
38      cv2.destroyAllWindows()
```

執行結果

8-5 繪製臉部網格

　　3-4 節筆者有介紹 MediaPipe 的輔助繪圖模組 drawing_utils，這個模組也可以應用在繪製臉部網格，所以模組導入方式相同，如下所示：

import mediapipe as mp

　　…

mp_drawing = mp.solutions.drawing_utils

第 8 章　MediaPipe Face Mesh

接下來就可以使用 mp_drawing 此物件啟動函數，繪製 FaceMesh 裡的臉部網格，所用的是 mp_drawing.draw_landmarks( )。其語法如下：

```
mp_drawing.draw_landmarks(
    image,                        # 影像（NumPy 陣列）
    landmark_list,                # 偵測到的關鍵點串列
    connections,                  # 連接方式（可為 None）
    landmark_drawing_spec,        # 關鍵點樣式（可選）
    connection_drawing_spec       # 連線樣式（可選）
)
```

上述各參數說明如下：

- image：需要繪製的影像（通常來自 OpenCV 讀取的影像）。
- landmark_list：MediaPipe 偵測到的關鍵點（例如 face_landmarks）。
- connections：連接關鍵點的方式，下列是連接選項：
    - mp_face_mesh.FACEMESH_TESSELATION：人臉三角網格。
    - mp_face_mesh.FACEMESH_CONTOURS：繪製輪廓（含眉毛）。
    - mp_face_mesh.FACEMESH_FACE_OVAL：繪製輪廓（不含眉毛）。
    - mp_face_mesh.FACEMESH_LIPS：嘴巴。
    - mp_face_mesh.FACEMESH_LEFT_EYE：左眼。
    - mp_face_mesh.FACEMESH_RIGHT_EYE：右眼。
    - mp_face_mesh.FACEMESH_IRISES：虹膜。
- landmark_drawing_spec：可選，關鍵點樣式。
- connection_drawing_spec：可選，連線樣式。

8-5-1　繪製臉部關鍵點

程式實例 ch8_3.py：用 mp_drawing.draw_landmarks( ) 函數繪製綠色的關鍵點。

```
1   # ch8_3.py
2   import cv2
3   import mediapipe as mp
4   import sys
5
6   # 初始化
```

8-5 繪製臉部網格

```python
7   mp_face_mesh = mp.solutions.face_mesh
8   mp_drawing = mp.solutions.drawing_utils
9   # 讀取圖片
10  image = cv2.imread("face.jpg")
11  rgb_image = cv2.cvtColor(image, cv2.COLOR_BGR2RGB)    # 影像轉 RGB
12
13  # 建立 FaceMesh 物件, static_image_mode 設為 True 處理靜態圖片
14  with mp_face_mesh.FaceMesh(
15      static_image_mode=True,
16      max_num_faces=1,
17      refine_landmarks=True,
18      min_detection_confidence=0.5
19  ) as face_mesh:
20
21      # 使用 face_mesh.process() 進行人臉偵測與關鍵點定位
22      results = face_mesh.process(rgb_image)
23       # 檢查是否有偵測到臉部
24      if not results.multi_face_landmarks:
25          print("沒有偵測到臉")
26          sys.exit()                                    # 立即終止程式
27
28      # 取第一張臉的 landmarks
29      face_landmarks = results.multi_face_landmarks[0]
30
31      # 設定關鍵點樣式, 綠色圓點, 空心圓點, 半徑是1
32      landmark_style = mp_drawing.DrawingSpec(color=(0, 255, 0),
33                                              thickness=0,
34                                              circle_radius=1)
35
36      for face_landmarks in results.multi_face_landmarks:
37          mp_drawing.draw_landmarks(
38              image=image,
39              landmark_list=face_landmarks,
40              landmark_drawing_spec=landmark_style,
41              connections=None                          # 不連線
42          )
43
44  cv2.imshow("FaceMesh - Single Image", image)
45  cv2.waitKey(0)
46  cv2.destroyAllWindows()
```

執行結果 與 ch8_2.py 相同。

上述重點是第 36 ~ 42 列, 執行關鍵點的繪圖, 其中：

- 「landmark_drawing_spec=landmark_style」：第 40 列, 這是表示繪圖方式使用 landmark_style 定義, 程式在第 32 ~ 34 列定義繪製圖的方式。其實我們也可以直接在此列定義繪圖方式, 可以參考下一小節。

- 「connections=None」：第 41 列, 因為不執行關鍵點的連線。

8-15

8-5-2 繪製臉部網格

程式實例 ch8_4.py：用與 ch8_3.py 相同的圖，繪製臉部網格線，原先第 31 ~ 42 列的程式碼用下列程式碼取代。

```
31      for face_landmarks in results.multi_face_landmarks:
32          mp_drawing.draw_landmarks(
33              image,
34              face_landmarks,
35              mp_face_mesh.FACEMESH_TESSELATION,      # 畫臉部網格
36              mp_drawing.DrawingSpec(color=(255, 0, 0),
37                                     thickness=1, circle_radius=1),    # 藍色點
38              mp_drawing.DrawingSpec(color=(0, 255, 0), thickness=1)   # 綠色線
39          )
```

執行結果

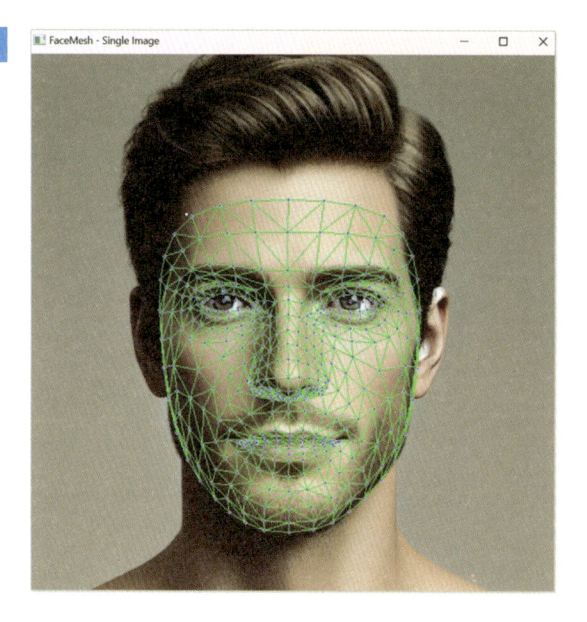

8-5-3 繪製臉部關鍵部位連線

程式實例 ch8_5.py：讀取 face.jpg 圖片，然後 使用不同顏色標記臉部的各個部位，包含：

- 人臉三角網格（藍色）
- 臉部輪廓（紅色）
- 嘴巴（黃色）
- 左眼（綠色）

- 右眼（紫色）
- 虹膜（青色）

```python
# ch8_5.py
import cv2
import mediapipe as mp

# 初始化 MediaPipe Face Mesh
mp_face_mesh = mp.solutions.face_mesh
mp_drawing = mp.solutions.drawing_utils
# 設定不同部位的繪製樣式，BGR 顏色格式
drawing_specs = {
    "tesselation": mp_drawing.DrawingSpec(color=(255, 0, 0), thickness=1,
                                          circle_radius=1),      # 藍色
    "contours": mp_drawing.DrawingSpec(color=(0, 0, 255), thickness=2,
                                       circle_radius=1),         # 紅色
    "lips": mp_drawing.DrawingSpec(color=(0, 255, 255), thickness=2,
                                   circle_radius=1),             # 黃色
    "left_eye": mp_drawing.DrawingSpec(color=(0, 255, 0), thickness=2,
                                       circle_radius=1),         # 綠色
    "right_eye": mp_drawing.DrawingSpec(color=(128, 0, 128), thickness=2,
                                        circle_radius=1),        # 紫色
    "irises": mp_drawing.DrawingSpec(color=(255, 255, 0), thickness=2,
                                     circle_radius=1)            # 青色
}
image = cv2.imread("face.jpg")                      # 讀取圖片
rgb_image = cv2.cvtColor(image, cv2.COLOR_BGR2RGB)  # 影像轉 RGB
# 建立 Face Mesh 物件
with mp_face_mesh.FaceMesh(
    static_image_mode=True,                         # 讀取靜態圖片模式
    max_num_faces=1,
    refine_landmarks=True,
    min_detection_confidence=0.5
) as face_mesh:
    # 偵測人臉
    results = face_mesh.process(rgb_image)
    # 如果有偵測到人臉
    if results.multi_face_landmarks:
        for face_landmarks in results.multi_face_landmarks:
            # 人臉三角網格
            mp_drawing.draw_landmarks(
                image, face_landmarks, mp_face_mesh.FACEMESH_TESSELATION,
                landmark_drawing_spec=None,
                connection_drawing_spec=drawing_specs["tesselation"]
            )
            # 臉部輪廓
            mp_drawing.draw_landmarks(
                image, face_landmarks, mp_face_mesh.FACEMESH_CONTOURS,
                landmark_drawing_spec=None,
                connection_drawing_spec=drawing_specs["contours"]
            )
            # 嘴巴
            mp_drawing.draw_landmarks(
```

```
51                image, face_landmarks, mp_face_mesh.FACEMESH_LIPS,
52                landmark_drawing_spec=None,
53                connection_drawing_spec=drawing_specs["lips"]
54            )
55            # 左眼
56            mp_drawing.draw_landmarks(
57                image, face_landmarks, mp_face_mesh.FACEMESH_LEFT_EYE,
58                landmark_drawing_spec=None,
59                connection_drawing_spec=drawing_specs["left_eye"]
60            )
61            # 右眼
62            mp_drawing.draw_landmarks(
63                image, face_landmarks, mp_face_mesh.FACEMESH_RIGHT_EYE,
64                landmark_drawing_spec=None,
65                connection_drawing_spec=drawing_specs["right_eye"]
66            )
67            # 虹膜
68            mp_drawing.draw_landmarks(
69                image, face_landmarks, mp_face_mesh.FACEMESH_IRISES,
70                landmark_drawing_spec=None,
71                connection_drawing_spec=drawing_specs["irises"]
72            )
73
74    cv2.imshow("Face Mesh - Different Colors", image)
75    cv2.waitKey(0)
76    cv2.destroyAllWindows()
```

執行結果 可參考下方左圖。

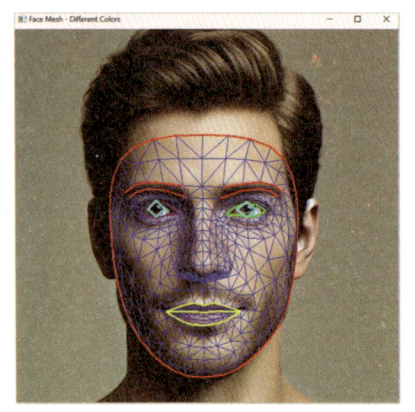

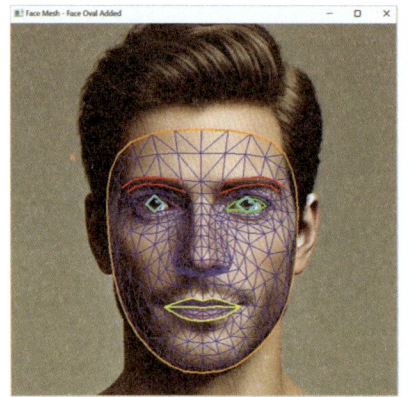

在 MediaPipe Face Mesh 中，眉毛並沒有單獨的關鍵點連接規則，而是包含在臉部輪廓（FACEMESH_CONTOURS）內。因此，程式將 FACEMESH_CONTOURS 設為紅色，那麼眉毛部分的線條也會變成紅色。

在 connections 關鍵點連接方式中的 mp_face_mesh.FACEMESH_FACE_OVAL，是可以執行輪廓（不含眉毛）的連線，這個數據對於虛擬口罩與 3D 臉部特效很有幫助。

程式實例 ch8_5_1.py：擴充 ch8_5.py，增加橘色的臉部輪廓覆蓋原先的紅色輪廓。

```
9    drawing_specs = {
10       "tesselation": mp_drawing.DrawingSpec(color=(255, 0, 0), thickness=1,
11                                     circle_radius=1),         # 藍色
12       "contours": mp_drawing.DrawingSpec(color=(0, 0, 255), thickness=2,
13                                     circle_radius=1),         # 紅色
14       "lips": mp_drawing.DrawingSpec(color=(0, 255, 255), thickness=2,
15                                     circle_radius=1),         # 黃色
16       "left_eye": mp_drawing.DrawingSpec(color=(0, 255, 0), thickness=2,
17                                     circle_radius=1),         # 綠色
18       "right_eye": mp_drawing.DrawingSpec(color=(128, 0, 128), thickness=2,
19                                     circle_radius=1),         # 紫色
20       "irises": mp_drawing.DrawingSpec(color=(255, 255, 0), thickness=2,
21                                     circle_radius=1),         # 青色
22       "face_oval": mp_drawing.DrawingSpec(color=(0, 165, 255),
23                                     thickness=2, circle_radius=1) # 橙色
24    }
                                    .....
75                # 臉部外輪廓
76                mp_drawing.draw_landmarks(
77                    image, face_landmarks, mp_face_mesh.FACEMESH_FACE_OVAL,
78                    landmark_drawing_spec=None,
79                    connection_drawing_spec=drawing_specs["face_oval"]
80                )
```

執行結果 可參考上方右圖。

8-5-4 用錄影機偵測臉部關鍵點

程式實例 ch8_6.py：擴充 ch8_5.py，用錄影機偵測與繪製關鍵點，但是調整：

- 左眼和右眼用相同的顏色。
- 網格用綠色。

讀者需留意，因為是改成錄影機偵測臉，所以第 28 列需將 static_image_mode 改成 False。

```
1    # ch8_6.py
2    import cv2
3    import mediapipe as mp
4
5    # 初始化 MediaPipe Face Mesh
6    mp_face_mesh = mp.solutions.face_mesh
7    mp_drawing = mp.solutions.drawing_utils
8
9    # 設定不同部位的繪製樣式，BGR 顏色格式
10   drawing_specs = {
11       "tesselation": mp_drawing.DrawingSpec(color=(0, 255, 0), thickness=1,
12                                     circle_radius=1),         # 綠色
13       "contours": mp_drawing.DrawingSpec(color=(0, 0, 255), thickness=2,
```

第 8 章　MediaPipe Face Mesh

```
14                                           circle_radius=1),          # 紅色
15        "lips": mp_drawing.DrawingSpec(color=(0, 255, 255), thickness=2,
16                                       circle_radius=1),          # 黃色
17        "eye": mp_drawing.DrawingSpec(color=(255, 0, 0), thickness=2,
18                                      circle_radius=1),           # 藍色
19        "irises": mp_drawing.DrawingSpec(color=(255, 255, 0), thickness=2,
20                                         circle_radius=1),        # 青色
21        "face_oval": mp_drawing.DrawingSpec(color=(0, 165, 255),
22                                            thickness=2, circle_radius=1) # 橙色
23    }
24
25    # 開啟攝影機
26    cap = cv2.VideoCapture(0)
27
28    # 建立 Face Mesh 物件
29    with mp_face_mesh.FaceMesh(
30        static_image_mode=False,                    # 讀取影片模式
31        max_num_faces=1,
32        refine_landmarks=True,
33        min_detection_confidence=0.5,
34        min_tracking_confidence=0.5
35    ) as face_mesh:
36
37        while cap.isOpened():
38            success, frame = cap.read()
39            if not success:
40                break
41
42            # 轉換顏色 (OpenCV 預設 BGR, 但 MediaPipe 使用 RGB)
43            frame_rgb = cv2.cvtColor(frame, cv2.COLOR_BGR2RGB)
44            results = face_mesh.process(frame_rgb)
45
46            # 偵測人臉並繪製不同部位
47            if results.multi_face_landmarks:
48                for face_landmarks in results.multi_face_landmarks:
49                    # 人臉三角網格
50                    mp_drawing.draw_landmarks(
51                        frame, face_landmarks, mp_face_mesh.FACEMESH_TESSELATION,
52                        landmark_drawing_spec=None,
53                        connection_drawing_spec=drawing_specs["tesselation"]
54                    )
55                    # 臉部輪廓
56                    mp_drawing.draw_landmarks(
57                        frame, face_landmarks, mp_face_mesh.FACEMESH_CONTOURS,
58                        landmark_drawing_spec=None,
59                        connection_drawing_spec=drawing_specs["contours"]
60                    )
61                    # 嘴巴
62                    mp_drawing.draw_landmarks(
63                        frame, face_landmarks, mp_face_mesh.FACEMESH_LIPS,
64                        landmark_drawing_spec=None,
65                        connection_drawing_spec=drawing_specs["lips"]
66                    )
67                    # 左眼
68                    mp_drawing.draw_landmarks(
69                        frame, face_landmarks, mp_face_mesh.FACEMESH_LEFT_EYE,
70                        landmark_drawing_spec=None,
71                        connection_drawing_spec=drawing_specs["eye"]
72                    )
```

```
73                    # 右眼
74                    mp_drawing.draw_landmarks(
75                        frame, face_landmarks, mp_face_mesh.FACEMESH_RIGHT_EYE,
76                        landmark_drawing_spec=None,
77                        connection_drawing_spec=drawing_specs["eye"]
78                    )
79                    # 虹膜
80                    mp_drawing.draw_landmarks(
81                        frame, face_landmarks, mp_face_mesh.FACEMESH_IRISES,
82                        landmark_drawing_spec=None,
83                        connection_drawing_spec=drawing_specs["irises"]
84                    )
85                    # 臉部外輪廓
86                    mp_drawing.draw_landmarks(
87                        frame, face_landmarks, mp_face_mesh.FACEMESH_FACE_OVAL,
88                        landmark_drawing_spec=None,
89                        connection_drawing_spec=drawing_specs["face_oval"]
90                    )
91
92            # 顯示影像
93            cv2.imshow('Face Mesh - Different Colors', frame)
94            if cv2.waitKey(5) & 0xFF == 27:   # 按 ESC 鍵退出
95                break
96
97    cap.release()
98    cv2.destroyAllWindows()
```

執行結果

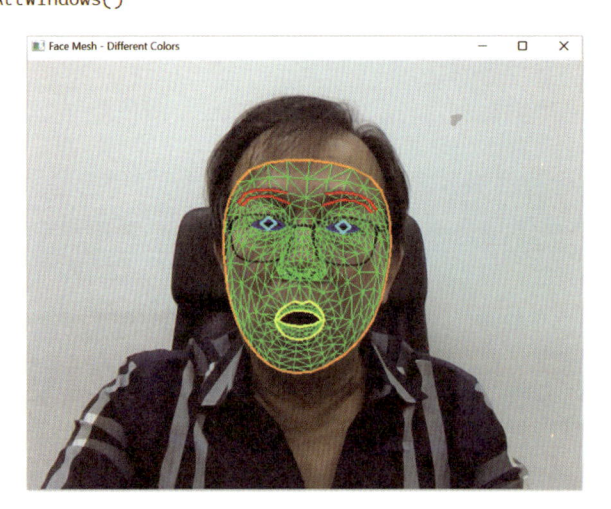

8-6 展示 468 點所在關鍵臉部區域的索引點

8-5 節筆者敘述 MediaPipe Face Mesh 有關 468 點的連接關鍵點的關鍵臉部選項如下：

- mp_face_mesh.FACEMESH_TESSELATION：人臉三角網格。

- mp_face_mesh.FACEMESH_CONTOURS：繪製輪廓。
- mp_face_mesh.FACEMESH_LIPS：嘴巴。
- mp_face_mesh.FACEMESH_LEFT_EYE：左眼。
- mp_face_mesh.FACEMESH_RIGHT_EYE：右眼。
- mp_face_mesh.FACEMESH_IRISES：虹膜。

上述數據原始結構的元素，是由 2 個點的元組，當我們執行繪圖時，實際上是將元素的點做連接。下列將分成 2 個小節驗證其資料結構，未來讀者就可以依此發揮 MediaPipe Face Mesh 的創意應用。

8-6-1　認識臉部關鍵連線的數據結構

從程式實例 ch8_6.py 可以知道虹膜 (Irises) 的數據點最少，所以用此做解說，方便讀者理解。

程式實例 ch8_7.py：列出 mp_face_mesh.FACEMESH_IRISES 的數據，驗證每個元素是用 2 個點組成。

```
1   # ch8_7.py
2   import cv2
3   import mediapipe as mp
4   import numpy as np
5
6   # 初始化 MediaPipe Face Mesh
7   mp_face_mesh = mp.solutions.face_mesh
8   image = cv2.imread("face.jpg")                       # 讀取圖片
9   rgb_image = cv2.cvtColor(image, cv2.COLOR_BGR2RGB)   # 影像轉 RGB
10
11  # 建立 Face Mesh 物件
12  with mp_face_mesh.FaceMesh(
13      static_image_mode=True,
14      max_num_faces=1,
15      refine_landmarks=True,
16      min_detection_confidence=0.5
17  ) as face_mesh:
18
19      # 偵測人臉
20      results = face_mesh.process(rgb_image)
21      # 如果有偵測到人臉
22      if results.multi_face_landmarks:
23          for face_landmarks in results.multi_face_landmarks:
24
25              # 列出 FACEMESH_IRISES 的所有數據
26              print("FACEMESH_IRISES 原始數據關鍵點連線 : ")
27              irises_indices = list(mp_face_mesh.FACEMESH_IRISES)
28              for conn in irises_indices:
29                  print(conn)      # 列出原始數據索引對 (connections)
```

8-6 展示 468 點所在關鍵臉部區域的索引點

執行結果
```
============================ RESTART: D:/AI_Eye/ch8/ch8_7.py ============================
FACEMESH_IRISES 原始數據關鍵點連線 :
(475, 476)
(477, 474)
(469, 470)
(472, 469)
(471, 472)
(474, 475)
(476, 477)
(470, 471)
```

從上述我們驗證了，元素是由 2 個點組成，這就是 FACEMESH_IRISES 的資料結構，其實所有「FACEMESH_*」皆是這種資料結構。

8-6-2 輸出關鍵區域的索引點和像素位置

當我們了解了 FACEMESH 的關鍵區域資料結構後，就可以了解每個關鍵區域的索引點和像素位置了。

程式實例 ch8_8.py：列出臉部幾個關鍵區域的索引點和像素位置。

```python
1   # ch8_8.py
2   import cv2
3   import mediapipe as mp
4   import numpy as np
5
6   # 初始化 MediaPipe Face Mesh
7   mp_face_mesh = mp.solutions.face_mesh
8
9   image = cv2.imread("face.jpg")                          # 讀取圖片
10  rgb_image = cv2.cvtColor(image, cv2.COLOR_BGR2RGB)      # 影像轉 RGB
11
12  # 建立 Face Mesh 物件
13  with mp_face_mesh.FaceMesh(
14      static_image_mode=True,
15      max_num_faces=1,
16      refine_landmarks=True,
17      min_detection_confidence=0.5
18  ) as face_mesh:
19
20      # 偵測人臉
21      results = face_mesh.process(rgb_image)
22
23      # 如果有偵測到人臉
24      if results.multi_face_landmarks:
25          for face_landmarks in results.multi_face_landmarks:
26              h, w, _ = image.shape
27
28              # 定義需要列出的關鍵點索引的字典
29              keypoint_sets = {
30                  "LIPS": mp_face_mesh.FACEMESH_LIPS,
31                  "LEFT_EYE": mp_face_mesh.FACEMESH_LEFT_EYE,
32                  "RIGHT_EYE": mp_face_mesh.FACEMESH_RIGHT_EYE,
33                  "IRISES": mp_face_mesh.FACEMESH_IRISES,
34                  "CONTOURS": mp_face_mesh.FACEMESH_CONTOURS
35              }
```

```
36
37          # 列出關鍵點
38          for label, pts in keypoint_sets.items():
39              print(f" {label} 關鍵點索引：")
40              # 用集合觀念取得唯一的索引值
41              unique_pts = list(set([p for conn in pts for p in conn]))
42              print(unique_pts)
43              for idx in unique_pts:
44                  x = int(face_landmarks.landmark[idx].x * w)
45                  y = int(face_landmarks.landmark[idx].y * h)
46                  print(f" - 索引 {idx}: ({x}, {y})")
47              print("\n")
```

執行結果

```
=============== RESTART: D:/AI_Eye/ch8/ch8_8.py ===============
 LIPS 關鍵點索引：
[0, 267, 269, 270, 13, 14, 17, 402, 146, 405, 409, 415, 291, 37, 39, 40, 178, 30
8, 181, 310, 311, 312, 185, 314, 317, 318, 61, 191, 321, 324, 78, 80, 81, 82, 84
, 87, 88, 91, 95, 375]
 - 索引 0: (315, 439)
 - 索引 267: (331, 435)
                           ...
 LEFT_EYE 關鍵點索引：
[384, 385, 386, 387, 388, 390, 263, 362, 398, 466, 373, 374, 249, 380, 381, 382]
 - 索引 384: (366, 283)
 - 索引 385: (379, 278)
                           ...
 RIGHT_EYE 關鍵點索引：
[160, 33, 161, 163, 133, 7, 173, 144, 145, 246, 153, 154, 155, 157, 158, 159]
 - 索引 160: (224, 279)
 - 索引 33: (210, 288)
                           ...
 IRISES 關鍵點索引：
[469, 470, 471, 472, 474, 475, 476, 477]
 - 索引 469: (251, 285)
 - 索引 470: (237, 272)
                           ...
 CONTOURS 關鍵點索引：
[0, 7, 10, 13, 14, 17, 21, 33, 37, 39, 40, 46, 52, 53, 54, 55, 58, 61, 63, 65, 6
6, 67, 70, 78, 80, 81, 82, 84, 87, 88, 91, 93, 95, 103, 105, 107, 109, 127, 132,
 133, 136, 144, 145, 146, 148, 149, 150, 152, 153, 154, 155, 157, 158, 159, 160,
 161, 162, 163, 172, 173, 176, 178, 181, 185, 191, 234, 246, 249, 251, 263, 267,
 269, 270, 276, 282, 283, 284, 285, 288, 291, 293, 295, 296, 297, 300, 308, 310,
 311, 312, 314, 317, 318, 321, 323, 324, 332, 334, 336, 338, 356, 361, 362, 365,
 373, 374, 375, 377, 378, 379, 380, 381, 382, 384, 385, 386, 387, 388, 389, 390,
 397, 398, 400, 402, 405, 409, 415, 454, 466]
 - 索引 0: (315, 439)
 - 索引 7: (215, 293)
                           ...
```

上述程式第 29～35 列內容如下：

keypoint_sets = {
  "LIPS": mp_face_mesh.FACEMESH_LIPS,
  "LEFT_EYE": mp_face_mesh.FACEMESH_LEFT_EYE,
  "RIGHT_EYE": mp_face_mesh.FACEMESH_RIGHT_EYE,
  "IRISES": mp_face_mesh.FACEMESH_IRISES,
  "CONTOURS": mp_face_mesh.FACEMESH_CONTOURS
}

這些都是 MediaPipe 提供的已定義連線組（connections），每個「FACEMESH_*」是一組點之間的連線對（edge connections），用字典定義。經過第 41 列的集合處理，可以獲得每個臉部區域的 468 點索引值，因此上述程式可以列出每個關鍵臉部區域的點索引，上述索引點的數據，對於 MediaPipe Face Mesh 的應用很有幫助。

第 9 章

Face Mesh 的創意應用

9-1　　Face Mesh 的可能應用

9-2　　彩妝的應用

9-3　　人臉趣味變形 - 向右伸長的嘴角

9-4　　嘴唇動畫設計

第 9 章　Face Mesh 的創意應用

MediaPipe Face Mesh 透過高密度人臉關鍵點（468 點或更多）以及可能的 3D 座標輸出，能夠細膩地捕捉臉部表情與立體結構。這些資訊是許多創意應用的基石，可延伸至娛樂、醫療、安全、行銷等領域。

9-1　Face Mesh 的可能應用

MediaPipe Face Mesh 不僅可以用來偵測臉部關鍵點，還能應用於許多創意領域，例如 AR 效果、虛擬角色、情感分析 等。以下是一些創意應用，這些應用結合 Python + OpenCV + MediaPipe，可以實作許多有趣的功能！

- **AI 臉部濾鏡與虛擬化妝**
  - 應用場景
    - AR 濾鏡（如 Snapchat、Instagram）
    - 虛擬口紅、粉底、美妝應用
    - 即時變裝（戴假髮、變臉）
  - 如何實作？
    - 使用 Face Mesh 偵測嘴唇 (FACEMESH_LIPS) 和眼睛 (FACEMESH_LEFT_EYE、FACEMESH_RIGHT_EYE)。
    - 使用 OpenCV 調整顏色、套用口紅、眼影。
    - 在嘴唇區域填充紅色，眼影區域填充藍色，即可製作簡單的 虛擬化妝應用。
  - 相關技術
    - OpenCV cv2.fillPoly( ) 將嘴唇區域上色
    - cv2.GaussianBlur( ) 讓妝容更自然

- **AI 表情識別與情感分析**
  - 應用場景
    - 自動判斷使用者的情緒（開心、難過、驚訝）
    - 智慧客服（判斷客戶情緒）
    - 遊戲互動（NPC 根據玩家表情改變行為）

- 如何實作？
  - 偵測關鍵點變化
    - 嘴角上揚（微笑😀）
    - 眉毛抬高（驚訝😲）
    - 嘴巴張開（驚嚇😱）
  - 使用 numpy 計算特定關鍵點之間的距離變化。
  - 訓練 機器學習模型（SVM／CNN）來分類表情。
- 相關技術
  - OpenCV cv2.putText( ) 顯示偵測到的表情

❏ **AI 臉部變形（搞笑扭曲效果）**

- 應用場景
  - 搞笑相機（像 Funhouse 鏡子）
  - 即時濾鏡（扭曲嘴巴、放大眼睛）
  - 變形自拍（創造奇特的臉部效果）
- 如何實作？
  - 取得 Face Mesh 468 個關鍵點座標。
  - 讓嘴巴變大、眼睛放大，創造有趣的變形效果。
- 相關技術
  - cv2.warpAffine( ) 變形嘴巴
  - cv2.resize( ) 放大眼睛區域

❏ **虛擬角色面部動畫（VTuber & 虛擬形象）**

- 應用場景
  - VTuber 虛擬直播
  - 3D 動畫製作
  - 遊戲角色臉部動畫
- 如何實作？

第 9 章　Face Mesh 的創意應用

- 使用 Face Mesh 追蹤臉部關鍵點。
- 將關鍵點映射到 3D 角色（如 Unity / Blender）。
- 讓角色的嘴巴、眼睛、眉毛與真人同步動作！

● 相關技術
- Open3D 顯示 3D 人臉
- Unity / Unreal Engine 進行 VTuber 直播

❑ **虛擬眼鏡、面具 & AR 物件**

● 應用場景
- 虛擬眼鏡試戴
- 戴上數位面具
- VR / AR 頭盔模擬

● 如何實作？
- 使用 Face Mesh 取得眼睛、鼻樑、耳朵位置。
- 將眼鏡圖片或 3D 物件疊加在臉上。
- 可進一步應用在 眼鏡試戴、VR 頭盔偵測。

● 相關技術
- cv2.addWeighted( ) 疊加圖像
- OpenGL 顯示 3D 物件

❑ **AI 口型同步（Lip Sync）**

● 應用場景
- 動畫角色自動對嘴
- 卡通人物說話
- 語音助理視覺化

● 如何實作？
- 使用 Face Mesh 追蹤嘴巴關鍵點。
- 根據嘴巴的開合程度，調整動畫角色嘴型。

- 與 TTS（語音合成）結合，讓角色開口說話。
- 相關技術
  - pyttsx3 文字轉語音
  - Dlib + MediaPipe 追蹤嘴型

❏ AI 自動臉部對齊（校正傾斜的頭部）

- 應用場景
  - 自動校正歪斜的自拍
  - 人臉辨識前處理
  - 改善頭部追蹤精度
- 如何實作？
  - 透過 Face Mesh 獲取左右眼、嘴巴中心點。
  - 計算臉部傾斜角度，使用 OpenCV cv2.getRotationMatrix2D( ) 校正。
  - 輸出對齊後的臉部影像。
- 相關技術
  - cv2.warpAffine( ) 旋轉影像
  - numpy.linalg.norm( ) 計算角度

❏ AI 臉部老化 & 變年輕

- 應用場景
  - 模擬未來的自己
  - 回到童年時光
  - 遊戲角色年齡變化
- 如何實作？
  - 使用 Face Mesh 確定關鍵點。
  - 透過 GAN（生成對抗網路）來模擬年齡變化。
  - 讓臉部變老、變年輕，甚至變成卡通風格！
- 相關技術

第 9 章　Face Mesh 的創意應用

- StyleGAN 模擬年齡變化
- DeepFaceLab 進行換臉

❑ **AI 面部隱藏（馬賽克 & 模糊）**

- 應用場景
  - 隱藏身份（新聞 & 直播）
  - 隱私保護
  - 模糊處理敏感內容
- 如何實作？
  - 使用 Face Mesh 偵測臉部區域。
  - 使用 OpenCV cv2.GaussianBlur( ) 或 cv2.medianBlur( ) 模糊處理。
  - 可進一步加上 像素化（降低解析度後再放大）。
- 相關技術
  - cv2.GaussianBlur( ) 模糊
  - cv2.resize( ) 進行像素化

以上技術都可以結合 Python + OpenCV + MediaPipe 來開發，讓 AI 更有趣。

9-2　彩妝的應用

本節將介紹如何使用 MediaPipe 的 Face Mesh 模組與 OpenCV 進行臉部特徵點偵測，並利用影像處理技術來為嘴唇著色。運用 Face Mesh 精準定位嘴唇區域後，我們可以在圖片中自動為人臉上妝，達到擴增實境或虛擬化妝的視覺效果。這是許多臉部濾鏡、特效應用的基礎概念與技術。

程式實例 ch9_1.py：嘴唇化妝，這個程式的設計原理如下：

1. 透過 MediaPipe Face Mesh 偵測臉部關鍵點並取得嘴唇位置。
2. 使用 OpenCV 凸包 (cv2.convexHull) 找出嘴唇的邊緣輪廓。
3. 建立遮罩並填入較為飽和的唇彩色，最後將遮罩疊加到原始圖片中，產生化妝後的視覺效果。

```python
1   # ch9_1.py
2   import cv2
3   import mediapipe as mp
4   import numpy as np
5
6   # 初始化 MediaPipe Face Mesh
7   mp_face_mesh = mp.solutions.face_mesh
8
9   # 讀取圖片
10  image = cv2.imread("face.jpg")
11  original_image = image.copy()                           # 保留原始圖片
12  rgb_image = cv2.cvtColor(image, cv2.COLOR_BGR2RGB)      # BGR轉RGB
13
14  # 建立 Face Mesh 物件
15  with mp_face_mesh.FaceMesh(
16      static_image_mode=True,
17      max_num_faces=1,
18      refine_landmarks=True,
19      min_detection_confidence=0.5
20  ) as face_mesh:
21
22      results = face_mesh.process(rgb_image)              # 偵測人臉
23
24      if results.multi_face_landmarks:
25          for face_landmarks in results.multi_face_landmarks:
26              h, w, _ = image.shape
27
28              # 嘴唇索引
29              lips_idx = list(set([pt for connection in mp_face_mesh.FACEMESH_LIPS \
30                                   for pt in connection]))
31              lips_points = [face_landmarks.landmark[i] for i in lips_idx]
32
33              # 確保偵測到嘴唇
34              if len(lips_points) > 0:
35                  lips_coords = np.array([[int(p.x * w), int(p.y * h)] \
36                                          for p in lips_points], dtype=np.int32)
37
38                  # 建立嘴唇遮罩
39                  lips_mask = np.zeros_like(image)
40
41                  # 擴展嘴唇區域
42                  lips_hull = cv2.convexHull(lips_coords)
43
44                  # 疊加更亮的紅色
45                  cv2.fillPoly(lips_mask, [lips_hull], (0, 0, 255))
46
47                  # 疊加嘴唇顏色，增加透明度，讓嘴唇更飽和
48                  image = cv2.addWeighted(image, 1.0, lips_mask, 0.6, 0)
49              else:
50                  print("未偵測到嘴唇關鍵點")
51
52  # 顯示結果
53  cv2.imshow("Before Makeup", original_image)             # 化妝前
54  cv2.imshow("After Makeup (Smoothed)", image)            # 化妝後
55  cv2.waitKey(0)
56  cv2.destroyAllWindows()
```

執行結果

執行後，可以在上方左圖看到「上妝前」，上方右圖看到「上妝後」的臉部對照效果。

上述程式重點流程的中文說明如下：

- 取得偵測結果後，程式先透過 mp_face_mesh.FACEMESH_LIPS 取得嘴唇區域對應的關鍵點索引 lips_idx，可參考第 29 ~ 30 列。並將其轉換成可用的像素座標陣列 lips_coords，可參考第 35 ~ 36 列。
- 使用這些座標建立嘴唇的凸包區域 (cv2.convexHull)，並產生一個全黑的遮罩 lips_mask。接著在這個遮罩上，將凸包區域填滿紅色 (0, 0, 255)。這個紅色代表加強後的「唇彩」顏色。可以參考第 39 ~ 45 列。
- 再使用 cv2.addWeighted() 方式，將此紅色遮罩依指定透明度 (這裡是 0.6) 疊加回原圖，達到為嘴唇「上色」的效果，可參考第 58 列。
- 最後將上色前 (original_image) 與上色後 (image) 的結果分別顯示在視窗中，可參考第 53 ~ 54 列。

總結而言，這份程式的主要目的是偵測臉部嘴唇區域並上色，透過紅色遮罩加深嘴唇飽和度，達成「化妝」效果。這是基本的臉部特徵偵測與影像處理範例，可以輕易地延伸到更多彩妝，例如：美妝濾鏡、虛擬試妝等特效應用上。

9-3 人臉趣味變形 - 向右伸長的嘴角

本小節中，將透過 MediaPipe Face Mesh 及 OpenCV 進行臉部嘴唇的偵測與誇張拉伸。這種臉部變形效果常應用於搞笑濾鏡或深度人臉特效中，可以讓圖片中的人物

9-3 人臉趣味變形 - 向右伸長的嘴角

擁有誇張的表情。藉由偵測臉部特定區域 (如嘴巴) 並進行仿射變換，我們可將整個嘴角向外擴張，提高趣味性，也讓學習者實際體驗人臉關鍵點偵測與圖像形變之間的結合。

程式實例 ch9_2.py：人臉趣味變形－誇張嘴角拉伸設計。這個程式的設計原理如下：

1. 偵測圖片中人物的嘴巴區域。
2. 計算該區域的外接矩形 (Bounding Rect)，並擷取出嘴巴影像。
3. 使用仿射變換將嘴角向外拉伸 100 像素，製造出搞笑誇張的效果。
4. 透過 cv2.seamlessClone 將拉伸後的嘴巴平滑貼回原圖，確保貼合效果自然，不產生明顯的接縫。

```python
1   # ch9_2.py
2   import cv2
3   import mediapipe as mp
4   import numpy as np
5
6   # 初始化 MediaPipe Face Mesh
7   mp_face_mesh = mp.solutions.face_mesh
8
9   ## 讀取圖片
10  image = cv2.imread("man.jpg")
11  original_image = image.copy()                           # 保留原始圖片
12  rgb_image = cv2.cvtColor(image, cv2.COLOR_BGR2RGB)      # BGR轉RGB
13
14  # 建立 Face Mesh 物件
15  with mp_face_mesh.FaceMesh(
16      static_image_mode=True,
17      max_num_faces=1,
18      refine_landmarks=True,
19      min_detection_confidence=0.5
20  ) as face_mesh:
21
22      # 偵測人臉
23      results = face_mesh.process(rgb_image)
24
25      if results.multi_face_landmarks:
26          for face_landmarks in results.multi_face_landmarks:
27              h, w, _ = image.shape
28
29              # 嘴唇索引
30              lips_idx = list(set([p for conn in mp_face_mesh.FACEMESH_LIPS \
31                                   for p in conn]))
32              lips_points = np.array([[int(face_landmarks.landmark[i].x * w),
33                                       int(face_landmarks.landmark[i].y * h)] \
34                                      for i in lips_idx], np.int32)
35
36              # 確保偵測到嘴唇
37              if len(lips_points) > 0:
38                  lips_hull = cv2.convexHull(lips_points)    # 讓嘴巴區域更完整
```

9-9

第 9 章　Face Mesh 的創意應用

```
39
40                     # 找出嘴巴的範圍
41                     x, y, w, h = cv2.boundingRect(lips_hull)
42
43                     # 擷取嘴巴區域
44                     lips_roi = image[y:y+h, x:x+w].copy()
45
46
47                     # 原始嘴巴三點
48                     src_pts = np.float32([[0, 0], [w, 0], [w//2, h//2]])
49                     # 讓嘴角向外拉伸 100px
50                     dst_pts = np.float32([[0, 0], [w + 100, 0], [w//2, h//2]])
51
52                     # 設定仿射變換來誇張拉伸嘴角
53                     M = cv2.getAffineTransform(src_pts, dst_pts)
54                     lips_transformed = cv2.warpAffine(lips_roi, M, (w + 100, h))
55
56                     # 限制嘴巴變形範圍
57                     new_w = min(w + 100, image.shape[1] - x)
58
59                     # 建立遮罩
60                     mask = np.zeros((h, new_w), dtype=np.uint8)
61                     # 確保 mask 與變形嘴巴對應
62                     cv2.fillConvexPoly(mask, lips_hull - [x, y], 255)
63
64                     # 使用 cv2.seamlessClone()讓嘴巴平滑融合**
65                     x_center, y_center = x + new_w // 2, y + h // 2
66                     image[y:y+h, x:x+new_w] = cv2.seamlessClone(lips_transformed,
67                                                 image[y:y+h, x:x+new_w], mask,
68                                                 (new_w//2, h//2), cv2.NORMAL_CLONE)
69                 else:
70                     print("未偵測到嘴唇關鍵點")
71
72      # 顯示變形前後的圖片
73      cv2.imshow("Before (Original)", original_image)
74      cv2.imshow("After (Funny Face)", image)
75      cv2.waitKey(0)
76      cv2.destroyAllWindows()
```

執行結果

上述右邊圖像可以看到嘴角向右延伸的效果，原理是將變形過的區域與原始圖像融合，達到「以假亂真」的視覺效果。本程式設計的重點流程與原理如下：

- 用 MediaPipe Face Mesh 偵測臉部，並取得該臉部的 468 個特徵點座標。透過 mp_face_mesh.FACEMESH_LIPS 取得嘴唇對應的索引，進而從結果中篩選出嘴唇的關鍵點並組成 lips_points。

- 計算嘴巴範圍與擷取 ROI
  - 對 lips_points 進行凸包運算 (cv2.convexHull)，得到更完整的嘴唇輪廓。
  - 使用 cv2.boundingRect 取得該凸包的最小外接矩形 (x, y, w, h)，並將該區域從原圖中擷取出來成為 lips_roi。

- 仿射變換 (Affine Transform) 的應用
  - 原程式設定三個控制點 (src_pts)，代表嘴巴影像 (ROI) 左上角、右上角及中間偏下的位置。
  - 透過 dst_pts 把右上角向外（水平）推移 100 像素，製造「嘴角向外擴張」的效果。
  - 使用 cv2.getAffineTransform 取得變換矩陣 M，再搭配 cv2.warpAffine 執行形變，最終得到 lips_transformed。

- 建構遮罩並限制變形範圍
  - 為了確保只影響嘴巴區域，先建立一個與變形後寬度相符的黑色遮罩 mask。
  - 使用 cv2.fillConvexPoly 在遮罩上畫出嘴唇凸包，將屬於嘴唇範圍的像素填入白色。
  - 同時為了避免超出圖片邊界，會用 min(w + 100, image.shape[1] - x) 將拉伸後的寬度 new_w 做限制。

- 使用 Seamless Clone 進行平滑合成
  - 最後透過 cv2.seamlessClone，將 lips_transformed 與遮罩一同疊加到原圖相同區域，產生平滑的融合效果。
  - 這能避免單純 addWeighted 疊圖時可能出現的邊緣接縫或顏色差異，使最終結果更自然。

❑ **cv2.seamlessClone 函數概述**

OpenCV 提供的 cv2.seamlessClone( ) 是用來執行「無縫接合 (Poisson Blending)」的函數。其目的在於將一張「前景圖 (source)」貼到「背景圖 (destination)」時，能盡量消除拼貼邊界，使前景與背景之間的銜接變得自然平滑，例如人臉特效中的嘴唇替換、貼紙在臉上的融合等。其語法如下：

output = cv2.seamlessClone(src, dst, mask, center, flags)

上述各參數意義如下：

- src：來源影像 (前景圖)。通常是要貼到背景上的部分，最好與 mask 尺寸相同。
- dst：目標影像 (背景圖)。最終會在這張影像上融合「前景」。
- mask：
  - 遮罩 (單通道 8 位元灰度圖)。使用白色 (255) 區域表示要貼上的前景區塊，黑色 (0) 區域則表示忽略。
  - 通常可用 cv2.fillConvexPoly( ) 或其他方式把需要融合的區域填成白色。
- center
  - 指定前景貼到背景的中心位置 (x, y) 座標。這個座標是相對於 dst (背景圖) 的左上角來計算。
  - 例如 (100, 100) 代表要將前景的中間對準背景圖上 (100,100) 的位置。
- Flags：決定融合方式的參數，常用的有三種：
  - **cv2.NORMAL_CLONE**：標準的 Poisson Blending。
  - **cv2.MIXED_CLONE**：在前景與背景邊緣細節交界時會混合更多背景資訊，常用於修補材質或紋理。
  - **cv2.MONOCHROME_TRANSFER**：傾向保留背景的色彩風格，同時轉移前景形狀 (較少使用)。

最終函數會回傳一張與 dst 大小相同的影像，但已經將前景平滑地融合進去。

9-4 唇語動畫設計

在許多影音與多媒體應用中,「唇語」或「嘴唇動態」的設計經常被運用在虛擬角色、卡通動畫、特效影片的製作上。透過人臉關鍵點偵測與影像處理技術,可以在靜態圖片上自動擷取嘴唇區域並做上下開合的變形,模擬出類似「說話」的動作。即使沒有真實的語音資料,這種「假說話」效果仍能增添趣味性與視覺吸引力。

本節將帶領讀者瞭解如何運用 MediaPipe Face Mesh 偵測嘴唇所在的位置,並結合 OpenCV 的影像合成技巧,在原圖上動態生成嘴唇的開合動畫,進而輸出成一段「唇語影片」。即使只是簡單的上下平移,也能讓嘴巴看起來更具生命力。若進一步配合更精細的 Landmark 變形或聲音分析,未來還能拓展為更逼真的口型同步系統。

程式實例 ch9_3.py:設計程式透過 MediaPipe Face Mesh 偵測人臉嘴唇位置,再使用 OpenCV 技術將嘴唇區域做上下平移,模擬「張嘴一閉嘴」的動作。整合這些單張影像後,程式最終輸出約 10 秒鐘、30 FPS 的 lips_video.mp4 影片,以深紅顏色 (BGR(14,14,74)) 表示嘴腔內部。整體而言,這個程式可視為「假說話」或「唇語」影片製作的基礎範例。

```python
1   # ch9_3.py
2   import cv2
3   import mediapipe as mp
4   import numpy as np
5   import math
6
7   # 簡易範圍函數,用於避免索引超出上下邊界
8   def clamp(val, min_val, max_val):
9       return max(min_val, min(val, max_val))
10
11  # 初始化 MediaPipe Face Mesh
12  mp_face_mesh = mp.solutions.face_mesh
13  # 讀取圖片
14  image = cv2.imread("jk.jpg")
15  original_image = image.copy()                           # 保留原始圖片
16  rgb_image = cv2.cvtColor(image, cv2.COLOR_BGR2RGB)      # BGR轉RGB
17  H, W, _ = image.shape                                   # 圖片寬與高
18
19  # 建立 Face Mesh 物件
20  with mp_face_mesh.FaceMesh(
21      static_image_mode=True,                             # 靜態圖模式
22      max_num_faces=1,                                    # 只偵測一張臉
23      refine_landmarks=True,    # 更細緻的關鍵點,包含嘴唇、眼睛等
24      min_detection_confidence=0.5                        # 偵測閾值
25  ) as face_mesh:
26
27      results = face_mesh.process(rgb_image)              # 臉部偵測
28      if not results.multi_face_landmarks:
29          print("未偵測到人臉或嘴唇")
```

```python
30          exit()
31
32      face_landmarks = results.multi_face_landmarks[0]    # 取第一張臉
33      # 透過 mp_face_mesh.FACEMESH_LIPS 可取得嘴唇區域關鍵點
34      lips_idx = list(set([p for conn in mp_face_mesh.FACEMESH_LIPS \
35                          for p in conn]))
36
37      # 依照索引, 提取嘴唇對應的 (x, y) 像素座標
38      lips_points = np.array([
39          [int(face_landmarks.landmark[i].x * W),
40           int(face_landmarks.landmark[i].y * H)]
41          for i in lips_idx
42      ], dtype=np.int32)
43
44      # 計算嘴唇凸包 (避免缺漏) 與最小外接矩形
45      lips_hull = cv2.convexHull(lips_points)
46      x_, y_, w_, h_ = cv2.boundingRect(lips_hull)
47
48      # 擷取嘴巴對應的 ROI (Region of Interest), 從 (x_, y_) 開始,尺寸 w_ x h_
49      lips_roi = image[y_ : y_ + h_, x_ : x_ + w_].copy()
50
51      # 設定動畫參數
52      total_duration_sec = 10                      # 動畫長度 10 秒
53      fps = 30                                     # 每秒 30 張
54      total_frames = total_duration_sec * fps      # 總影格數 = 300
55
56      # cycle_count = 5 表示在 10 秒裡做 5 次完整開-合
57      cycle_count = 5
58
59      frames = []                                  # 用來暫存每張影格
60      # 產生每一張影格
61      for frame_idx in range(total_frames):
62          # 先複製一張 background frame, 之後會貼回嘴唇
63          frame = original_image.copy()
64
65          # 使用 sin() 函數做嘴唇週期開合, t 從 0 ~ 2pi * cycle_count
66          t = (2 * math.pi * cycle_count) * (frame_idx / total_frames)
67          # 將 sin(t) (範圍 -1~1) 轉成 0~1, 方便後續插值
68          mouth_open_factor = (math.sin(t) + 1) / 2
69
70          # 這裡設定上下移動距離dist, 數值越大, 開合越明顯
71          dist = 4
72          move_dist = int(dist * mouth_open_factor)
73
74          # 複製一份 lips_roi 供本次影格操作
75          lips_anim = lips_roi.copy()
76
77          # 上下唇分割 (上唇: [0:h_//2], 下唇: [h_//2:h_])
78          upper_part = lips_anim[0 : h_ // 2, :]
79          lower_part = lips_anim[h_ // 2 : h_, :]
80
81          # 設定口腔顏色(非嘴唇部分),深紅 BGR(14,14,74), 可自訂其他暗色
82          mouth_bg_color = (14, 14, 74)
83          # 建立一個與 lips_anim 同尺寸, 通道的陣列, 全部填入 mouth_bg_color
84          transformed = np.full_like(lips_anim, mouth_bg_color, dtype=np.uint8)
85
86          # 上半唇往上移
```

```python
 87            upper_h = upper_part.shape[0]                    # (h_//2)
 88            dest_top = 0 - move_dist                         # 上唇目標起始索引
 89            dest_bottom = dest_top + upper_h
 90
 91            # clamp 到 [0, h_]
 92            dest_top_c = clamp(dest_top, 0, h_)
 93            dest_bottom_c = clamp(dest_bottom, 0, h_)
 94
 95            # 計算對應到 upper_part 的來源範圍
 96            source_start = dest_top_c - dest_top
 97            source_end = source_start + (dest_bottom_c - dest_top_c)
 98            source_end = clamp(source_end, 0, upper_h)
 99
100            # 若有有效範圍，避免出界或負數
101            if dest_bottom_c > dest_top_c and source_end > source_start:
102                part_to_copy = upper_part[source_start : source_end, :]
103                transformed[dest_top_c : dest_bottom_c, :] = part_to_copy
104
105            # 下半唇往下移
106            lower_h = lower_part.shape[0]
107            dest_top_2 = (h_ // 2) + move_dist               # 下唇目標起始索引
108            dest_bottom_2 = dest_top_2 + lower_h
109
110            # clamp 到 [0, h_]
111            dest_top_2_c = clamp(dest_top_2, 0, h_)
112            dest_bottom_2_c = clamp(dest_bottom_2, 0, h_)
113
114            source_start_2 = dest_top_2_c - dest_top_2
115            source_end_2 = source_start_2 + (dest_bottom_2_c - dest_top_2_c)
116            source_end_2 = clamp(source_end_2, 0, lower_h)
117
118            if dest_bottom_2_c > dest_top_2_c and source_end_2 > source_start_2:
119                part_to_copy_2 = lower_part[source_start_2 : source_end_2, :]
120                transformed[dest_top_2_c : dest_bottom_2_c, :] = part_to_copy_2
121
122            # 使用遮罩將該「上下唇 + 口腔」融合回原圖
123            # 建立單通道 mask (h_, w_) 大小，只填嘴唇凸包範圍為 255
124            mask = np.zeros((h_, w_), dtype=np.uint8)
125            # lips_hull 是相對整張圖，減去 (x_, y_) 後相對 ROI 原點
126            local_hull = lips_hull - [x_, y_]
127            cv2.fillConvexPoly(mask, local_hull, 255)
128
129            # 轉為三通道 (與 transformed 同維度)
130            mask_3 = cv2.merge([mask, mask, mask])
131            # 反向遮罩，用於保留原背景
132            mask_inv = cv2.bitwise_not(mask_3)
133
134            # 先取出原圖要貼合的區域 (背景)
135            roi_bg = frame[y_ : y_ + h_, x_ : x_ + w_]
136            # 在唇外部 (mask_inv) 保留原圖
137            roi_bg_masked = cv2.bitwise_and(roi_bg, mask_inv)
138            # 在唇內部 (mask_3) 顯示 transformed
139            roi_fg = cv2.bitwise_and(transformed, mask_3)
140            # 將兩者加起來，實現嘴唇區域的貼合
141            result = cv2.add(roi_bg_masked, roi_fg)
142            frame[y_ : y_ + h_, x_ : x_ + w_] = result
143            # 將完成的影格加入串列
144            frames.append(frame)
145
```

第 9 章　Face Mesh 的創意應用

```
146  # 輸出 MP4 影片
147  fourcc = cv2.VideoWriter_fourcc(*"mp4v")
148  out = cv2.VideoWriter("lips_video.mp4", fourcc, fps, (W, H))
149  for f in frames:
150      out.write(f)
151  out.release()
152  print("唇語影片輸出完成: lips_video.mp4")
```

執行結果

下列針對程式的重點做解說：

❏ 取得嘴唇索引、計算凸包與外接矩形（第 32～46 列）

- face_landmarks = results.multi_face_landmarks[0]
  - 偵測結果可能包含多張臉 (視 max_num_faces 而定)，這裡只取第一張臉的 Landmark 資料。

- mp_face_mesh.FACEMESH_LIPS
  - MediaPipe 提供的嘴唇索引群組，能快速取得位於嘴唇周圍的關鍵點 index。

- lips_idx
  - 先將所有連線 (conn) 取出的 index (p) 加入一個 list，然後用 set 去除重複值，最後轉成 list。
  - 得到一批「嘴唇區域」所需的 landmark 索引。

- lips_points
  - 用 list comprehension，將每個索引對應的 landmark 取出其 x,y，並乘以 W,H 轉成絕對像素座標後，存成二維陣列。

- lips_hull = cv2.convexHull(lips_points)
  - 計算嘴唇區域的凸包，確保嘴唇邊緣連成光滑曲線。
- x_, y_, w_, h_ = cv2.boundingRect(lips_hull)
  - 將嘴唇凸包外接成最小矩形，得到 (x_, y_) 為起點，w_ 與 h_ 為寬與高，便於後續 ROI 擷取。

❏ **擷取 ROI，設定動畫參數，計算總影格數（第 48～59 列）**
- lips_roi = image[y_:y_+h_, x_:x_+w_].copy( )
  - 根據前面計算出的外接矩形，將嘴唇區域從原圖中切割下來存成一個 ROI (Region of Interest)，之後要在這塊 ROI 上做動畫處理。
- total_duration_sec = 10、fps = 30、total_frames = 300
  - 設定要輸出的影片長度 10 秒，每秒 30 幀，所以共要產生 300 張影格。
- cycle_count = 5
  - 在這 10 秒內，安排做 5 次完整的「嘴唇張開—閉合」週期。
- frames = [ ]
  - 建立一個空 list，後面會將每張生成的動態影格 (frame) 放進去，最終再一次性輸出為影片。

❏ **影格生成：計算嘴巴開合、上下平移（第 61～72 列）**
- for frame_idx in range(total_frames):
  - 從 0 到 299，共要生成 300 張影格。
- frame = original_image.copy( )
  - 每次產生新影格時，都先複製一份「乾淨的原圖」；最後把做完的嘴唇貼回這張 frame。
- t = (2 * math.pi * cycle_count) * (frame_idx / total_frames)
  - 令 t 在 0 到 2pi × cycle_count 之間等比例增加，實作 5 次完整週期 (因 cycle_count=5) 的正弦變化。
- mouth_open_factor = (math.sin(t) + 1) / 2
  - sin(t) 從 -1～1 => 轉成 0～1 的比例，利於控制平移量。

- dist = 4，move_dist = int(dist * mouth_open_factor)
  - 設定一個最大距離 (4)，配合 sin 值計算當前影格要把嘴唇上下移動多少像素。

❏ **對 lips_roi 進行上、下唇分割，並在底色上貼合（第 75～84 列）**
- lips_anim = lips_roi.copy( )
  - 為了這張影格的操作，先複製一份原本的嘴唇 ROI。
- upper_part、lower_part
  - 利用高的一半 (h_//2)，分別切出上半唇、下半唇的區塊。
- mouth_bg_color = (14,14,74)
  - 設定口腔底色 (暗紅)，若嘴唇打開，就能看見此底色。
- transformed = np.full_like(lips_anim, mouth_bg_color, dtype=np.uint8)
  - 建立與 lips_anim 同大小的圖像，但填滿暗紅色 (14,14,74)。
  - 之後，只有上、下唇區域會被貼回原本的嘴唇像素，其餘維持暗紅色 => 顯示嘴巴內部。

❏ **上唇往上移、下唇往下移（第 86～120 列）**

這段程式將分為上下兩部分來看：

(A) 上唇往上移

- 計算上唇移動後的目標位置
  - dest_top = 0- move_dist (上方從 0 索引往上移多少)
  - dest_bottom = dest_top + upper_h (貼完之後的結尾)
- 使用 clamp 避免越界
  - dest_top_c = clamp(dest_top, 0, h_)
  - dest_bottom_c = clamp(dest_bottom, 0, h_)
  - 這裡用來確保貼回索引不會超出 0～h_ 範圍。
- 對應來源片段
  - source_start = dest_top_c- dest_top
  - source_end = source_start + (dest_bottom_c- dest_top_c)

- 再 clamp 到 [0, upper_h]，確保不會超出上唇區塊本身大小。
- 將上唇區域拷貝到 transformed
  - 若範圍有效，取 upper_part[source_start : source_end] 拷貝到 transformed [dest_top_c : dest_bottom_c]。
  - 上半區完成。

(B) 下唇往下移

- 原理跟上唇同樣，只是目標位置從 (h_//2) + move_dist 開始。
- 透過 clamp 避免貼到 ROI 下方越界；對應後再貼進 transformed 的指定區段。
- 完成後，transformed 就是一張「上唇往上、下唇往下」的嘴唇合成圖，中間維持暗紅背景。

❑ 使用遮罩疊回原圖 (bitwise 運算)（第 122～144 列）

- mask = np.zeros((h_, w_), dtype=np.uint8)
  - 建立一張單通道 (灰度) 遮罩，大小與 lips_roi 相同。
- local_hull = lips_hull - [x_, y_]
  - 原本 lips_hull 是整張圖上的絕對座標，將其平移到 ROI 區域 (左上角為 (0,0))。
- cv2.fillConvexPoly(mask, local_hull, 255)
  - 在遮罩上把嘴唇凸包範圍填成白色 (255)，代表要顯示的區域；其餘為 0，代表不顯示。
- mask_3 = cv2.merge([mask, mask, mask])、mask_inv = cv2.bitwise_not(mask_3)
  - 轉成三通道遮罩，並做相反遮罩 (invert)；之後一個用於保留原背景，一個用於貼合新嘴唇。
- roi_bg = frame[y_:y_+h_, x_:x_+w_]
  - 從原圖 (frame) 中擷取同樣大小的區域 (ROI) 作為背景。
- roi_bg_masked = cv2.bitwise_and(roi_bg, mask_inv)
  - 在唇外 (黑色部分於 mask_3) 保留原圖，保證臉部其他區域不受影響。

- roi_fg = cv2.bitwise_and(transformed, mask_3)
  - 在唇內 (白色部分於 mask_3) 顯示剛才做好的 transformed (上下唇 + 暗紅口腔)。
- result = cv2.add(roi_bg_masked, roi_fg)
  - 將兩者加起來，得到合成後的最終嘴唇區塊。
- frame[y_:y_+h_, x_:x_+w_] = result
  - 把合成後的嘴唇區域貼回原圖 frame，完成當前影格製作。
- frames.append(frame)
  - 將本影格存入 frames 陣列，以便最後輸出成影片。

❏ 總結

這個程式是示範從偵測、分割、形變到輸出影片的完整流程。

- 此程式先透過 MediaPipe Face Mesh 精準取得嘴唇區域，再以 OpenCV 做上下分割與平移，製造簡易「開—合」動畫。
- 透過 sin() 函式實作週期性控制，讓嘴巴在 10 秒內完成多次開合週期。
- 運用 bitwise 運算與遮罩技術，只對嘴唇區域進行改動，保留臉部其他細節不變。
- 最終以 VideoWriter 將所有影格合成 MP4 影片，可觀察到嘴巴開閉動態並以暗紅底色呈現口腔區域。
- 這是一個基礎範例，若想更接近真正「唇語」，可進一步用更多 Landmark 或 AI 模型進行嘴型控制。

第 10 章

MediaPipe Hands手勢偵測

10-1　初探 MediaPipe Hands 模組

10-2　偵測手語繪製關節

10-3　專題實作 - 剪刀、石頭與布

第 10 章　MediaPipe Hands 手勢偵測

在影像處理與電腦視覺領域，要能夠「即時」且「精準」地辨識手勢，一直是個充滿挑戰的課題。傳統方法往往要用色彩閾值、輪廓偵測或背景去除等複雜流程，還得不斷微調光線與參數，才能大致偵測出手部位置。若再要求判別指頭角度或手勢，開發成本更是居高不下。

MediaPipe Hands 的出現，為此提供了一條高效穩定的解決方案。透過 Google 內部研究累積的深度學習模型與精巧的管線設計，開發者在 Python 環境中只需少量程式碼，就能同時偵測多隻手、定位 21 個關節座標，甚至判斷出手指彎曲角度。無論是要用於簡單的「剪刀、石頭、布」遊戲，或是更進階的手語辨識、手勢交互控制，都能在短時間內完成初步雛形。

在本章，你將了解 MediaPipe Hands 的運作機制與主要組件，包括：

- 深度學習背後的兩階段偵測流程：手掌區域鎖定 (Palm Detection) 與手指關節推論 (Hand Landmark Model)。
- 關節座標 (Landmarks) 的意義：如何使用這些正規化座標去做基本的手指伸直判斷。
- 程式實例與應用：從最基本的單張圖片骨架繪製，到以攝影機即時辨識「剪刀、石頭、布」手勢，幫你奠定扎實的實作基礎。

本章的目標在於幫助你用最少的程式量，就能做出富有互動感且能適應多變環境的手勢應用。透過 MediaPipe Hands，你會更直觀地體會深度學習如何簡化傳統影像處理的複雜度，也能在後續開發中，將手勢辨識融入更多創新專案。準備好與 AI 視覺攜手，開啟這趟有趣的手勢之旅吧！

10-1　初探 MediaPipe Hands 模組

在之前的章節，讀者已熟悉了使用 OpenCV 進行影像讀取、顯示及進階的圖像操作技巧。現在，我們要進一步探討如何借助 MediaPipe Hands 來達成更複雜的手勢偵測功能。相較於傳統方法需要自己編寫判斷手形的邏輯或大量參數微調，MediaPipe Hands 直接使用深度學習模型，能在各種背景與光線條件下都保持良好魯棒性 (Robustness)。

10-1-1　MediaPipe Hands 功能概覽

　　MediaPipe Hands 結合「手掌偵測 (Palm Detection)」與「手指關節預測 (Hand Landmark Model)」兩大卷積神經網路 (CNN, Convolutional Neural Network) 模型，能即時辨識手掌位置並標出 21 個手部關節點。下圖為官方提供的功能示意：

MediaPipe Hands 的特色與優勢如下：

- 即時偵測與追蹤：透過兩階段 CNN 模型，能夠在一般電腦或行動裝置上流暢運行。
- 多手支援：可設定 max_num_hands 以偵測一隻或多隻手，同時輸出各自的關節位置。
- 高準確度：在背景複雜、光線多變的條件下也能維持良好穩定度。
- 易於整合：官方釋出了 Python 與 C++ 的 API，可與 OpenCV、TensorFlow 等深度學習或影像處理工具搭配。

10-1-2　21 個關鍵點的座標定義與排列

　　偵測到手部後，MediaPipe Hands 會輸出一組「21 個關節座標」。為了幫助讀者可視化這些關節點分布，請參考下圖：

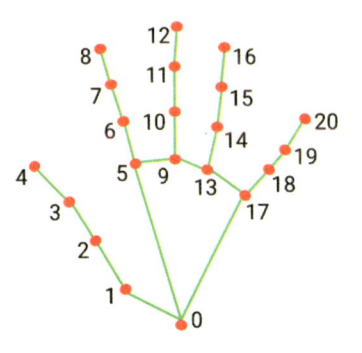

第 10 章　MediaPipe Hands 手勢偵測

```
 0. WRIST                11. MIDDLE_FINGER_DIP
 1. THUMB_CMC            12. MIDDLE_FINGER_TIP
 2. THUMB_MCP            13. RING_FINGER_MCP
 3. THUMB_IP             14. RING_FINGER_PIP
 4. THUMB_TIP            15. RING_FINGER_DIP
 5. INDEX_FINGER_MCP     16. RING_FINGER_TIP
 6. INDEX_FINGER_PIP     17. PINKY_MCP
 7. INDEX_FINGER_DIP     18. PINKY_PIP
 8. INDEX_FINGER_TIP     19. PINKY_DIP
 9. MIDDLE_FINGER_MCP    20. PINKY_TIP
10. MIDDLE_FINGER_PIP
```

上圖是官方 Hands 模組文件中的示意圖 - 手部 21 個關鍵點示意圖：

- 圖中標示每個 Landmark 的編號 (0～20)，並以線條連接成骨架形式。
- Landmark 0 是手腕 (Wrist)，Landmark 4 是拇指指尖 (Thumb Tip)，Landmark 8 是食指指尖 (Index Finger Tip)，以此類推。

依據官方定義，每個 Landmark 皆具備 (x, y, z) 三個維度資訊：

- x, y：通常為正規化的座標在 0～1 間，以影像左上為 (0, 0)，右下為 (1, 1)。
- z：相對深度，負值表示距離攝影機更近；正值則更遠（此值在 2D 應用中較少用到）。

下表列出 Landmark 編號與對應的手指 / 關節名稱，供參考：

Landmark	名稱	位置描述
0	Wrist	手腕
1	Thumb CMC	拇指掌腕關節 (接近手掌中心)
2	Thumb MCP	拇指掌指關節
3	Thumb IP	拇指指間關節
4	Thumb Tip	拇指指尖
5	Index Finger MCP	食指掌指關節
6	Index Finger PIP	食指近端指節 (近指關節)
7	Index Finger DIP	食指遠端指節 (遠指關節)
8	Index Finger Tip	食指指尖
9	Middle Finger MCP	中指掌指關節
10	Middle Finger PIP	中指近端指節
11	Middle Finger DIP	中指遠端指節

Landmark	名稱	位置描述
12	Middle Finger Tip	中指指尖
13	Ring Finger MCP	無名指掌指關節
14	Ring Finger PIP	無名指近端指節
15	Ring Finger DIP	無名指遠端指節
16	Ring Finger Tip	無名指指尖
17	Pinky MCP	小指掌指關節
18	Pinky PIP	小指近端指節
19	Pinky DIP	小指遠端指節
20	Pinky Tip	小指指尖

10-1-3 如何判斷手勢

拿到 21 個關節點後，我們就能對手勢做出更進一步的理解或分類。基本的判斷思路通常為：

❑ **判斷手指是否「伸直」或「彎曲」**

- 例如以 y 座標（或 z 座標）比較指尖 (Tip) 與 PIP、MCP 等關節的上下 / 前後位置。
- 若指尖位置「高於」(y 更小) MCP 關節，則可視為「伸直」。若更接近掌心，可視為「彎曲」。

❑ **計算伸直手指數量**

- 「剪刀、石頭、布」即是一種簡化邏輯：
  - 石頭 (Rock)：0 指伸直。
  - 剪刀 (Scissors)：2 指伸直（通常為食指、中指）。
  - 布 (Paper)：5 指伸直。
- 亦可搭配簡單的布林值陣列（如 [拇指, 食指, 中指, 無名指, 小指]），來一眼判斷哪幾根手指是伸直的。

❑ **自訂更多複雜手勢**

想要加入「OK 手勢」、「讚 (Thumb up)」、「愛心手勢」等，可將 21 點 (x, y) 作進一步角度或距離計算，甚至餵進機器學習分類器，訓練出專屬的手勢偵測器。

10-2　偵測手語繪製關節

在正式介紹剪刀、石頭與布專題前,筆者想先介紹 MediaPipe 模組的關鍵語法,方便讀者未來可以很快了解專題程式的內容。

10-2-1　初始化 MediaPipe Hands 物件

偵測手勢前,常會用下列指令初始化 MediaPipe Hands 物件。

```
import mediapipe as mp
    ...
mp_hands = mp.solutions.hands
```

有了初始化 mp_hands 物件後,可以使用 mp_hands.Hands( ) 建立一個 Hands 物件,常見用法如下:

```
with mp_hands.Hands(
    static_image_mode=False,
    max_num_hands=1,
    min_detection_confidence=0.5,
    min_tracking_confidence=0.5
) as hands:
    ...
```

在這幾列指令,我們透過 mp_hands.Hands(...) 建立一個 Hands 物件,名稱是 hands,常見的參數有:

- static_image_mode (預設 False)
  - False:表示輸入的是連續影像 (Video Stream),模型會做 Tracking(追蹤),並在後續影像中自動更新位置。
  - True:表示要偵測單張靜態影像,每次都重新偵測,適用於批次圖片或照片處理(但效能略低)。
- max_num_hands:預設是 2,指定最多要同時偵測幾隻手。若只想偵測單手,設 1 即可。
- min_detection_confidence (預設 0.5)

- 當模型第一次偵測手部時,需要達到這個信心水準才判定「偵測成功」。
- 數值越高,誤偵測率會下降,但也會增加漏偵測的機率。

● min_tracking_confidence (預設 0.5)
- 當已經偵測到手之後,模型使用追蹤機制來更新手部位置,這是追蹤階段的信心水準門檻。
- 同樣地,數值越高表示要更確定才會更新位置,但過高可能導致跳動或忽略部分動作。

10-2-2　hands.process( ) 函數用法

建立手勢偵測器物件 hands。然後,你就能呼叫這個 hands 物件的 process( ) 方法,將想要偵測的影像資料(例如一幀攝影機畫面)送進去。程式碼中常見的寫法如下:

results = hands.process(frame_rgb)

● frame_rgb:表示一張 RGB 色彩空間的影像 (Python numpy 陣列),通常是從 OpenCV 擷取的 BGR 影像經過 cv2.cvtColor(frame, cv2.COLOR_BGR2RGB) 轉換而來。

● hands.process(...):會將該影像送入 MediaPipe Hands 的手勢偵測流程,包括手掌偵測(Palm Detection)和手指關節 (Landmark) 預測。

● results:是一個 mediapipe.python.solution_base.SolutionOutputs 型別的物件,內含本次偵測到的相關結果(例如手部的關節座標),供後續使用。

❏ 執行流程與內部機制

● 手掌偵測 (Palm Detection):深度學習模型首先在輸入影像中嘗試找到「手掌」所在位置,輸出其邊界框或區域範圍。

● 關節預測 (Hand Landmark Model):
- 接著,另一個模型會在已找到的手掌區域內,推論 21 個手指關節 (Landmark) 的 (x, y, z) 座標。
- 如果偵測到多隻手(以 max_num_hands 為上限),則會輸出對應手數量的關節資訊。

第 10 章　MediaPipe Hands 手勢偵測

　　這些動作都在 hands.process(frame_rgb) 中自動進行。開發者不需要自行處理或調參數給模型，MediaPipe 已經封裝好流程。

❏ results 物件內容

呼叫完成後，results 中會包含多個屬性，最常用的是：

- results.multi_hand_landmarks
    - 若偵測到手，這裡會是一個串列 (List)，其中每個元素是 NormalizedLandmarkList，代表該手的 21 個 Landmark。
    - 每個 Landmark 裡有 (x, y, z)，數值通常在 [0, 1] 範圍內，表示正規化座標。
    - 如果沒有偵測到手，可能是 None 或空陣列。
- results.multi_hand_world_landmarks (選用)
    - 與 multi_hand_landmarks 類似，但在 3D 空間中對應一個更真實的立體座標。
    - 若應用不需 3D 資訊，可不使用。
- results.multi_handedness (若啟用)
    - 若你想知道是「左手」還是「右手」，這裡會有分數和標籤（'Left' 或 'Right'）。
    - 在某些場景下 MediaPipe 會嘗試判斷是左手或右手，但也可能出現誤判。

程式實例 ch10_1.py：輸出偵測到手的 21 個 landmark 資料，註：回傳的是值在 [0, 1] 之間的正規化座標。

```
1   # ch10_1.py
2   import cv2
3   import mediapipe as mp
4   import numpy as np
5
6   # 初始化 MediaPipe Hands
7   mp_hands = mp.solutions.hands
8   image = cv2.imread('myhand.jpg')
9   rgb_image = cv2.cvtColor(image, cv2.COLOR_BGR2RGB)   # 轉RGB 格式
10
11  # 建立 640x480 的白色畫布
12  canvas = np.ones((480, 640, 3), dtype=np.uint8) * 255
13
14  # 建立 Hands 物件
15  with mp_hands.Hands(
16      static_image_mode=True,          # 偵測單張靜態影像
17      max_num_hands=2,                 # 最多偵測 2 隻手
18      min_detection_confidence=0.5     # 初次偵測的信心水準
```

```
19    ) as hands:
20
21        # 偵測手部資訊
22        results = hands.process(rgb_image)
23
24        # 若成功偵測到手部
25        if results.multi_hand_landmarks:
26            for hand_landmarks in results.multi_hand_landmarks:
27                print(hand_landmarks)       # 手的 Landmark 資料
28
29                for idx, landmark in enumerate(hand_landmarks.landmark):
30                    # 轉換 Landmark 座標到畫布大小 (640x480)
31                    x = int(landmark.x * 640)
32                    y = int(landmark.y * 480)
33
34                    # 在白色畫布上畫綠色圓點
35                    cv2.circle(canvas, (x, y), 5, (0, 255, 0), -1)
36
37                    # 在圓點右上方標示索引編號 (黑色文字)
38                    cv2.putText(canvas, str(idx), (x + 5, y - 5),
39                                cv2.FONT_HERSHEY_SIMPLEX, 0.5, (0, 0, 0), 1)
40
41    # 顯示白色畫布上的標記結果
42    cv2.imshow('Hand Landmarks on White Canvas', canvas)
43    cv2.waitKey(0)
44    cv2.destroyAllWindows()
```

執行結果 可以看到手部 21 個關鍵點，同時也會輸出關鍵點的座標。

第 10 章　MediaPipe Hands 手勢偵測

上述連按兩下，展開內容後可以看到 21 個關鍵點的正規化座標。

```
=================== RESTART: D:\AI_Eye\ch10\ch10_1.py ===================
landmark {
  x: 0.51320225
  y: 0.951216936
  z: 8.14764405e-007
}
landmark {
  x: 0.638631523
  y: 0.841133356
  z: -0.0694801435
}
...
```

上述輸出關鍵點座標是用正規化座標，用白色畫布繪製關鍵點則是轉成在 640 x 480 的畫布座標上的座標。

10-2-3　mp_drawing.draw_landmarks( ) 函數用法

8-5 節已經介紹過這個函數，如果只是要繪關鍵點，可以設定 connections 為 None 或是省略此設定。

程式實例 ch10_2.py：繪製手部 21 個關鍵點。

```
1   # ch10_2.py
2   import cv2
3   import mediapipe as mp
4
5   # 初始化
6   mp_hands = mp.solutions.hands
7   mp_drawing = mp.solutions.drawing_utils
8
9   image = cv2.imread('myhand.jpg')
10  rgb_image = cv2.cvtColor(image, cv2.COLOR_BGR2RGB)     # 轉RGB 格式
11
12  # 建立 Hands 物件
13  with mp_hands.Hands(
14      static_image_mode = True,           # 偵測單張靜態影像
15      max_num_hands = 2,                  # 最多偵測 2 隻手
16      min_detection_confidence = 0.5      # 初次偵測的信心水準
17  ) as hands:
18      # 偵測手部資訊
19      results = hands.process(rgb_image)
20      # 如果偵測到手部
21      if results.multi_hand_landmarks:
22          for hand_landmarks in results.multi_hand_landmarks:
23              # 繪製手部骨架
24              mp_drawing.draw_landmarks(image, hand_landmarks)
25
26  # 顯示結果
27  cv2.imshow("Hand Detection", image)
28  cv2.waitKey(0)
29  cv2.destroyAllWindows()
```

10-2 偵測手語繪製關節

執行結果

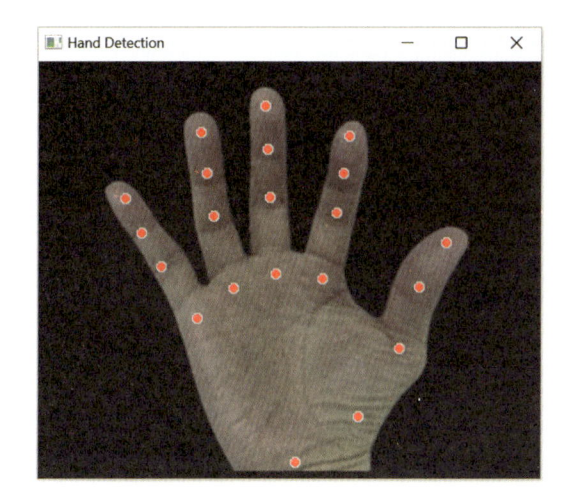

程式實例 ch10_2_1.py：增加參數「connections = None」，可以得到一樣的結果。

```
24          mp_drawing.draw_landmarks(image, hand_landmarks,
25                                    connections = None)
```

執行結果　可以參考 ch10_2.py 的結果。

在 draw_landsmarks( ) 函數中增加 mp_hands.HAND_CONNECTIONS 參數，就可以將骨架繪製到原始影像內。

程式實例 ch10_3.py：更改 ch10_2.py 設計，用手的圖像偵測手指與繪製關節圖。

```
24          mp_drawing.draw_landmarks(frame, hand_landmarks,
25                                    mp_hands.HAND_CONNECTIONS)
```

執行結果

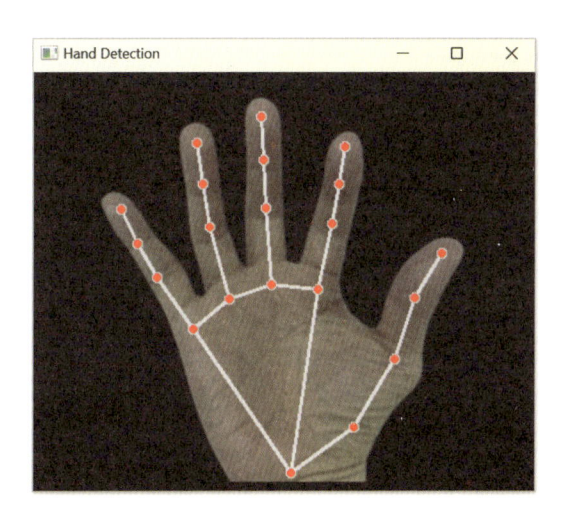

10-2-4 手部點樣式

上述手部點的樣式是比較單調,可以用 MediaPipe 預設的風格,使繪製點的效果更專業,例如:可用下列程式碼:

```
mp_drawing_styles = mp.solutions.drawing_styles
    ...
# 取得 MediaPipe Hands 預設的 Landmarks 點樣式
default_hand_landmarks_style = mp_drawing_styles.get_default_hand_landmarks_style( )
```

上述 mp.drawing_styles 呼叫 get_default_hand_landmarks_style( ) 後,會回傳繪製點的樣式。

程式實例 ch10_4.py:用預設專業繪製手部點樣式。

```
1   # ch10_4.py
2   import cv2
3   import mediapipe as mp
4
5   # 初始化
6   mp_hands = mp.solutions.hands
7   mp_drawing = mp.solutions.drawing_utils
8   mp_drawing_styles = mp.solutions.drawing_styles      # 系統樣式
9
10  frame = cv2.imread('myhand.jpg')
11  frame_rgb = cv2.cvtColor(frame, cv2.COLOR_BGR2RGB)   # 轉RGB 格式
12
13  # 建立 Hands 物件
14  with mp_hands.Hands(
15      static_image_mode = True,        # 偵測單張靜態影像
16      max_num_hands = 2,               # 最多偵測 2 隻手
17      min_detection_confidence = 0.5   # 初次偵測的信心水準
18  ) as hands:
19      # 偵測手部資訊
20      results = hands.process(frame_rgb)
21      # 如果偵測到手部
22      if results.multi_hand_landmarks:
23          for hand_landmarks in results.multi_hand_landmarks:
24              # 繪製手部骨架
25              mp_drawing.draw_landmarks(
26                  frame,
27                  hand_landmarks,
28                  mp_hands.HAND_CONNECTIONS,
29                  mp_drawing_styles.get_default_hand_landmarks_style()
30              )
31
32  # 顯示結果
33  cv2.imshow("Hand Detection", frame)
34  cv2.waitKey(0)
35  cv2.destroyAllWindows()
```

執行結果

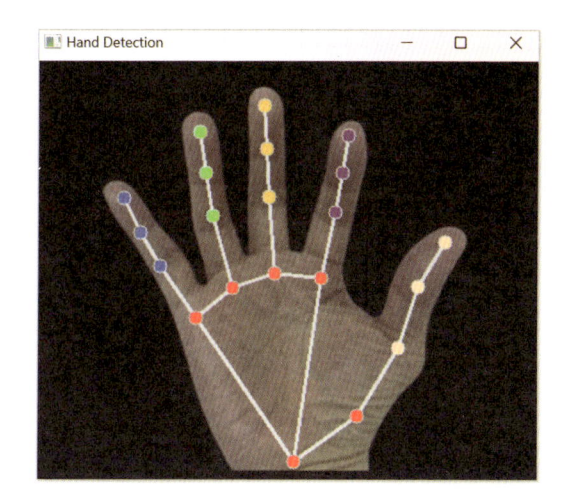

10-2-5 手部點連線樣式

手部點的連線樣式也可以用 MediaPipe 預設的風格，使繪製關鍵點連線效果更專業，例如：可用下列程式碼：

mp_drawing_styles = mp.solutions.drawing_styles
　　...
# 取得 MediaPipe Hands 預設的 connections 點連線樣式
default_hand_landmarks_style = mp_drawing_styles.get_default_hand_connections_style( )

上述 mp.drawing_styles 呼叫 get_default_hand_connections_style( ) 後，會回傳繪製關鍵點連線樣式。

程式實例 ch10_5.py：擴充 ch10_4.py 用專業繪製關鍵點連線的樣式，這個程式只是增加下列程式碼。

30　　　　　　　mp_drawing_styles.get_default_hand_connections_style()

執行結果

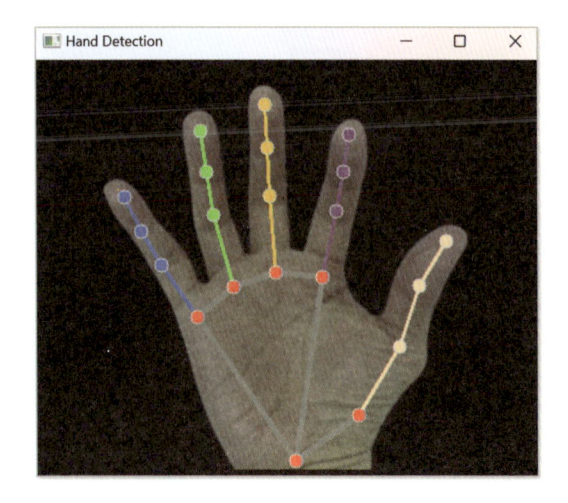

10-2-6 攝影機偵測應用

程式實例 ch10_6.py：使用攝影機偵測手指與繪製關節,按 Esc 鍵可以結束程式。

```
1   # ch10_6.py
2   import cv2
3   import mediapipe as mp
4
5   # 初始化 MediaPipe Hands 相關物件
6   mp_hands = mp.solutions.hands
7   mp_drawing = mp.solutions.drawing_utils
8
9   # 打開攝影機
10  cap = cv2.VideoCapture(0)
11  if not cap.isOpened():
12      print("無法開啟攝影機")
13
14  # 用 with 建立 Hands 物件
15  with mp_hands.Hands(
16      static_image_mode = False,         # 使用連續影像模式
17      max_num_hands = 2,                  # 最多偵測 2 隻手
18      min_detection_confidence = 0.5,    # 初次偵測的信心水準門檻 (0~1)
19      min_tracking_confidence = 0.5      # 追蹤偵測的信心水準門檻 (0~1)
20  ) as hands:
21
22      while True:
23          # 從攝影機擷取一幀畫面
24          ret, frame = cap.read()
25          if not ret:
26              print("讀取影像失敗, 結束程式")
27              break
28
29          # 將 BGR 顏色轉為 RGB, 供 MediaPipe 處理
30          frame_rgb = cv2.cvtColor(frame, cv2.COLOR_BGR2RGB)
```

```
31
32              # 使用 hands.process 進行手勢偵測
33              results = hands.process(frame_rgb)
34
35              # 將畫面轉回 BGR，方便 OpenCV 繪製顏色
36              frame_bgr = cv2.cvtColor(frame_rgb, cv2.COLOR_RGB2BGR)
37
38              # 如果有偵測到手 results.multi_hand_landmarks 會有資料
39              if results.multi_hand_landmarks:
40                  for hand_landmarks in results.multi_hand_landmarks:
41                      # 用 draw_landmarks 直接繪製手指骨架
42                      mp_drawing.draw_landmarks(
43                          frame_bgr,                    # 在這個畫面上繪圖
44                          hand_landmarks,               # 偵測到的手部關節點
45                          mp_hands.HAND_CONNECTIONS     # 手指骨架連接順序
46                      )
47
48              # 顯示結果畫面
49              cv2.imshow("MediaPipe Hands - Simple Demo", frame_bgr)
50
51              # 按下 ESC (ASCII 27) 離開
52              if cv2.waitKey(1) & 0xFF == 27:
53                  break
54
55      # 釋放攝影機，關閉視窗
56      cap.release()
57      cv2.destroyAllWindows()
```

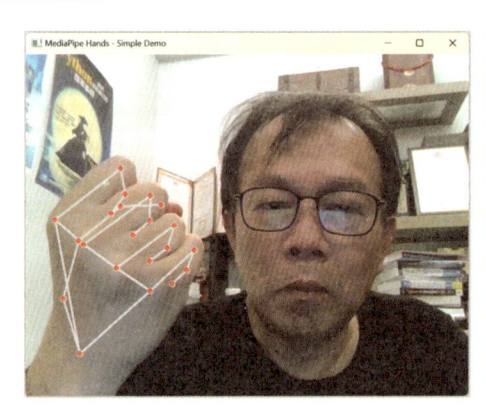

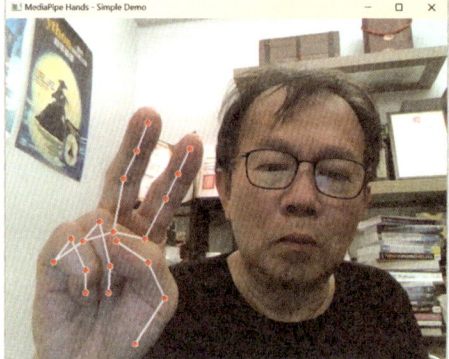

執行結果

第 10 章　MediaPipe Hands 手勢偵測

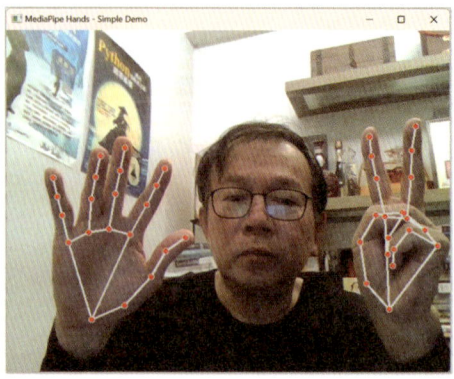

10-3　專題實作 - 剪刀、石頭與布

在前面小節介紹了 MediaPipe Hands 的基礎後，我們將以「剪刀、石頭、布」的手勢辨識作為範例，幫助讀者快速理解如何使用手指關節座標來判斷手勢。這個遊戲實例不僅易懂且有趣，也能說明 MediaPipe Hands 在手勢應用的核心流程。

❏ 判斷手指是否伸直

這裡我們將拇指與其他手指分開處理，因為拇指的角度與其他手指不同，直接使用「TIP 到 WRIST 的距離」判斷不夠準確。

- **非拇指 (食指、中指、無名指、小指) 的判斷**：對於這 4 根手指，如果指尖 (TIP) 到 手腕 (WRIST，索引 0) 的距離，大於該手指遠端指節 (DIP) 到手腕 (WRIST，索引 0) 的距離，則視為該手指伸直。公式：

  Distance(TIP,WRIST) > Distance(DIP,WRIST)　# 則該手指伸直

手指	指尖 (TIP)	遠端指節 (DIP)
食指	8	7
中指	12	11
無名指	16	15
小指	20	19

10-16

- 拇指 (Thumb) 的判斷：拇指不是垂直伸展的，所以不能用 TIP 與 WRIST 來判斷是否伸直。改用如果拇指指尖 (TIP，索引 4) 到小指掌指關節 (MCP，索引 17) 的距離，大於拇指 MCP (索引 2) 到小指 MCP (索引 17) 的距離，則視為拇指伸直。公式：

    Distance(TIP 拇指 , MCP 小指) > distance(MCP 拇指 , MCP 小指)   # 則拇指伸直

    這樣的好處是 拇指向側邊伸展時 仍能準確判斷。

❏ 剪刀、石頭、布的判斷邏輯

根據手指是否伸直來判斷「剪刀」、「石頭」、「布」：

- 剪刀 (Scissors) 條件
    - 食指 (8) 和 中指 (12) 伸直。
    - 其他手指 (拇指、無名指、小指) 彎曲。
- 石頭 (Rock) 條件
    - 所有手指都彎曲。
- 布 (Paper) 條件
    - 所有手指都伸直。

程式實例 ch10_7.py：剪刀（Scissors）、石頭（Rock）、布（Paper）程式判斷。

```
1   # ch10_7.py
2   import cv2
3   import mediapipe as mp
4   import numpy as np
5
6   # 初始化 MediaPipe Hands
7   mp_hands = mp.solutions.hands
8   mp_drawing = mp.solutions.drawing_utils
9   mp_drawing_styles = mp.solutions.drawing_styles
10
11  # 手指索引
12  FINGER_TIPS = [4, 8, 12, 16, 20]           # 指尖 (TIP)
13  FINGER_DIPS = [3, 7, 11, 15, 19]           # 遠端指節 (DIP)
14
15  # 判斷手勢
16  def get_hand_gesture(hand_landmarks):
17      # 獲得 WRIST 座標
18      wrist = np.array([hand_landmarks.landmark[0].x,
19                        hand_landmarks.landmark[0].y])
20
```

```python
21        finger_status = []
22        # 跳過拇指另外判斷
23        for tip, dip in zip(FINGER_TIPS[1:], FINGER_DIPS[1:]):
24            # 取得 TIP 和 DIP 座標
25            tip_pos = np.array([hand_landmarks.landmark[tip].x,
26                                hand_landmarks.landmark[tip].y])
27            dip_pos = np.array([hand_landmarks.landmark[dip].x,
28                                hand_landmarks.landmark[dip].y])
29
30            # 計算 TIP 到 WRIST 的距離，與 DIP 到 WRIST 的距離
31            tip_distance = np.linalg.norm(tip_pos - wrist)
32            dip_distance = np.linalg.norm(dip_pos - wrist)
33
34            # 如果指尖比遠端指節更遠，則視為伸直
35            finger_status.append(tip_distance > dip_distance)
36
37        # 拇指的判斷
38        thumb_tip = np.array([hand_landmarks.landmark[4].x,
39                              hand_landmarks.landmark[4].y])
40        thumb_mcp = np.array([hand_landmarks.landmark[2].x,
41                              hand_landmarks.landmark[2].y])
42        pinky_mcp = np.array([hand_landmarks.landmark[17].x,
43                              hand_landmarks.landmark[17].y])
44
45        # 計算拇指判斷距離
46        thumb_tip_distance = np.linalg.norm(thumb_tip - pinky_mcp)
47        thumb_mcp_distance = np.linalg.norm(thumb_mcp - pinky_mcp)
48
49        # 如果拇指 TIP 距離 17 比 MCP 距離 17 更遠，則視為伸直
50        is_thumb_straight = thumb_tip_distance > thumb_mcp_distance
51        # 在索引 0 加入拇指狀態
52        finger_status.insert(0, is_thumb_straight)
53
54        # 判斷手勢
55        if all(finger_status):                      # 全部手指伸直
56            return "Paper"                          # 布
57        elif finger_status[1] and finger_status[2] and not \
58              any(finger_status[3:]):               # 只有食指和中指伸直
59            return "Scissors"                       # 剪刀
60        elif not any(finger_status):                # 所有手指彎曲
61            return "Rock"                           # 石頭
62        else:
63            return "Unknown"                        # 無法判別
64
65 # 開啟攝影機
66 cap = cv2.VideoCapture(0)
67 with mp_hands.Hands(min_detection_confidence=0.5,
68                     min_tracking_confidence=0.5) as hands:
69     while cap.isOpened():
70         ret, frame = cap.read()
71         if not ret:
72             break
73
74         frame_rgb = cv2.cvtColor(frame, cv2.COLOR_BGR2RGB)   # BGR 轉 RGB
```

```
 75
 76              # 偵測手部
 77              results = hands.process(frame_rgb)
 78
 79              if results.multi_hand_landmarks:
 80                  for hand_landmarks in results.multi_hand_landmarks:
 81                      # 繪製手部關節
 82                      mp_drawing.draw_landmarks(
 83                          frame, hand_landmarks, mp_hands.HAND_CONNECTIONS,
 84                          mp_drawing_styles.get_default_hand_landmarks_style(),
 85                          mp_drawing_styles.get_default_hand_connections_style()
 86                      )
 87
 88                      # 取得手勢名稱
 89                      gesture = get_hand_gesture(hand_landmarks)
 90
 91                      # 顯示手勢文字
 92                      cv2.putText(frame, gesture, (50, 100),
 93                                  cv2.FONT_HERSHEY_SIMPLEX, 1,
 94                                  (255, 0, 0), 2, cv2.LINE_AA)
 95
 96              # 顯示畫面
 97              cv2.imshow('Rock Paper Scissors Detection', frame)
 98
 99              # 按 'q' 離開
100              if cv2.waitKey(1) & 0xFF == ord('q'):
101                  break
102
103     cap.release()
104     cv2.destroyAllWindows()
```

執行結果

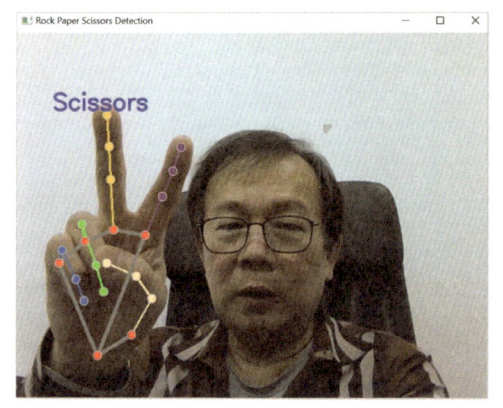

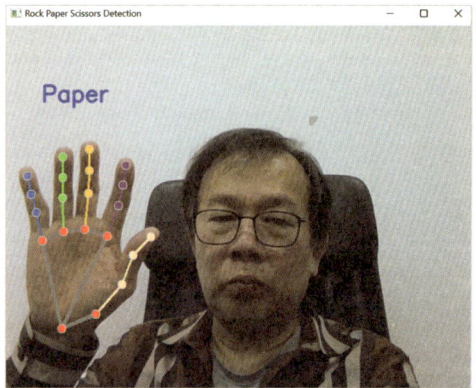

第 10 章　MediaPipe Hands 手勢偵測

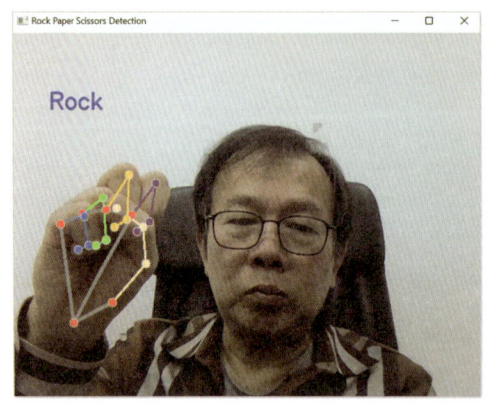

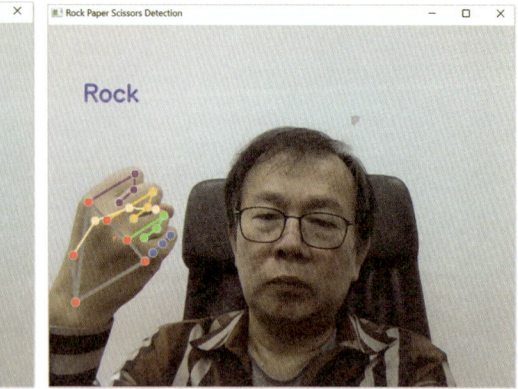

這個程式有一個缺點是，可能會發生手握拳頭的旋轉角度，造成拇指判斷失靈，如下所示：

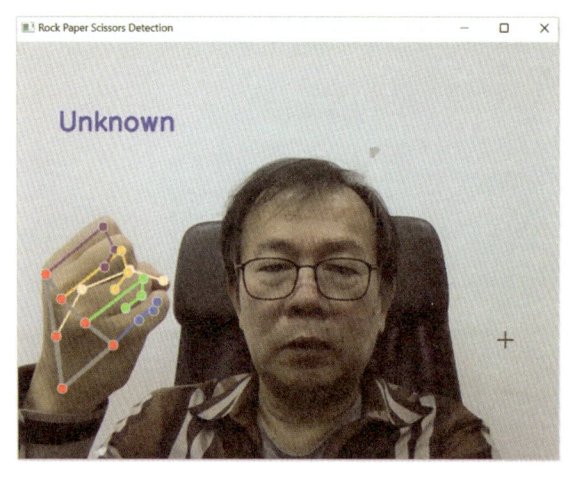

碰到這種狀況，可以調整程式，當有 1 或 0 隻手指不是彎曲也判斷是石頭 (Rock)，原先第 54 ～ 64 列程式碼可以改成下列設計方式：

```
54          # 判斷手勢
55          if all(finger_status):                              # 全部手指伸直
56              return "Paper"                                  # 布
57          elif finger_status[1] and finger_status[2] and not \
58              any(finger_status[3:]):                         # 只有食指和中指伸直
59              return "Scissors"                               # 剪刀
60          # 所有手指彎曲 或是 1 隻手指伸直
61          elif not any(finger_status) or sum(finger_status) <= 1:
62              return "Rock"                                   # 石頭
63          else:
64              return "Unknown"                                # 無法判別
```

上述程式可以參考程式實例 ch10_7_1.py。

第 11 章

AI 幻影操控

11-1　MediaPipe Hands 的應用領域

11-2　判斷 OK 手勢

11-3　OK 手勢計時器

11-4　手勢幻影操控

第 11 章　AI 幻影操控

MediaPipe Hands 提供即時手部關鍵點偵測（21 個 Landmarks），使我們能夠開發手勢控制應用，例如：虛擬滑鼠、手勢鍵盤、遊戲控制器、AR/VR 互動、AI 虛擬人物，以及無接觸操控系統。透過這些技術，我們可以創造出更加智慧化的互動體驗，適用於智慧家居、教育、娛樂、企業 AI 自動化等領域。

這一章中主要是探討如何使用 AI 手勢識別來驅動各種應用，包括：

1. 判斷 OK 手勢：運用指尖距離計算與手指伸直判斷，讓 AI 能夠精準識別 OK 手勢。
2. OK 手勢計時器：透過 MediaPipe Hands + OpenCV，當使用者比出 OK 手勢時開始計時，並透過拳頭手勢來暫停計時。
3. 手勢幻影操控：手勢拖曳技術，當食指 & 中指同時接觸矩形時，能夠隔空拖動物件，類似 AR/VR 手勢交互的應用。

透過這些範例，你將學會如何使用 MediaPipe Hands 來開發 AI 手勢互動應用，並進一步探索未來的 AI 操控技術！

11-1　MediaPipe Hands 的應用領域

MediaPipe Hands 是 Google MediaPipe 提供的手部追蹤 AI 模型，它可以在即時影像或靜態圖片中精準偵測手部關鍵點 (21 個 Landmark)。這使得它能夠應用於各種手勢控制與人機互動 (HCI) 領域。

11-1-1　手勢控制 (Gesture Control)

MediaPipe Hands 最常見的應用是手勢控制，可以用來模擬滑鼠、鍵盤、遊戲手把等，讓使用者用手勢來操控系統。

☐ **虛擬滑鼠 (Air Mouse)**
- 偵測食指 (8) 的位置，並用來模擬滑鼠移動。
- 捏合 (Thumb & Index Tip 接近) 可以觸發點擊。
- 應用案例
    - Windows / Mac 無接觸滑鼠控制器。

- 智慧電視 / 投影機手勢遙控器。
- 無障礙系統 (適用於肢體不便者)。

❏ 手勢鍵盤

- 手勢比出特定符號 (例如 OK 手勢 , 五指張開 , 拇指比讚) 來輸入指令。
- 可用於 VR / AR 環境中的虛擬鍵盤。
- 應用案例
  - 智慧眼鏡 & AR/VR 手勢輸入。
  - 手語轉文字系統。
  - 遠距會議的手勢控制 (比 OK, 揮手等)。

❏ 手勢遊戲控制

- 偵測手勢來模擬搖桿 / 按鍵操作。
- 例如：
  - 剪刀手 = 攻擊
  - 張開五指 = 防禦
  - 食指指向 = 選擇選項
- 應用案例
  - VR 遊戲 / 手勢遊戲。
  - 沉浸式教育 (比出數字來回答問題)。

11-1-2　擴增實境 (AR) / 虛擬實境 (VR)

MediaPipe Hands 在 AR & VR 領域被大量應用，特別是手部交互 (Hand Tracking in AR/VR)。

❏ 虛擬手部交互

- 在虛擬世界中操作物體，類似於 Meta Quest / Hololens 手部追蹤。
- 例如，在 AR 眼鏡中用手勢點擊虛擬按鈕。
- 應用案例

- AR 手勢互動 (AR 眼鏡 / VR 手部控制)。
- AI 虛擬助手的手勢控制。
- AR 視訊會議中的手勢互動。

❑ **手勢翻譯 (Sign Language Detection)**
- 即時識別手語 (Sign Language Recognition)，將手語轉換為文字或語音。
- 教育用途：幫助聽障人士與 AI 或他人互動。
- 應用案例
  - 手語轉換成文字 / 語音。
  - AI 助手識別手勢來提供回答。

11-1-3　視訊 / 直播互動

MediaPipe Hands 在視訊通訊和直播互動中，也可以增加手勢特效或手勢控制功能。

❑ **視訊會議手勢控制**
- 在 Google Meet、Zoom 這類會議應用中：
  - 比 👍 (拇指上)：自動發送「讚」表情。
  - 比 ✋ (張開手掌)：表示「舉手發言」。
- 應用案例
  - Google Meet / Zoom 手勢互動。
  - 虛擬主播 AI 直播手勢特效。

❑ **直播特效 (Hand Gesture Filters)**
- 在 TikTok / YouTube Live 中，透過手勢觸發特效：
  - 揮手：切換場景。
  - 做 OK 手勢：出現動畫特效。
- 應用案例
  - AI 直播 / VTuber 手勢控制。
  - 手勢觸發濾鏡 / 動畫效果。

11-1-4　AI 虛擬人物 (AI Avatars)

透過 MediaPipe Hands 可以讓 AI 角色模仿真人手勢，應用於動畫製作或 VTuber 虛擬主播。

❑ **AI 虛擬主播 (VTuber Hand Tracking)**
- VTuber 可以透過 MediaPipe Hands 捕捉手勢，使虛擬角色的手部動作更加自然。
- 例如：比心、揮手、握拳等手勢，都能即時反應。
- 應用案例
    - AI VTuber 動作捕捉。
    - 動畫角色的 AI 手勢追蹤。

11-1-5　醫療 & 康復 (Medical & Rehabilitation)

MediaPipe Hands 也可以用於醫療用途，特別是康復訓練 (Rehabilitation) 和手部運動分析。

❑ **手部復健訓練 (Hand Therapy)**
- 透過 AI 追蹤手指動作，幫助手部受傷者做復健訓練。
- 例如計算手指彎曲角度，監測康復進度。
- 應用案例
    - 手部復健系統 (Rehabilitation System)。
    - 手部運動分析 (Motion Analysis)。

11-1-6　企業 & AI 自動化

企業也可以使用 MediaPipe Hands 來開發手勢控制的 AI 應用，例如無接觸裝置控制或智慧會議系統。

❑ **無接觸控制系統 (Touchless Interaction)**
- 用手勢來操作工廠機器、電梯、智慧家居。
- 不需要按按鈕，減少接觸，降低病毒傳播風險。

第 11 章　AI 幻影操控

- 應用案例
    - AI 自動化 & 智慧工廠。
    - 智慧家庭手勢控制 (Smart Home Gesture Control)。

11-2　判斷 OK 手勢

OK 手勢的特徵：

- 拇指指尖 (索引 4) 接近食指指尖 (索引 8)，形成圓圈。
- 其他手指（中指 12、無名指 16、小指 20）伸直。

11-2-1　判斷邏輯

❏ 拇指與食指的指尖距離

如果拇指指尖 (索引 4) 和食指指尖 (索引 8) 之間的歐幾里得距離很短（例如小於 30px），則視為形成圓圈。例如：可以用距離小於 30 像素判斷。

❏ 其他三指是否伸直

中指、無名指、小指應該要伸直，使用指尖 (TIP) 到手腕 (WRIST, 索引 0) 的距離「大於」遠端指節 (DIP) 到手腕的距離來判斷是否伸直。

手指	指尖 (TIP)	遠端指節 (DIP)
中指	12	11
無名指	16	15
小指	20	19

11-2-2　程式實作

程式實例 ch11_1.py：偵測到 OK 手勢，輸出「OK Gesture Detected」。

```
1    # ch11_1.py
2    import cv2
3    import mediapipe as mp
4    import numpy as np
5
6    # 初始化 MediaPipe Hands
7    mp_hands = mp.solutions.hands
```

```python
 8    mp_drawing = mp.solutions.drawing_utils
 9    mp_drawing_styles = mp.solutions.drawing_styles
10
11    # 手指索引
12    THUMB_TIP = 4
13    INDEX_TIP = 8
14    FINGER_TIPS = [12, 16, 20]                    # 其他三根手指的指尖
15    FINGER_DIPS = [11, 15, 19]                    # 其他三根手指的遠端指節
16
17    # 判斷 OK 手勢
18    def is_ok_gesture(hand_landmarks, frame_width, frame_height):
19        """ 判斷 OK 手勢 """
20        # 計算 wrist 真實座標
21        wrist = np.array([hand_landmarks.landmark[0].x * frame_width,
22                          hand_landmarks.landmark[0].y * frame_height])
23
24        # 取得拇指與食指指尖位置
25        thumb_tip = np.array([hand_landmarks.landmark[THUMB_TIP].x * frame_width,
26                              hand_landmarks.landmark[THUMB_TIP].y * frame_height])
27        index_tip = np.array([hand_landmarks.landmark[INDEX_TIP].x * frame_width,
28                              hand_landmarks.landmark[INDEX_TIP].y * frame_height])
29
30        # 計算拇指與食指的距離
31        thumb_index_distance = np.linalg.norm(thumb_tip - index_tip)
32
33        # 判斷其他三指是否伸直
34        fingers_extended = []
35        for tip, dip in zip(FINGER_TIPS, FINGER_DIPS):
36            tip_pos = np.array([hand_landmarks.landmark[tip].x * frame_width,
37                                hand_landmarks.landmark[tip].y * frame_height])
38            dip_pos = np.array([hand_landmarks.landmark[dip].x * frame_width,
39                                hand_landmarks.landmark[dip].y * frame_height])
40
41            # 如果指尖距離 WRIST 比遠端指節更遠，視為伸直
42            fingers_extended.append(np.linalg.norm(tip_pos - wrist) > \
43                                    np.linalg.norm(dip_pos - wrist))
44
45        # OK 手勢條件
46        if thumb_index_distance < 30 and all(fingers_extended):
47            return True
48        return False
49
50    # 開啟攝影機
51    cap = cv2.VideoCapture(0)
52    with mp_hands.Hands(min_detection_confidence=0.5,
53                        min_tracking_confidence=0.5) as hands:
54        while cap.isOpened():
55            ret, frame = cap.read()
56            if not ret:
57                break
58
59            frame_height, frame_width, _ = frame.shape         # 取得影像尺寸
60            frame_rgb = cv2.cvtColor(frame, cv2.COLOR_BGR2RGB) # BGR 轉 RGB
61
```

```python
62          # 偵測手部
63          results = hands.process(frame_rgb)
64
65          if results.multi_hand_landmarks:
66              for hand_landmarks in results.multi_hand_landmarks:
67                  # 繪製手部關節
68                  mp_drawing.draw_landmarks(
69                      frame, hand_landmarks, mp_hands.HAND_CONNECTIONS,
70                      mp_drawing_styles.get_default_hand_landmarks_style(),
71                      mp_drawing_styles.get_default_hand_connections_style()
72                  )
73
74                  # 判斷是否為 OK 手勢
75                  if is_ok_gesture(hand_landmarks, frame_width, frame_height):
76                      cv2.putText(frame, "OK Gesture Detected", (50, 100),
77                                  cv2.FONT_HERSHEY_SIMPLEX, 1, (255, 0, 0), 2)
78
79          # 顯示畫面
80          cv2.imshow('OK Gesture Detection', frame)
81
82          # 按 'q' 離開
83          if cv2.waitKey(1) & 0xFF == ord('q'):
84              break
85
86      cap.release()
87      cv2.destroyAllWindows()
```

執行結果 OK 手勢的正反面皆可以偵測到。

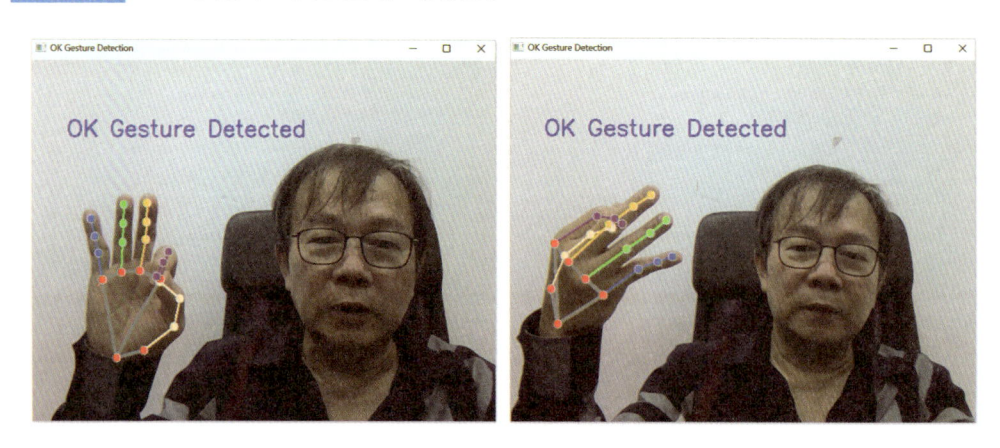

程式重點說明如下：

- 檢測拇指與食指是否形成圓圈

    - 計算拇指指尖 (4) 與食指指尖 (8) 之間的距離。

    - 如果距離小於 30px，則視為形成圓圈。

- 檢測中指、無名指、小指是否伸直：指尖 (TIP) 到手腕 (WRIST) 的距離是否大於遠端指節 (DIP) 到手腕 (WRIST) 的距離。
- 符合條件則顯示 OK Gesture Detected：拇指 & 食指形成圓圈 AND 其他手指伸直則判定為 OK 手勢。

11-3 OK 手勢計時器

這是一個用 OpenCV 和 MediaPipe Hands 整合應用的計時系統，其功能如下：

- 攝影機開啟後，畫面上顯示計時數字。
- 偵測 OK 手勢時開始計時（數字每秒遞增）。
- 偵測拳頭手勢時暫停計時。
- 計時數字顯示在畫面頂部中央。
- 再次比 OK 手勢，計時重新開始。
- 按 q 鍵，程式結束。

11-3-1 設計邏輯

❑ 計時變數 counter
  - OK 手勢出現：開始計時。
  - 拳頭出現：暫停計時。

❑ 時間控制 time.time( )
  - 每秒鐘讓 counter 遞增 1。

11-3-2 程式實作

程式實例 ch11_2.py：偵測到 OK 手勢，輸出「OK Gesture Detected」。

```
1  # ch11_2.py
2  import cv2
3  import mediapipe as mp
4  import numpy as np
5  import time
6
```

```python
7   # 初始化 MediaPipe Hands
8   mp_hands = mp.solutions.hands
9   mp_drawing = mp.solutions.drawing_utils
10  mp_drawing_styles = mp.solutions.drawing_styles
11
12  # 手指索引
13  THUMB_TIP = 4
14  INDEX_TIP = 8
15  FINGER_TIPS = [12, 16, 20]            # 其他三根手指的指尖
16  FINGER_DIPS = [11, 15, 19]            # 其他三根手指的遠端指節
17
18  # 計時變數
19  counter = 0
20  start_time = None
21  is_running = False                    # 是否正在計時
22
23  # 判斷 OK 手勢
24  def is_ok_gesture(hand_landmarks, frame_width, frame_height):
25      """ 判斷 OK 手勢 """
26      # 計算 wrist 真實座標
27      wrist = np.array([hand_landmarks.landmark[0].x * frame_width,
28                        hand_landmarks.landmark[0].y * frame_height])
29
30      # 取得拇指與食指指尖位置
31      thumb_tip = np.array([hand_landmarks.landmark[THUMB_TIP].x * frame_width,
32                            hand_landmarks.landmark[THUMB_TIP].y * frame_height])
33      index_tip = np.array([hand_landmarks.landmark[INDEX_TIP].x * frame_width,
34                            hand_landmarks.landmark[INDEX_TIP].y * frame_height])
35
36      # 計算拇指與食指的距離
37      thumb_index_distance = np.linalg.norm(thumb_tip - index_tip)
38
39      # 判斷其他三指是否伸直
40      fingers_extended = []
41      for tip, dip in zip(FINGER_TIPS, FINGER_DIPS):
42          tip_pos = np.array([hand_landmarks.landmark[tip].x * frame_width,
43                              hand_landmarks.landmark[tip].y * frame_height])
44          dip_pos = np.array([hand_landmarks.landmark[dip].x * frame_width,
45                              hand_landmarks.landmark[dip].y * frame_height])
46
47          # 如果指尖距離 WRIST 比遠端指節更遠，視為伸直
48          fingers_extended.append(np.linalg.norm(tip_pos - wrist) > \
49                                  np.linalg.norm(dip_pos - wrist))
50
51      return thumb_index_distance < 30 and all(fingers_extended)
52
53  # 判斷 拳頭 手勢
54  def is_fist_gesture(hand_landmarks, frame_width, frame_height):
55      """ 簡化版 拳頭 檢測，當中指，無名指，小指彎曲就算是拳頭 """
56      # 計算 wrist 真實座標
57      wrist = np.array([hand_landmarks.landmark[0].x * frame_width,
58                        hand_landmarks.landmark[0].y * frame_height])
59
60      # 判斷所有手指是否彎曲
```

```python
        fingers_bent = []
        for tip, dip in zip(FINGER_TIPS, FINGER_DIPS):
            tip_pos = np.array([hand_landmarks.landmark[tip].x * frame_width,
                                hand_landmarks.landmark[tip].y * frame_height])
            dip_pos = np.array([hand_landmarks.landmark[dip].x * frame_width,
                                hand_landmarks.landmark[dip].y * frame_height])

            fingers_bent.append(np.linalg.norm(tip_pos - wrist) < \
                                np.linalg.norm(dip_pos - wrist))

        return all(fingers_bent)

# 開啟攝影機
cap = cv2.VideoCapture(0)
with mp_hands.Hands(min_detection_confidence=0.5,
                    min_tracking_confidence=0.5) as hands:
    while cap.isOpened():
        ret, frame = cap.read()
        if not ret:
            break

        frame_height, frame_width, _ = frame.shape         # 取得影像尺寸
        frame_rgb = cv2.cvtColor(frame, cv2.COLOR_BGR2RGB) # BGR 轉 RGB

        # 偵測手部
        results = hands.process(frame_rgb)

        if results.multi_hand_landmarks:
            for hand_landmarks in results.multi_hand_landmarks:
                # 繪製手部關節
                mp_drawing.draw_landmarks(
                    frame, hand_landmarks, mp_hands.HAND_CONNECTIONS,
                    mp_drawing_styles.get_default_hand_landmarks_style(),
                    mp_drawing_styles.get_default_hand_connections_style()
                )

                # 檢查 OK 手勢
                if is_ok_gesture(hand_landmarks, frame_width, frame_height):
                    if not is_running:          # 如果計時尚未開始,則開始計時
                        is_running = True
                        start_time = time.time()
                    cv2.putText(frame, "OK Gesture Detected", (180, 100),
                                cv2.FONT_HERSHEY_SIMPLEX, 1, (0, 255, 0), 2)

                # 檢查 拳頭 (Fist) 手勢
                elif is_fist_gesture(hand_landmarks, frame_width, frame_height):
                    is_running = False          # 暫停計時
                    cv2.putText(frame, "Fist Detected - Paused", (150, 100),
                                cv2.FONT_HERSHEY_SIMPLEX, 1, (0, 0, 255), 2)

        # 計時邏輯
        if is_running and start_time is not None:
            elapsed_time = int(time.time() - start_time)
            counter = elapsed_time              # 更新計時數字
```

```
115
116            # 在畫面上方中央顯示計時數字
117            cv2.putText(frame, f"Time: {counter} sec", (20, 50),
118                        cv2.FONT_HERSHEY_SIMPLEX, 1.5, (255, 0, 0), 3)
119            # 顯示畫面
120            cv2.imshow('OK Gesture Timer', frame)
121
122            # 按 'q' 離開
123            if cv2.waitKey(1) & 0xFF == ord('q'):
124                break
125
126    cap.release()
127    cv2.destroyAllWindows()
```

執行結果　下方左圖是開始畫面。出現 OK 手勢可以開始計時，可參考下方右圖。

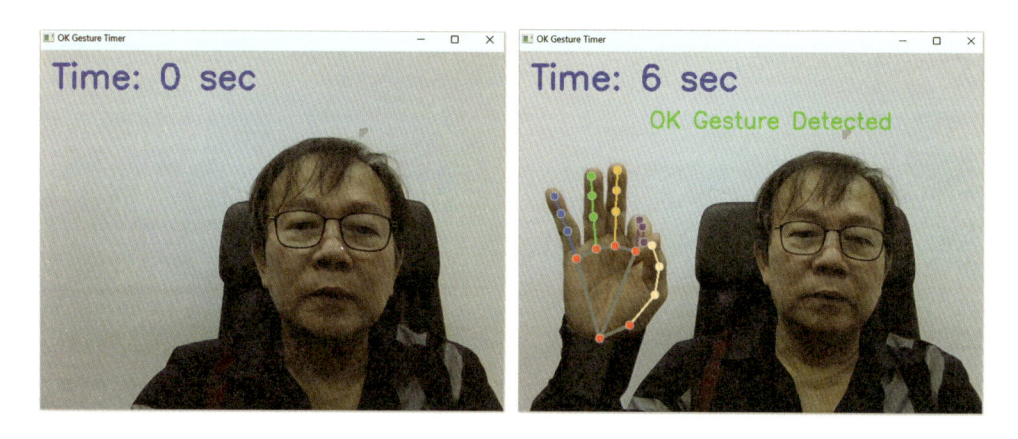

出現拳頭手勢，可以終止計時。

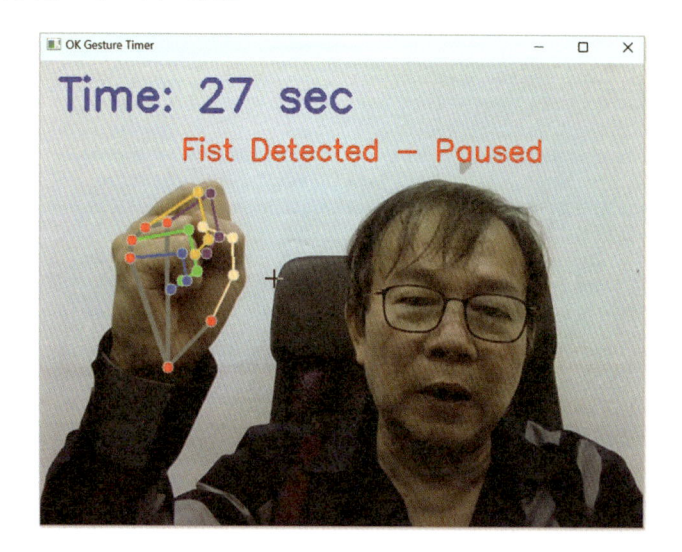

上述程式的重點說明如下：

❏ **設定手指關鍵點索引（第 13 ~ 16 列）**

- 這些索引對應 MediaPipe 提供的手部關節標記編號，用來判斷手指的彎曲或伸直狀態。

❏ **判斷「OK 手勢」（第 24 ~ 51 列）**

設計邏輯：

- 計算拇指與食指的距離，如果很接近，則代表有做「OK」的圓圈。
- 檢查其他手指是否伸直，確保手勢正確。

📌 如果拇指和食指相距小於 30 像素，且其餘三指伸直，即為「OK 手勢」。

❏ **判斷「拳頭手勢」（第 54 ~ 71 列）**

簡化版的設計邏輯：

- 判斷中指、無名指、小指是否彎曲。
- 如果這三根手指的指尖比遠端指節更靠近手腕，則認為是拳頭。

📌 當中指、無名指、小指都彎曲，則判定為「拳頭手勢」。

❏ **偵測到 OK 手勢時開始計時（第 98 ~ 103 列）**

📌 當 OK 手勢出現，開始計時 (start_time = time.time( ))。

❏ **偵測到拳頭手勢時暫停計時（第 106 ~ 109 列）**

📌 拳頭手勢代表「暫停」，計時停止。

❏ **顯示計時結果（第 112 ~ 118 列）**

📌 在畫面左上角顯示目前的計時秒數。

11-4　手勢幻影操控

使用 MediaPipe Hands 來拖曳螢幕上的矩形 (100x100 px) 的互動應用。當食指 (Index Finger, 索引 8) 和中指 (Middle Finger, 索引 12) 同時進入矩形內部，可以拖曳矩形，讓它隨手勢移動。

11-4-1 設計邏輯

初始化一個 100x100 的空心矩形,初始位置為 (100, 100)。

❑ **偵測手勢**

- 如果食指 (8) & 中指 (12) 都在矩形內則進入拖曳模式。
- 拖曳模式時,矩形隨手移動。
- 手指離開矩形後,停止拖曳。

❑ **顯示攝影機畫面 + 繪製矩形**

11-4-2 程式實作

程式實例 ch11_3.py:這個程式的核心概念是透過手勢(食指 & 中指)拖曳虛擬物件,有點像空氣中的拖曳操作 (Air Dragging),此例可以取一個酷炫的名稱「幻影操控」,讓它更有科技感或未來感。

AirDragX:代表 Air (空氣) + Drag (拖曳) + X (未來感)

```python
1   # ch11_3.py
2   import cv2
3   import mediapipe as mp
4   import numpy as np
5
6   # 初始化 MediaPipe Hands
7   mp_hands = mp.solutions.hands
8
9   # 初始化攝影機
10  cap = cv2.VideoCapture(0)
11
12  # 矩形的初始位置
13  rect_x, rect_y = 100, 100
14  rect_size = 100
15  dragging = False                          # 是否正在拖曳矩形
16
17  # 判斷手指點是否在矩形內
18  def is_inside_rect(x, y, rect_x, rect_y, rect_size):
19      return rect_x < x < rect_x + rect_size and \
20             rect_y < y < rect_y + rect_size
21
22  # 啟動 Hand Tracking
23  with mp_hands.Hands(min_detection_confidence=0.5,
24                     min_tracking_confidence=0.5) as hands:
25      while cap.isOpened():
26          ret, frame = cap.read()
```

```python
27          if not ret:
28              break
29
30          frame_height, frame_width, _ = frame.shape      # 取得影像尺寸
31          frame_rgb = cv2.cvtColor(frame, cv2.COLOR_BGR2RGB)  # BGR 轉 RGB
32
33          # 偵測手部
34          results = hands.process(frame_rgb)
35
36          # 繪製矩形
37          cv2.rectangle(frame, (rect_x, rect_y),
38                        (rect_x + rect_size, rect_y + rect_size),
39                        (255, 0, 0), 2)
40
41          # 偵測手指是否進入矩形
42          if results.multi_hand_landmarks:
43              for hand_landmarks in results.multi_hand_landmarks:
44                  # 取得食指 & 中指指尖的座標
45                  index_finger_tip = hand_landmarks.landmark[8]
46                  middle_finger_tip = hand_landmarks.landmark[12]
47
48                  # 食指 & 中指指尖的座標轉成像素座標
49                  index_x = int(index_finger_tip.x * frame_width)
50                  index_y = int(index_finger_tip.y * frame_height)
51                  middle_x = int(middle_finger_tip.x * frame_width)
52                  middle_y = int(middle_finger_tip.y * frame_height)
53
54                  # 判斷食指是否同時在矩形內
55                  index_inside = is_inside_rect(index_x, index_y,
56                                                rect_x, rect_y, rect_size)
57
58                  # 判斷中指是否同時在矩形內
59                  middle_inside = is_inside_rect(middle_x, middle_y,
60                                                 rect_x, rect_y, rect_size)
61
62                  # 只有當兩根手指都在矩形內時，才能進入拖曳模式
63                  if index_inside and middle_inside:
64                      dragging = True
65                  # 如果食指或中指離開矩形，立即停止拖曳
66                  else:
67                      dragging = False
68
69                  # 拖曳模式，移動矩形
70                  if dragging:
71                      rect_x = index_x - rect_size // 2
72                      rect_y = index_y - rect_size // 2
73
74                  # 在指尖繪製圓點
75                  cv2.circle(frame, (index_x, index_y), 5, (255, 0, 0), -1)
76                  cv2.circle(frame, (middle_x, middle_y), 5, (255, 0, 0), -1)
```

```
77
78              # 顯示畫面
79              cv2.imshow('Drag Rectangle with Fingers', frame)
80
81              # 按 'q' 離開
82              if cv2.waitKey(1) & 0xFF == ord('q'):
83                  break
84
85     cap.release()
86     cv2.destroyAllWindows()
```

執行結果 下列是隔空拖曳方形的畫面。

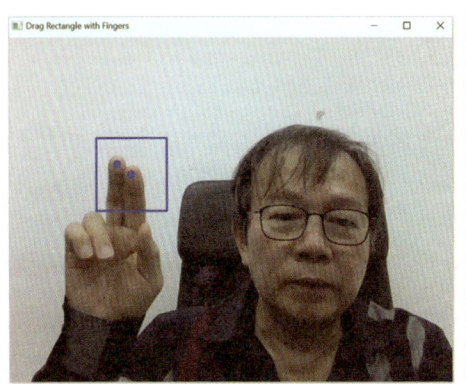

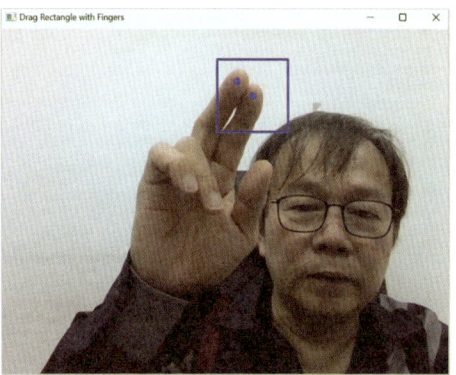

許多科技影片隔空拖曳場景的畫面,其實就是用這種方式設計。上述程式的重點說明如下:

❏ **設定初始矩形(第 13 ~ 15 列)**

這段程式用來定義:

- rect_x, rect_y:矩形的左上角座標。
- rect_size:矩形的大小。
- dragging:這是一個「狀態變數」,如果 True 表示正在拖曳矩形,否則不拖曳。

❏ **判斷手指是否在矩形內(第 18 ~ 20 列)**

這段函數的作用是:

- 輸入:食指或中指的座標 (x, y)。
- 輸出:判斷該座標是否落在矩形範圍內(回傳 True 或 False)。

11-16

11-4 手勢幻影操控

❏ **影像處理主迴圈（第 25 ~ 34 列）**
- 讀取攝影機畫面。
- 轉換顏色格式（BGR → RGB）。
- 呼叫 hands.process( ) 進行手部偵測。

❏ **繪製矩形（第 37 ~ 39 列）**

這段程式會在畫面上畫出一個藍色矩形（BGR：(255, 0, 0)）。

❏ **取得食指 & 中指座標（第 45 ~ 52 列）**

這段程式：
- 透過 hand_landmarks.landmark[8] 取得食指指尖正規化座標。
- 透過 hand_landmarks.landmark[12] 取得中指指尖正規化座標。
- 將相對座標（0 ~ 1）轉換為像素座標。

❏ **判斷手指是否進入矩形（第 55 ~ 67 列）**
- index_inside：食指是否在矩形內。
- middle_inside：中指是否在矩形內。
- 📌 兩根手指都在矩形內時，才啟動拖曳模式。
- 食指 & 中指都在矩形內：dragging = True。
- 任何一根手指離開矩形：dragging = False。

❏ **拖曳矩形（第 70 ~ 72 列）**
- 當 dragging=True，矩形的位置會跟隨手指移動。
- 矩形的左上角 (rect_x, rect_y) 會設為「手指位置 − 一半矩形大小」。
- 這樣可以確保矩形的中心點在手指上。

❏ **在指尖繪製圓點（第 75 ~ 76 列）**
- 在食指 & 中指指尖標記藍色圓點。
- 這樣可以直觀地看到手指的位置。

這個程式執行過程，如果電腦 CPU 速度不足，手指拖曳時不能太快，否則矩形框無法跟上手指的速度。

第 12 章

AI 人體姿勢偵測 MediaPipe Pose

12-1　認識 MediaPipe Pose

12-2　33 個關鍵點詳細解說

12-3　MediaPipe Pose 模組

12-4　繪製人體骨架

12-5　攝影機錄製人體骨架

12-6　AI 人體動作分析 - 座標、距離與角度計算

12-7　伏地挺身與深蹲中

第 12 章　AI 人體姿勢偵測 - MediaPipe Pose

在這個章節中，我們將介紹 MediaPipe Pose，它是一個強大的人體姿勢偵測 (Pose Estimation) 模型，能夠即時偵測並追蹤人體的 33 個關鍵點，包括頭部、肩膀、手肘、膝蓋、腳踝等部位。這項技術廣泛應用於運動分析、健身指導、體感遊戲、AR/VR 互動，甚至人體動作識別 (Human Activity Recognition)。

12-1　認識 MediaPipe Pose

MediaPipe Pose 是 Google MediaPipe 團隊開發的人體姿勢偵測模型，可以透過攝影機影像輸入，即時估計人體姿勢 (Human Pose Estimation)。它利用深度學習 (Deep Learning) 訓練的輕量化模型，能夠高效、低延遲地在 CPU 或 GPU 上運行。

12-1-1　Pose 的特點

❑ **即時人體姿勢偵測**

MediaPipe Pose 可以在攝影機畫面中即時追蹤人體姿勢，並標記 33 個關鍵點，讓開發者能夠獲取人體骨架資訊，應用於健身教練、運動偵測、AI 體感遊戲等領域。

❑ **33 個人體關鍵點**

MediaPipe Pose 會偵測人體的關節、四肢、頭部等 33 個 Landmark (關鍵點)，提供比一般 17 點人體偵測模型 (如 OpenPose) 更詳細的數據，細節可以參考 12-2 節。

❑ **輕量化，能在 CPU/GPU/ 手機端運行**

與許多深度學習姿勢估計模型不同，MediaPipe Pose 是針對 CPU 和手機設備優化的，它可以：

- 在 CPU 上以 30FPS 以上的速度運行。
- 適用於行動裝置 (Android / iOS)。
- 支援 GPU 加速，增強即時性。

❑ **高精準度**

MediaPipe Pose 是用深度學習，透過強大的 CNN (卷積神經網路) 來偵測人體姿勢，其準確度比傳統光學追蹤 (如 OpenPose) 更高，而且不需要穿戴額外的感測設備。

12-1 認識 MediaPipe Pose

❑ **可與 FaceMesh、Hands 結合**
- 與 FaceMesh 結合：可以進行人臉 & 身體動作分析，如表情 + 姿勢的情緒識別。
- 與 Hands 結合：可開發人體 + 手勢互動系統，如 AI 體感遊戲、手勢控制虛擬物件。

12-1-2 Pose (人體姿勢偵測) vs FaceMesh (臉部網格)

差異點與應用可參考下表：

比較項目	Pose (人體姿勢)	FaceMesh (臉部網格)
偵測範圍	全身 (頭、軀幹、四肢)	僅限人臉
關鍵點數量	33 個 (身體關節點)	468 個 (臉部細節點)
主要用途	人體動作偵測	表情識別、臉部特效
應用場景	健身 AI、舞蹈分析、人體動作識別	VTuber、臉部 AR、美顏濾鏡

什麼時候選用 Pose？

- 如果你的應用：需要偵測人體動作（例如：深蹲偵測、運動 AI），你應該選擇 Pose。
- 如果你只需要：追蹤臉部特徵（例如：美顏濾鏡、虛擬主播），那麼 FaceMesh 更適合。

12-1-3 Pose (人體姿勢偵測) vs Hands (手部偵測)

差異點與應用可參考下表：

比較項目	Pose (人體姿勢)	Hands (手部偵測)
偵測範圍	全身 (包含手臂)	僅限手部
關鍵點數量	33 個 (含手肘、手腕，但不包含手指細節)	21 個 (包含手指完整骨架)
主要用途	全身動作分析、人體姿勢追蹤	手勢識別、手部動作追蹤
應用場景	運動分析、體感遊戲、舞蹈偵測	AI 滑鼠、手語識別、虛擬鍵盤、體感控制

什麼時候選用 Pose？

- 如果你需要：全身動作追蹤，例如健身姿勢分析、運動偵測，應該選 Pose。
- 如果你的應用：只涉及手部動作，例如手勢識別、手語轉文字，應該選擇 Hands。

12-2　33 個關鍵點詳細解說

12-2-1　Pose 的 33 個關鍵點

　　MediaPipe Pose 會在人體上偵測 33 個關鍵點，每個點都有固定的索引 (Index)，以下是官網說明圖，以及詳細介紹：

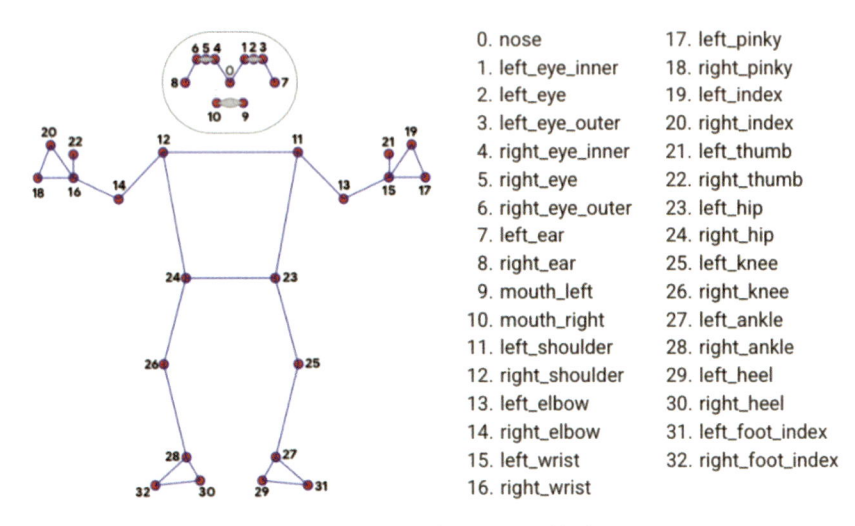

```
0. nose                17. left_pinky
1. left_eye_inner      18. right_pinky
2. left_eye            19. left_index
3. left_eye_outer      20. right_index
4. right_eye_inner     21. left_thumb
5. right_eye           22. right_thumb
6. right_eye_outer     23. left_hip
7. left_ear            24. right_hip
8. right_ear           25. left_knee
9. mouth_left          26. right_knee
10. mouth_right        27. left_ankle
11. left_shoulder      28. right_ankle
12. right_shoulder     29. left_heel
13. left_elbow         30. right_heel
14. right_elbow        31. left_foot_index
15. left_wrist         32. right_foot_index
16. right_wrist
```

圖 12-1：官網 Pose 的 33 個關鍵點說明圖
https://github.com/google-ai-edge/mediapipe/blob/master/docs/solutions/pose.md

❑　頭部 (Head) - 11 點

索引	名稱	描述
0	鼻子 (Nose)	臉部正中央，用於臉部方向偵測
1	左眼內側 (Left Eye Inner)	左眼內角
2	左眼 (Left Eye)	左眼中央
3	左眼外側 (Left Eye Outer)	左眼外角
4	右眼內側 (Right Eye Inner)	右眼內角
5	右眼 (Right Eye)	右眼中央
6	右眼外側 (Right Eye Outer)	右眼外角
7	左耳 (Left Ear)	左耳
8	右耳 (Right Ear)	右耳
9	嘴巴左側 (Mouth Left)	嘴巴左端
10	嘴巴右側 (Mouth Right)	嘴巴右端

應用場景：

- 臉部方向分析（判斷頭部是正視、側視、低頭還是抬頭）。
- 表情識別（結合 FaceMesh，可以偵測笑容、驚訝、困惑等表情）。
- 頭部姿勢修正（防止長時間低頭導致肩頸問題）。

❏ 軀幹 (Torso) - 4 點

索引	名稱	描述
11	左肩 (Left Shoulder)	左肩關節
12	右肩 (Right Shoulder)	右肩關節
23	左髖 (Left Hip)	左側髖關節
24	右髖 (Right Hip)	右側髖關節

應用場景：

- 運動姿勢糾正（肩膀歪斜、駝背矯正）。
- 人體側彎 & 扭動偵測（瑜伽姿勢分析）。
- 人體中心點計算（用來分析站姿、坐姿穩定性）。

❏ 手臂 (Arms) - 10 點

索引	名稱	描述
13	左手肘 (Left Elbow)	左手肘關節
14	右手肘 (Right Elbow)	右手肘關節
15	左手腕 (Left Wrist)	左手腕關節
16	右手腕 (Right Wrist)	右手腕關節
17	左手拇指 (Left Thumb)	左手拇指
18	右手拇指 (Right Thumb)	右手拇指
19	左手食指 (Left Index Finger)	左手食指
20	右手食指 (Right Index Finger)	右手食指
21	左手小指 (Left Pinky Finger)	左手小指
22	右手小指 (Right Pinky Finger)	右手小指

應用場景：

- AI 手勢識別（用手勢控制 AI）。
- 手臂運動分析（伏地挺身、手臂舉高）。
- 體感遊戲（用手臂揮動控制角色）。

❏ **腿部 (Legs) - 10 點**

索引	名稱	描述
25	左膝蓋 (Left Knee)	左膝關節
26	右膝蓋 (Right Knee)	右膝關節
27	左腳踝 (Left Ankle)	左腳踝
28	右腳踝 (Right Ankle)	右腳踝
29	左腳跟 (Left Heel)	左腳跟
30	右腳跟 (Right Heel)	右腳跟
31	左腳趾 (Left Foot Index)	左腳趾
32	右腳趾 (Right Foot Index)	右腳趾

應用場景：

- 深蹲姿勢偵測（偵測膝蓋角度）。
- 跌倒偵測 & 行走模式分析。
- 運動比賽監測（如短跑運動員的起跑姿勢分析）。

12-2-2　MediaPipe Pose 只偵測 11 個頭部點

讀者可能好奇，為什麼 MediaPipe Pose 只偵測 11 個頭部點，而 FaceMesh 偵測 468 個？

- MediaPipe Pose
  - 主要用於全身動作追蹤，不需要太細緻的臉部點位，因此只標記基本的 11 個臉部點。
  - 這些點主要用於 判斷頭部方向、運動時的平衡性。
- MediaPipe FaceMesh：主要用於臉部識別、美顏、AR 濾鏡，因此標記了 468 個超精細的臉部點，用來偵測嘴型、眼神方向、微表情等細節。

12-3 MediaPipe Pose 模組

Pose( ) 是 MediaPipe 提供的一個 API，使用前需要初始化，才可以用於在影像或影片中偵測臉部並標記 33 個關鍵點。

12-3-1 建立模組物件

Pose( ) 函數其實就是一個類別，這個函數位於位於下列 MediaPipe Python API 的模組：

mediapipe.solutions.pose

使用前需要定義此類別物件：

import mediapipe as mp
　　...
mp_pose = mp.solutions.pose　　　　　　　　　# 定義類別物件

有了上述 mp_pose 物件後，就可以呼叫 Pose( ) 函數，建立 Pose 物件，習慣會將此物件設為 pose。然後由參數設定控制此函數的行為，此函數語法如下：

pose = mp_pose.Pose(
　　static_image_mode=False,
　　model_complexity=1,
　　smooth_landmarks=True,
　　min_detection_confidence=0.5,
　　min_tracking_confidence=0.5)

上述各參數說明如下：

- static_image_mode：類型是布林值，預設是 False。若設為 True，則會將輸入影像視為靜態影像，對每張影像都重新偵測。若設為 False，則會進行追蹤以提升效能。
- model_complexity：模型複雜度（0= 輕量，1= 標準，2= 高精度），預設是 1。如果設為 2，偵測準確度會更高，但效能較低。
- smooth_landmarks：是否啟用平滑化 Landmark，預設是 True。
- min_detection_confidence：偵測的最低信心值，預設值是 0.5。
- min_tracking_confidence：追蹤的最低信心值，預設值是 0.5。

在使用 mp_pose.Pose( ) 時，更常見的方式是用預設值方式建立 pose 物件，語法如下：

pose = mp_pose.Pose( )

有了 pose 物件後，就可以呼叫 process( )，偵測人體。

results = pose.process(image_rgb)

上述回傳的 results 物件內有下列 2 個屬性：

- results.pose_landmarks：人體 33 個關鍵點，屬性如下：
  - x：正規化後的 X 座標 (0～1，相對於影像寬度)。
  - y：正規化後的 Y 座標 (0～1，相對於影像高度)。
  - z：相對深度 (通常 z=0 代表人體中心)。
  - visibility：該點的可見性 (0.0～1.0，1.0 表示完全可見)。
- results.pose_world_landmarks：提供 3D 世界座標，其中：
  - x, y, z 不再是正規化值，而是以真實比例表示（z 單位為米）。
  - 這對測量人體相對距離、判斷前後移動 (Z 軸深度) 非常有幫助。

12-3-2　實作偵測圖像的人體

程式實例 ch12_1.py：偵測一張圖 boy.jpg，列出是否可以偵測到人體，如果偵測到則輸出 33 個關鍵點，此程式所使用的圖如下：

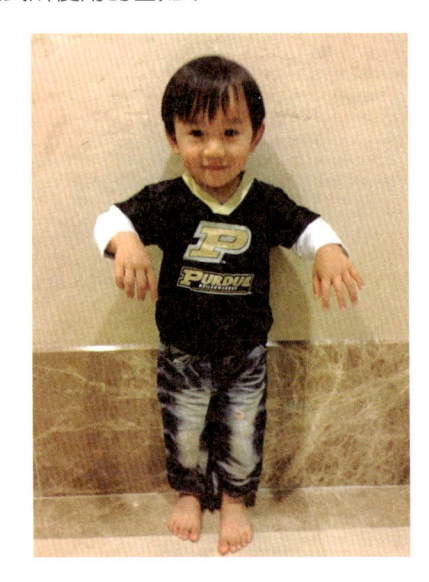

12-3　MediaPipe Pose 模組

```python
1   # ch12_1.py
2   import cv2
3   import mediapipe as mp
4
5   # 初始化 MediaPipe Pose
6   mp_pose = mp.solutions.pose
7   pose = mp_pose.Pose()
8
9   image = cv2.imread("boy.jpg")                              # 讀取圖片
10  image_rgb = cv2.cvtColor(image, cv2.COLOR_BGR2RGB)         # 轉換為 RGB
11
12  # 偵測人體姿勢
13  results = pose.process(image_rgb)
14
15  # 檢查是否成功偵測人體
16  if results.pose_landmarks:
17      print("成功偵測人體")
18      print(results.pose_landmarks)                          # 輸出關鍵點座標
19  else:
20      print("未偵測到人體")
```

執行結果

```
==================== RESTART: D:/AI_Eye/ch12/ch12_1.py ====================
成功偵測人體
landmark {
  x: 0.485639542
  y: 0.226201117
  z: -0.664762378
  visibility: 0.999998689
}
landmark {
  x: 0.512709796
  y: 0.195611358
  z: -0.633598506
  visibility: 0.999996185
}
    ...
```

12-3-3　標記人體 33 個關鍵點

程式實例 ch12_2.py：用 boy.jpg 為例，標記人體 33 個關鍵點。

```python
1   # ch12_2.py
2   import cv2
3   import mediapipe as mp
4   import numpy as np
5
6   # 初始化 MediaPipe Pose
7   mp_pose = mp.solutions.pose
8   pose = mp_pose.Pose()
9
10  image = cv2.imread("boy.jpg")                              # 讀取圖片
11  image_rgb = cv2.cvtColor(image, cv2.COLOR_BGR2RGB)         # 轉換為 RGB
12
13  # 偵測人體姿勢
14  results = pose.process(image_rgb)
15
```

12-9

第 12 章　AI 人體姿勢偵測 - MediaPipe Pose

```
16    # 取得原始圖片大小
17    height, width, _ = image.shape
18
19    # 建立與原始圖片相同大小的白色畫布
20    canvas = np.ones((height, width, 3), dtype=np.uint8) * 255
21
22    # 繪製關鍵點
23    if results.pose_landmarks:
24        for idx, landmark in enumerate(results.pose_landmarks.landmark):
25            # 轉換為原始影像的像素座標
26            x = int(landmark.x * width)
27            y = int(landmark.y * height)
28
29            # 在原始影像上繪製綠色圓點
30            cv2.circle(image, (x, y), 5, (0, 255, 0), -1)
31            cv2.putText(image, str(idx), (x + 10, y - 10),
32                        cv2.FONT_HERSHEY_SIMPLEX, 0.5, (255, 0, 0), 1)
33
34            # 在白色畫布上繪製藍色圓點
35            cv2.circle(canvas, (x, y), 5, (255, 0, 0), -1)
36            cv2.putText(canvas, str(idx), (x + 10, y - 10),
37                        cv2.FONT_HERSHEY_SIMPLEX, 0.5, (0, 0, 0), 1)
38    else:
39        print("未偵測到人體")
40
41    # 顯示原始影像與畫布
42    combined = np.hstack((image, canvas))   # 將兩個畫面合併
43    cv2.imshow("Pose Landmarks - Original & Canvas", combined)
44    cv2.waitKey(0)
45    cv2.destroyAllWindows()
```

執行結果

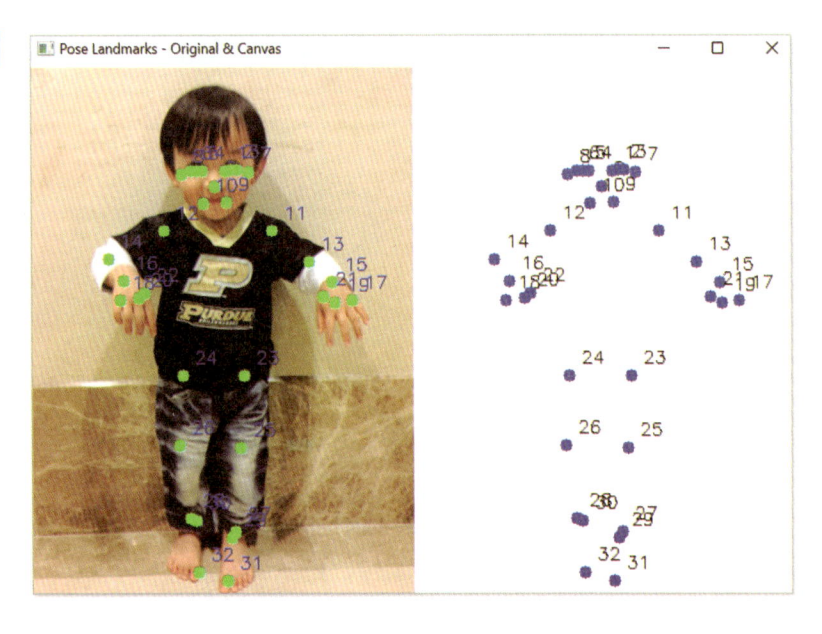

12-4 繪製人體骨架

MediaPipe 的輔助繪圖模組 drawing_utils，這個模組也可以應用在繪製人體骨架，所以模組導入方式相同，如下所示：

```
import mediapipe as mp
    ...
mp_drawing = mp.solutions.drawing_utils
```

接下來就可以使用 mp_drawing 此物件啟動函數，繪製 Pose 裡的人體骨架，所用的是 mp_drawing.draw_landmarks( )。其語法如下：

```
mp_drawing.draw_landmarks(
    image,                          # 影像（NumPy 陣列）
    landmark_list,                  # 偵測到的 33 個關鍵點串列
    connections,                    # 連接方式（可為 None）
    landmark_drawing_spec,          # 關鍵點樣式（可選）
    connection_drawing_spec         # 連線樣式（可選）
)
```

上述各參數說明如下：

- image：需要繪製的影像（通常來自 OpenCV 讀取的影像）。
- landmark_list：偵測到的關鍵點（例如 results.pose_landmarks）。
- connections：連接關鍵點的方式，下列是連接選項：
    - mp_pose.POSE_CONNECTIONS：內建標準骨架。
    - None：只顯示關鍵點，不連接。
    - 使用自訂 connections：如果你想要手動設定骨架連接方式，可以使用 Python 的 list of tuples 格式，例如：

    ```
    custom_connections = [
        (11, 12),            # 左肩 → 右肩
        (23, 24),            # 左髖 → 右髖
        (11, 23),            # 左肩 → 左髖
        (12, 24)             # 右肩 → 右髖
    ]
    ```

這時程式片段如下：

mp_drawing.draw_landmarks(
　　image,
　　results.pose_landmarks,
　　custom_connections　　　　　　　　　# 使用自訂的骨架連接方式
)

- landmark_drawing_spec：可選，關鍵點樣式。MediaPipe 有為此提供預設樣式，讀者可以參考 12-4-2 節。
- connection_drawing_spec：可選，連線樣式。

12-4-1　預設環境繪製人體骨架

程式實例 ch12_3.py：用預設格式繪製人體骨架。

```
1   # ch12_3.py
2   import cv2
3   import mediapipe as mp
4
5   # 初始化 MediaPipe Pose
6   mp_pose = mp.solutions.pose
7   mp_drawing = mp.solutions.drawing_utils
8   pose = mp_pose.Pose()
9
10  image = cv2.imread("boy.jpg")                           # 讀取圖片
11  image_rgb = cv2.cvtColor(image, cv2.COLOR_BGR2RGB)      # 轉換為 RGB
12
13  # 偵測人體姿勢
14  results = pose.process(image_rgb)
15
16  # 繪製人體骨架
17  if results.pose_landmarks:
18      mp_drawing.draw_landmarks(
19          image,
20          results.pose_landmarks,
21          mp_pose.POSE_CONNECTIONS,                       # 內建骨架連接
22      )
23
24  cv2.imshow("Pose Image", image)
25  cv2.waitKey(0)
26  cv2.destroyAllWindows()
```

執行結果

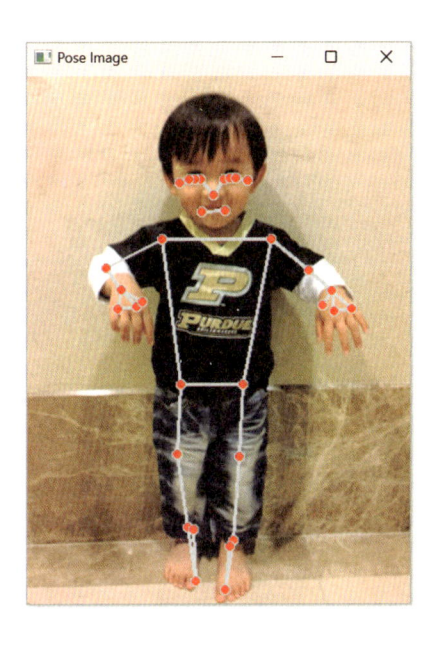

12-4-2　官方推薦預設繪製關鍵點樣式

繪製人體骨架時，用 MediaPipe 提供關鍵點的繪製樣式，draw_landmarks( ) 函數的第 4 個參數，可用下列方式取得：

landmark_drawing_spec = mp_drawing_styles.get_default_pose_landmarks_style( )

程式實例 ch12_4.py：關鍵點用 MediaPipe

```
 5  # 初始化 MediaPipe Pose
 6  mp_pose = mp.solutions.pose
 7  mp_drawing = mp.solutions.drawing_utils
 8  mp_drawing_styles = mp.solutions.drawing_styles
 9  pose = mp_pose.Pose()
10
11  image = cv2.imread("boy.jpg")              # 讀取圖片
12  image_rgb = cv2.cvtColor(image, cv2.COLOR_BGR2RGB)  # 轉換為 RGB
13
14  # 偵測人體姿勢
15  results = pose.process(image_rgb)
16
17  # 繪製人體骨架
18  if results.pose_landmarks:
19      mp_drawing.draw_landmarks(
20          image,
21          results.pose_landmarks,
22          mp_pose.POSE_CONNECTIONS,
23          landmark_drawing_spec=mp_drawing_styles.get_default_pose_landmarks_style()
24      )
```

第 12 章 AI 人體姿勢偵測 - MediaPipe Pose

執行結果

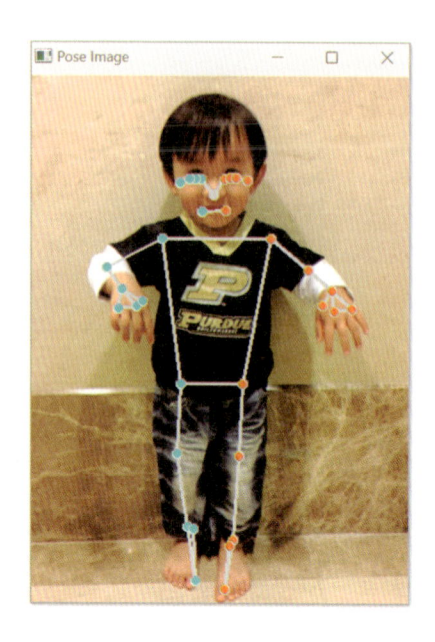

註 目前 MediaPipe 沒有額外提供 connection_drawing_spec,連線樣式的系統預設。

12-4-3 自訂繪製格式

我們可以用 mp_draw.DrawingSpec( ) 自行定義關鍵點樣式和連線樣式。

程式實例 ch12_5.py:自行定義,綠色、線條寬度和半徑是 1 的關鍵點樣式。線條樣式是藍色,線條厚度是 1 的連線,繪製人體骨架。

```
1   # ch12_5.py
2   import cv2
3   import mediapipe as mp
4
5   # 初始化 MediaPipe Pose
6   mp_pose = mp.solutions.pose
7   mp_drawing = mp.solutions.drawing_utils
8   pose = mp_pose.Pose()
9
10  image = cv2.imread("boy.jpg")                           # 讀取圖片
11  image_rgb = cv2.cvtColor(image, cv2.COLOR_BGR2RGB)      # 轉換為 RGB
12
13  # 偵測人體姿勢
14  results = pose.process(image_rgb)
15
16  # 定義關鍵點樣式和連線樣式
17  landmark_style = mp_drawing.DrawingSpec(color=(0, 255, 0),
18                                          thickness=1,
```

```
19                                              circle_radius=1)
20   connection_style = mp_drawing.DrawingSpec(color=(255, 0, 0),
21                                              thickness=1)
22
23   # 繪製人體骨架
24   if results.pose_landmarks:
25       mp_drawing.draw_landmarks(
26           image,
27           results.pose_landmarks,
28           mp_pose.POSE_CONNECTIONS,            # 內建骨架連接
29           landmark_drawing_spec=landmark_style, # 關鍵點樣式
30           connection_drawing_spec=connection_style  # 骨架連接樣式
31       )
32
33   cv2.imshow("Pose Image", image)
34   cv2.waitKey(0)
35   cv2.destroyAllWindows()
```

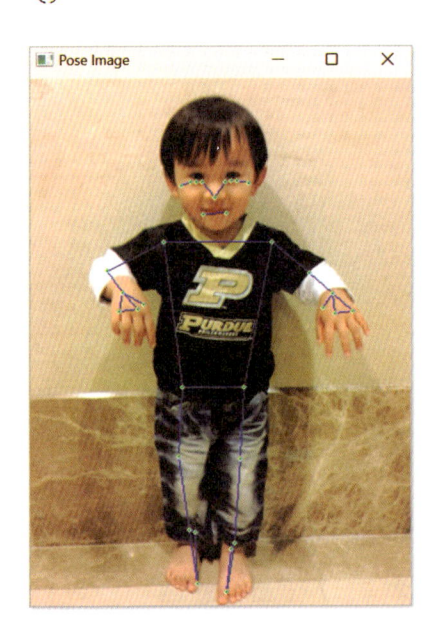

執行結果

12-4-4 多元 connections 的應用

程式實例 ch12_6.py：用三種不同的 connections 設定來繪製人體骨架，然後顯示結果。三種繪製骨架方式如下：

- 方式 1：標準骨架 (POSE_CONNECTIONS)
- 方式 2：只顯示關鍵點 (不繪製骨架)
- 方式 3：自訂連接方式 (只畫肩膀 & 髖部的骨架)

第 12 章 AI 人體姿勢偵測 - MediaPipe Pose

```python
1   # ch12_6.py
2   import cv2
3   import mediapipe as mp
4   import numpy as np
5
6   # 初始化 MediaPipe Pose
7   mp_pose = mp.solutions.pose
8   mp_drawing = mp.solutions.drawing_utils
9   pose = mp_pose.Pose()
10
11  image = cv2.imread("boy.jpg")                          # 讀取圖片
12  image_rgb = cv2.cvtColor(image, cv2.COLOR_BGR2RGB)     # 轉換為 RGB
13
14  # 偵測人體姿勢
15  results = pose.process(image_rgb)
16
17  if results.pose_landmarks:
18      # 使用 np.copy() 確保不同影像
19      image_no_connections = np.copy(image)
20      image_custom_connections = np.copy(image)
21
22      # 方式 1 使用標準骨架
23      mp_drawing.draw_landmarks(
24          image,
25          results.pose_landmarks,
26          mp_pose.POSE_CONNECTIONS
27      )
28
29      # 方式 2 只顯示關鍵點，不連接骨架
30      mp_drawing.draw_landmarks(
31          image_no_connections,
32          results.pose_landmarks,
33          None
34      )
35
36      # 方式 3 用自訂連接方式，只連接肩膀 Shoulder & 髖部 Hip
37      custom_connections = [(11, 12), (23, 24), (11, 23), (12, 24)]
38      mp_drawing.draw_landmarks(
39          image_custom_connections,
40          results.pose_landmarks,
41          custom_connections
42      )
43
44  # 顯示結果
45  cv2.imshow("Pose Image", image)
46  cv2.imshow("No Connections", image_no_connections)
47  cv2.imshow("Custom Connections", image_custom_connections)
48  cv2.waitKey(0)
49  cv2.destroyAllWindows()
```

執行結果

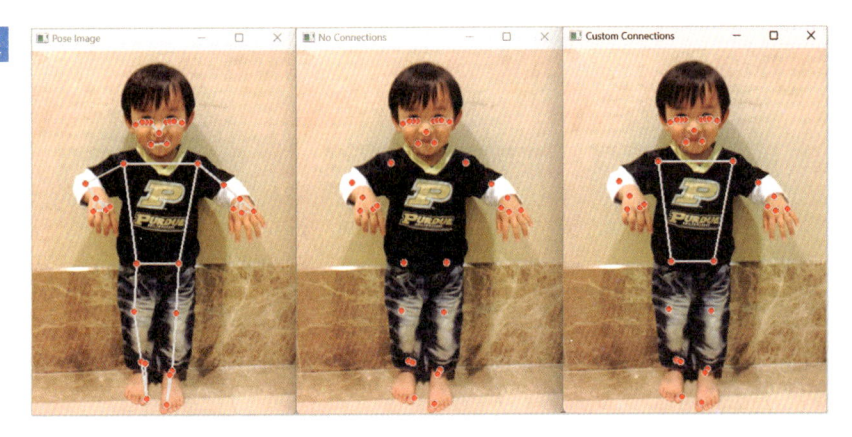

12-5 攝影機錄製人體骨架

當讀者了解繪製人體骨架觀念後，我們可以應用攝影機追蹤人體姿勢並顯示骨架，這個功能可適用於

- AI 健身指導
- 體感遊戲
- 運動分析

程式實例 ch12_7.py：攝影機追蹤人體姿勢並顯示骨架，按 q 鍵可以結束程式。

```
1   # ch12_7.py
2   import cv2
3   import mediapipe as mp
4
5   # 初始化 MediaPipe Pose & 繪圖工具
6   mp_pose = mp.solutions.pose
7   mp_drawing = mp.solutions.drawing_utils
8   mp_drawing_styles = mp.solutions.drawing_styles
9   pose = mp_pose.Pose()
10
11  # 開啟攝影機
12  cap = cv2.VideoCapture(0)
13  while cap.isOpened():
14      ret, frame = cap.read()
15      if not ret:
16          break
17
18      frame_rgb = cv2.cvtColor(frame, cv2.COLOR_BGR2RGB)   # 轉換為 RGB
19
20      # 偵測人體姿勢
21      results = pose.process(frame_rgb)
```

```
22
23          # 如果偵測到人體，繪製骨架
24          if results.pose_landmarks:
25              mp_drawing.draw_landmarks(
26                  frame,
27                  results.pose_landmarks,
28                  mp_pose.POSE_CONNECTIONS,
29                  landmark_drawing_spec=mp_drawing_styles.get_default_pose_landmarks_style())
30
31          # 顯示畫面
32          cv2.imshow("Pose Detection", frame)
33          # 按 "q" 退出
34          if cv2.waitKey(1) & 0xFF == ord('q'):
35              break
36
37      cap.release()
38      cv2.destroyAllWindows()
```

執行結果

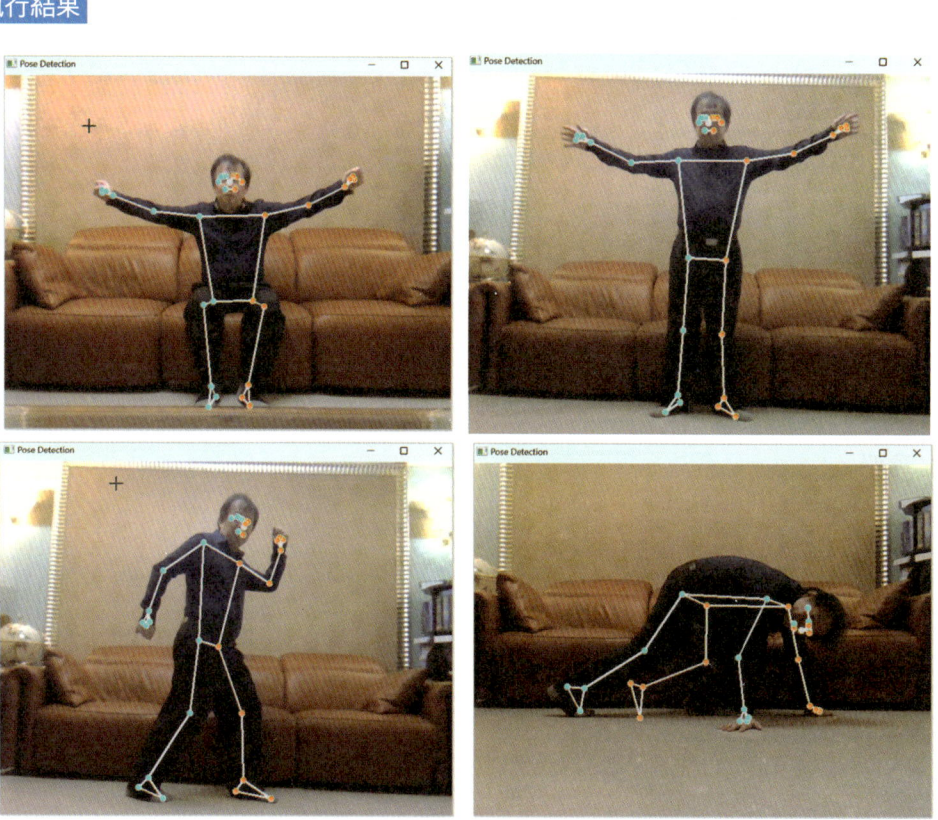

12-6 AI 人體動作分析 - 座標、距離與角度計算

前面各小節，我們學會了用 MediaPipe Pose 即時執行人體姿勢偵測。若是想真正應用，需要透過座標、距離與角度計算，讓 AI 更深入理解人體動作，並提供即時反饋。

12-6-1 座標計算

取得關鍵點座標的優點與應用場景如下：

- 優點
  - 能夠精確記錄人體的動作軌跡，可用於運動與復健應用。
  - 可進一步計算距離與角度，分析動作正確性。
  - 支援即時應用，如體感遊戲、虛擬健身教練。
- 應用場景
  - 偵測站姿與坐姿：矯正駝背、提醒久坐。
  - 體感遊戲開發：讓遊戲角色與玩家同步動作。
  - 運動監測：追蹤手腳位置，分析運動效率。

每個關鍵點都有 (x, y, z) 坐標，可以使用下列語法取得：

results.pose_landmarks.landmark[index]

程式實例 ch12_8.py：用綠色點標記「左右肩膀 (11, 12)」、「左右手肘 (13, 14)」、「左右膝蓋 (25, 26)」，同時列出的座標。因為攝影機是不中斷拍攝，所以會不斷輸出肩膀、手肘、膝蓋的座標，按 q 鍵可以結束程式。

```
1   # ch12_8.py
2   import cv2
3   import mediapipe as mp
4
5   # 初始化 MediaPipe Pose
6   mp_pose = mp.solutions.pose
7   pose = mp_pose.Pose()
8
9   # 開啟攝影機
10  cap = cv2.VideoCapture(0)
11
12  while cap.isOpened():
13      ret, frame = cap.read()
```

```python
14        if not ret:
15            break
16
17        # 取得影像尺寸
18        frame_height, frame_width, _ = frame.shape
19
20        frame_rgb = cv2.cvtColor(frame, cv2.COLOR_BGR2RGB)   # 轉換為 RGB
21
22        # 偵測人體姿勢
23        results = pose.process(frame_rgb)
24
25        if results.pose_landmarks:
26            landmarks = results.pose_landmarks.landmark
27
28            # 轉換為像素座標
29            def to_pixel(landmark):
30                return (int(landmark.x * frame_width),
31                        int(landmark.y * frame_height))
32
33            left_shoulder = to_pixel(landmarks[11])
34            right_shoulder = to_pixel(landmarks[12])
35            left_elbow = to_pixel(landmarks[13])
36            right_elbow = to_pixel(landmarks[14])
37            left_knee = to_pixel(landmarks[25])
38            right_knee = to_pixel(landmarks[26])
39
40            # 印出像素座標
41            print(f"左肩  : {left_shoulder}, 右肩  : {right_shoulder}")
42            print(f"左手肘: {left_elbow}, 右手肘: {right_elbow}")
43            print(f"左膝  : {left_knee}, 右膝  : {right_knee}")
44
45            # 在影像上標記點
46            for point in [left_shoulder, right_shoulder, left_elbow,
47                          right_elbow, left_knee, right_knee]:
48                cv2.circle(frame, point, 5, (0, 255, 0), -1)   # 綠色圓點
49
50    cv2.imshow("Pose Detection", frame)
51
52    if cv2.waitKey(1) & 0xFF == ord('q'):
53        break
54
55 cap.release()
56 cv2.destroyAllWindows()
```

執行結果

```
================= RESTART: D:/AI_Eye/ch12/ch12_8.py =================
左肩   : (351, 204), 右肩   : (267, 203)
左手肘 : (361, 259), 右手肘 : (254, 259)
左膝   : (358, 304), 右膝   : (260, 300)
左肩   : (350, 203), 右肩   : (266, 202)
左手肘 : (364, 256), 右手肘 : (250, 257)
左膝   : (359, 304), 右膝   : (260, 300)
                         ...
```

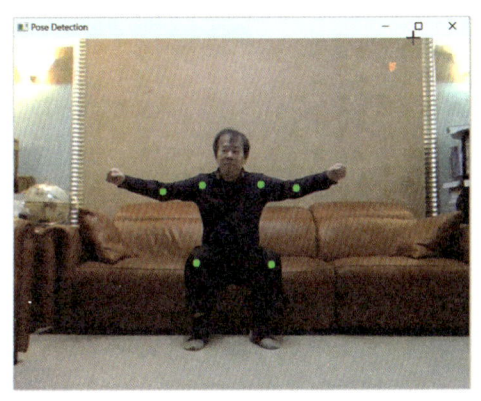

12-6-2 關鍵點的列舉常數

上一小節我們獲得了很好的結果，在真實應用中要記住索引不容易，也可以用列舉常數方式標記關鍵點，其優點如下：

- 可讀性更好比直接使用索引更容易理解。
- 避免硬編碼（Hard Coding），使用索引數字可能會讓程式難以維護。

下列是 MediaPipe Pose 33 個關鍵點列舉常數表。

索引（Index）	列舉常數（Enum）	關鍵點名稱（人體部位）
0	mp_pose.PoseLandmark.NOSE	鼻子
1	mp_pose.PoseLandmark.LEFT_EYE_INNER	左眼內角
2	mp_pose.PoseLandmark.LEFT_EYE	左眼
3	mp_pose.PoseLandmark.LEFT_EYE_OUTER	左眼外角
4	mp_pose.PoseLandmark.RIGHT_EYE_INNER	右眼內角
5	mp_pose.PoseLandmark.RIGHT_EYE	右眼
6	mp_pose.PoseLandmark.RIGHT_EYE_OUTER	右眼外角
7	mp_pose.PoseLandmark.LEFT_EAR	左耳
8	mp_pose.PoseLandmark.RIGHT_EAR	右耳
9	mp_pose.PoseLandmark.MOUTH_LEFT	左嘴角
10	mp_pose.PoseLandmark.MOUTH_RIGHT	右嘴角
11	mp_pose.PoseLandmark.LEFT_SHOULDER	左肩
12	mp_pose.PoseLandmark.RIGHT_SHOULDER	右肩
13	mp_pose.PoseLandmark.LEFT_ELBOW	左手肘

第 12 章　AI 人體姿勢偵測 - MediaPipe Pose

索引（Index）	列舉常數（Enum）	關鍵點名稱（人體部位）
14	mp_pose.PoseLandmark.RIGHT_ELBOW	右手肘
15	mp_pose.PoseLandmark.LEFT_WRIST	左手腕
16	mp_pose.PoseLandmark.RIGHT_WRIST	右手腕
17	mp_pose.PoseLandmark.LEFT_PINKY	左小指
18	mp_pose.PoseLandmark.RIGHT_PINKY	右小指
19	mp_pose.PoseLandmark.LEFT_INDEX	左食指
20	mp_pose.PoseLandmark.RIGHT_INDEX	右食指
21	mp_pose.PoseLandmark.LEFT_THUMB	左拇指
22	mp_pose.PoseLandmark.RIGHT_THUMB	右拇指
23	mp_pose.PoseLandmark.LEFT_HIP	左臀部
24	mp_pose.PoseLandmark.RIGHT_HIP	右臀部
25	mp_pose.PoseLandmark.LEFT_KNEE	左膝蓋
26	mp_pose.PoseLandmark.RIGHT_KNEE	右膝蓋
27	mp_pose.PoseLandmark.LEFT_ANKLE	左腳踝
28	mp_pose.PoseLandmark.RIGHT_ANKLE	右腳踝
29	mp_pose.PoseLandmark.LEFT_HEEL	左腳跟
30	mp_pose.PoseLandmark.RIGHT_HEEL	右腳跟
31	mp_pose.PoseLandmark.LEFT_FOOT_INDEX	左腳尖
32	mp_pose.PoseLandmark.RIGHT_FOOT_INDEX	右腳尖

程式實例 ch12_9.py：用列舉常數輸出左肩索引。

```
1   # ch12_9.py
2   import mediapipe as mp
3
4   mp_pose = mp.solutions.pose
5
6   # 取得左肩關鍵點
7   left_shoulder = mp_pose.PoseLandmark.LEFT_SHOULDER
8   print(f"左肩索引 : {left_shoulder.value}")       # 11
```

執行結果
```
===================== RESTART: D:/AI_Eye/ch12/ch12_9.py =====================
左肩索引 : 11
```

程式實例 ch12_10.py：用列舉常數方式重新設計 ch12_8.py，只要修改第 33 ~ 38 列內容如下即可。

```
33          # 使用列舉常數來獲取關鍵點座標
34          left_shoulder = to_pixel(landmarks[mp_pose.PoseLandmark.LEFT_SHOULDER])
35          right_shoulder = to_pixel(landmarks[mp_pose.PoseLandmark.RIGHT_SHOULDER])
36          left_elbow = to_pixel(landmarks[mp_pose.PoseLandmark.LEFT_ELBOW])
37          right_elbow = to_pixel(landmarks[mp_pose.PoseLandmark.RIGHT_ELBOW])
38          left_knee = to_pixel(landmarks[mp_pose.PoseLandmark.LEFT_KNEE])
39          right_knee = to_pixel(landmarks[mp_pose.PoseLandmark.RIGHT_KNEE])
```

執行結果 與 ch12_8.py 相同。

12-6-3 計算關鍵點之間的距離

計算距離的優點與應用場景如下：

- 優點
  - 可以測量人體關鍵點之間的相對距離，例如手肘與手腕的距離、腳步間距。
  - 幫助分析運動幅度、步伐大小、動作範圍。
  - 應用於體育科學、AI 健身指導。

- 應用場景
  - AI 監測跑步步伐：測量左右腳步距，判斷步幅是否一致。
  - 健身 AI 訓練：分析深蹲動作時，膝蓋與腳跟的相對距離。
  - 物理治療與復健：記錄受傷者手臂或腿部的移動距離，評估恢復進度。

在使用 MediaPipe Pose 進行人體姿勢分析時，選擇正規化距離（Normalized Distance）或像素距離（Pixel Distance）取決於應用場景。以下是兩者的差異與適用情境：

❑ 正規化距離（Normalized Distance）

計算人體關鍵點在正規化座標（範圍 0 ~ 1）上的距離。適用於不同影像尺寸的比較，例如 $(x1- x2)^2 + (y1- y2)^2$ 來計算兩點的距離。

- 優點
  - 跨影像比較時具有一致性（適用於不同解析度的影像）。
  - 不受影像解析度影響（例如 720p 與 1080p 影像的計算結果相同）。
  - 適用於 AI 模型輸入（機器學習通常使用正規化距離，而非像素距離）。

- 缺點
    - 無法用來測量實際尺寸（無法知道真實的物理距離）。
    - 只能比較影像內的比例關係（適用於 AI 模型訓練，而非真實測量）。
- 適用場景
    - AI 姿勢識別（如比對不同人的動作）。
    - 運動員姿勢分析（如比較選手的動作相似度）。
    - 機器學習應用（如動作分類模型）。

計算正規化距離的函數可用下列方式設計：

```
def calculate_normalized_distance(point1, point2):
    """ 計算正規化距離 """
    pt1 = np.array([point1.x, point1.y])        # 正規化座標 [0 ~ 1]
    pt2 = np.array([point2.x, point2.y])        # 正規化座標 [0 ~ 1]
    return np.linalg.norm(pt1- pt2)             # 計算歐幾里得距離
```

❏ 像素距離（Pixel Distance）

計算人體關鍵點在實際影像中的像素距離，單位為 px（像素）。透過影像解析度換算座標，例如 (x * width, y * height) 轉換為像素座標。

- 優點
    - 能夠直接用於實際測量（如人體關節運動範圍）。
    - 適用於同一影像內的比較（例如測量同一影像中，左右手的距離）。
    - 影像解析度不變時，距離計算一致。
- 缺點
    - 當影像解析度變化時，計算結果不一致（相同的手臂長度，在 720p 和 1080p 影像中計算結果不同）。
    - 無法跨影像比較（兩張不同解析度的影像，計算的距離可能不一致）。
- 適用場景
    - 人體運動分析（如手臂擺動範圍、步幅測量）。
    - 即時顯示座標，標記關鍵點位置。
    - 手勢識別與控制（如透過手勢控制滑鼠、鍵盤）。

計算像素距離的函數可以用下列方式設計：

```python
def calculate_pixel_distance(point1, point2, width, height):
    """ 計算像素距離 """
    pt1 = np.array([point1.x * width, point1.y * height])    # 轉換為像素座標
    pt2 = np.array([point2.x * width, point2.y * height])    # 轉換為像素座標
    return np.linalg.norm(pt1- pt2)                          # 計算歐幾里得距離
```

❏ 兩者的比較

比較項目	像素距離	正規化距離
計算方式	以像素座標計算歐幾里得距離	以正規化座標計算歐幾里得距離
是否與影像解析度有關	會受到影像解析度影響	不受影像解析度影響
適用場景	測量真實影像內的距離	跨影像比較、AI 模型輸入
應用案例	運動分析、即時標記、人體測量	AI 姿勢識別、比對不同影像中的人體動作
機器學習應用	不適合，因為影像尺寸不同會影響結果	適合，能提供一致的標準化距離

❏ 何時應該選擇像素距離或正規化距離？

應用場景	應該使用
測量運動幅度（如手臂擺動、步伐大小）	像素距離
即時影像標記（如顯示距離變化）	像素距離
AI 模型輸入（如人體動作分類）	正規化距離
跨影像比較（如不同攝影機的影像）	正規化距離

程式實例 ch12_11.py：計算手肘到手腕的正規化距離，同時用綠色點標記這 2 個關鍵點。

```python
1   # ch12_11.py
2   import cv2
3   import mediapipe as mp
4   import numpy as np
5
6   # 初始化 MediaPipe Pose
7   mp_pose = mp.solutions.pose
8   pose = mp_pose.Pose()
9
10  def calculate_distance(point1, point2):
11      """ 計算兩點之間的歐幾里得距離 """
12      pt1 = np.array([point1.x, point1.y])        # 轉換為 Numpy 陣列
13      pt2 = np.array([point2.x, point2.y])        # 轉換為 Numpy 陣列
```

```python
14          return np.linalg.norm(pt1 - pt2)              # 計算歐幾里得距離
15
16   def to_pixel(landmark, width, height):
17       """ 將 NormalizedLandmark 轉換為像素座標 """
18       if landmark is not None:
19           return (int(landmark.x * width), int(landmark.y * height))
20       return None                                       # 確保返回合法的值
21
22   # 開啟攝影機
23   cap = cv2.VideoCapture(0)
24
25   while cap.isOpened():
26       ret, frame = cap.read()
27       if not ret:
28           break
29
30       # 取得影像尺寸
31       frame_height, frame_width, _ = frame.shape
32
33       frame_rgb = cv2.cvtColor(frame, cv2.COLOR_BGR2RGB)    # 轉換為 RGB
34
35       # 偵測人體姿勢
36       results = pose.process(frame_rgb)
37
38       if results.pose_landmarks:
39           landmarks = results.pose_landmarks.landmark
40
41           # 確保關鍵點不是 None
42           if landmarks[mp_pose.PoseLandmark.LEFT_ELBOW] and \
43              landmarks[mp_pose.PoseLandmark.LEFT_WRIST]:
44               elbow = landmarks[mp_pose.PoseLandmark.LEFT_ELBOW]
45               wrist = landmarks[mp_pose.PoseLandmark.LEFT_WRIST]
46
47               # 計算距離
48               distance = calculate_distance(elbow, wrist)
49               print(f"手肘到手腕的距離: {distance:.2f}")
50
51               # 轉換為像素座標
52               elbow_pixel = to_pixel(elbow, frame_width, frame_height)
53               wrist_pixel = to_pixel(wrist, frame_width, frame_height)
54
55               # 在影像上標記點,先檢查是否有效
56               for point in [elbow_pixel, wrist_pixel]:
57                   # 確保 point 是合法的 (x, y) 座標,然後繪製綠色點
58                   if point is not None:
59                       cv2.circle(frame, point, 5, (0, 255, 0), -1)
60
61       cv2.imshow("Pose Detection", frame)
62
63       if cv2.waitKey(1) & 0xFF == ord('q'):
64           break
65
66   cap.release()
67   cv2.destroyAllWindows()
```

12-6 AI 人體動作分析 - 座標、距離與角度計算

執行結果

```
======================= RESTART: D:/AI_Eye/ch12/ch12_11.py =======================
手肘到手腕的距離: 0.18
手肘到手腕的距離: 0.26
手肘到手腕的距離: 0.25
```

　　下列 2 個綠色點，從右到左分別是手肘和手腕，當移動手臂時綠色點也會移動，同時同步輸出 正規化距離。

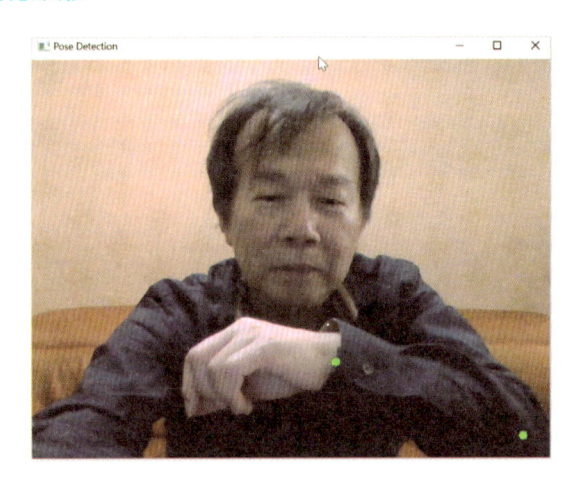

程式實例 ch12_12.py：計算手肘到手腕的 像素距離，同時用綠色點標記這 2 個關鍵點。

```
1   # ch12_12.py
2   import cv2
3   import mediapipe as mp
4   import numpy as np
5
6   # 初始化 MediaPipe Pose
7   mp_pose = mp.solutions.pose
8   pose = mp_pose.Pose()
9
10  def calculate_pixel_distance(point1, point2, width, height):
11      """ 計算像素距離 """
12      pt1 = np.array([point1.x * width, point1.y * height])    # 轉換為像素座標
13      pt2 = np.array([point2.x * width, point2.y * height])    # 轉換為像素座標
14      return np.linalg.norm(pt1 - pt2)                          # 歐幾里得距離
15
16  def to_pixel(landmark, width, height):
17      """ 將 NormalizedLandmark 轉換為像素座標 """
18      if landmark is not None:
19          return int(landmark.x * width), int(landmark.y * height)
20      return None                                              # 確保返回合法的值
21
22  # 開啟攝影機
23  cap = cv2.VideoCapture(0)
24
```

```python
25    while cap.isOpened():
26        ret, frame = cap.read()
27        if not ret:
28            break
29
30        # 取得影像尺寸
31        frame_height, frame_width, _ = frame.shape
32
33        frame_rgb = cv2.cvtColor(frame, cv2.COLOR_BGR2RGB)        # 轉換為 RGB
34
35        # 偵測人體姿勢
36        results = pose.process(frame_rgb)
37
38        if results.pose_landmarks:
39            landmarks = results.pose_landmarks.landmark
40
41            # 確保關鍵點不是 None
42            if landmarks[mp_pose.PoseLandmark.LEFT_ELBOW] and \
43                landmarks[mp_pose.PoseLandmark.LEFT_WRIST]:
44                elbow = landmarks[mp_pose.PoseLandmark.LEFT_ELBOW]
45                wrist = landmarks[mp_pose.PoseLandmark.LEFT_WRIST]
46
47                # 計算像素距離
48                distance = calculate_pixel_distance(elbow, wrist,
49                                                    frame_width, frame_height)
50                print(f"手肘到手腕的像素距離: {distance:.2f} px")
51
52                # 轉換為像素座標
53                elbow_pixel = to_pixel(elbow, frame_width, frame_height)
54                wrist_pixel = to_pixel(wrist, frame_width, frame_height)
55
56                # 在影像上標記點，先檢查是否有效
57                for point in [elbow_pixel, wrist_pixel]:
58                    # 確保 point 是合法的 (x, y) 座標，然後繪製綠色點
59                    if point is not None:
60                        cv2.circle(frame, point, 5, (0, 255, 0), -1)
61
62        cv2.imshow("Pose Detection", frame)
63
64        if cv2.waitKey(1) & 0xFF == ord('q'):
65            break
66
67    cap.release()
68    cv2.destroyAllWindows()
```

執行結果

```
====================== RESTART: D:/AI_Eye/ch12/ch12_12.py ======================
手肘到手腕的像素距離: 146.58 px
手肘到手腕的像素距離: 142.08 px
手肘到手腕的像素距離: 141.44 px
                                   ...
```

下列 2 個綠色點，從右到左分別是手肘和手腕，當移動手臂時綠色點也會移動，同時同步輸出像素距離。

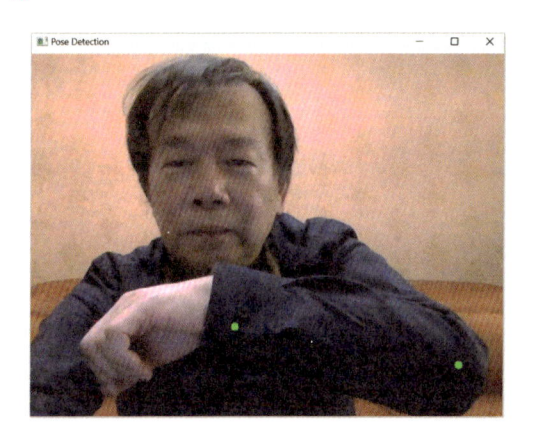

12-6-4 計算關鍵點的角度

人體的關節角度可以透過向量運算與餘弦定理 (Cosine Rule) 來計算。當我們有三個關鍵點 A、B、C，其中 B 為關節點，我們可以計算：

- 向量 BA (從 B 指向 A)
- 向量 BC (從 B 指向 C)

然後使用向量內積 (Dot Product) 和 arccos 反餘弦函數 來求夾角 θ：

$$\theta = \cos^{-1}\left(\frac{\vec{BA} \cdot \vec{BC}}{||\vec{BA}|| \cdot ||\vec{BC}||}\right)$$

公式中的符號與解釋

- 向量表示
  - 向量 BA (從 B 指向 A)
    $$\vec{BA} = (x_A - x_B, y_A - y_B)$$
  - 向量 BC (從 B 指向 C)
    $$\vec{BC} = (x_C - x_B, y_C - y_B)$$
- 向量內積 (Dot Product)
    $$\vec{BA} \cdot \vec{BC} = (x_A - x_B)(x_C - x_B) + (y_A - y_B)(y_C - y_B)$$

● 向量長度 (Norm)

$$\|\vec{BA}\| = \sqrt{(x_A - x_B)^2 + (y_A - y_B)^2}$$
$$\|\vec{BC}\| = \sqrt{(x_C - x_B)^2 + (y_C - y_B)^2}$$

● 最終公式

$$\theta = \cos^{-1}\left(\frac{(x_A - x_B)(x_C - x_B) + (y_A - y_B)(y_C - y_B)}{\sqrt{(x_A - x_B)^2 + (y_A - y_B)^2} \cdot \sqrt{(x_C - x_B)^2 + (y_C - y_B)^2}}\right)$$

這個公式可以用來計算人體的關節角度，例如手肘、膝蓋、肩膀等部位！

程式實例 ch12_13.py：以二維坐標來看，假設手肘、膝蓋、肩膀目前座標分別如下，請計算目前手臂關節的彎曲程度，或是直接稱角度。

● A = (3, 4)　　　　　　　# 肩膀
● B = (5, 6)　　　　　　　# 手肘 (關節)
● C = (7, 4)　　　　　　　# 手腕

```python
1   # ch12_13.py
2   import numpy as np
3
4   def calculate_angle(a, b, c):
5       """ 計算人體關節角度 """
6       a = np.array(a)                    # A 點座標 (例如肩膀)
7       b = np.array(b)                    # B 點座標 (例如手肘)
8       c = np.array(c)                    # C 點座標 (例如手腕)
9
10      # 計算向量 BA 和 BC
11      ba = a - b                         # 方向從 B 指向 A
12      bc = c - b                         # 方向從 B 指向 C
13
14      # 計算內積
15      cosine_angle = np.dot(ba, bc) / (np.linalg.norm(ba) * np.linalg.norm(bc))
16
17      # 反餘弦計算角度，避免數值誤差超過 [-1,1]
18      angle = np.arccos(np.clip(cosine_angle, -1.0, 1.0))
19
20      return np.degrees(angle)           # 轉換成角度
21
22  # 計算手肘角度
23  A = (3, 4)                             # 肩膀
24  B = (5, 6)                             # 手肘 ( 關節 )
25  C = (7, 4)                             # 手腕
26
27  elbow_angle = calculate_angle(A, B, C)
28  print(f"手肘角度: {elbow_angle:.2f}°")
```

執行結果
```
==================== RESTART: D:/AI_Eye/ch12/ch12_13.py ====================
手肘角度: 90.00°
```

12-7 伏地挺身與深蹲中

12-7-1 關鍵點角度的應用範圍

計算人體關鍵點的角度可以應用於：

❑ AI 健身教練

監測運動姿勢，確保動作標準：

- 伏地挺身 (Push-up)：手肘角度「< 90°」計算一次完整動作。
- 深蹲 (Squat)：膝蓋角度「< 90°」計為一次。
- 仰臥起坐 (sit-up)：判斷上半身角度變化來計數。

❑ 醫療與復健

監測關節活動範圍 (Range of Motion, ROM)：

- 肩膀活動測試。
- 膝關節運動康復分析。
- 下肢步態分析 (Gait Analysis)。

❑ 體感遊戲 & AI 動作識別

人體動作識別，控制遊戲角色：

- 手肘角度 > 150°：開啟遊戲技能
- 膝蓋角度變化：角色跳躍
- 身體彎曲程度：不同的遊戲動作輸入

12-7-2 偵測「伏地挺身中」或「深蹲中」

程式實例 ch12_14.py：這個程式會即時偵測人體，並計算：

- 手肘角度 (Elbow Angle)

第 12 章　AI 人體姿勢偵測 - MediaPipe Pose

- 膝蓋角度 (Knee Angle)
- 當手肘角度 < 90°，會顯示「伏地挺身中」
- 當膝蓋角度 < 90°，會顯示「深蹲中」

```python
# ch12_14.py
import cv2
import mediapipe as mp
import numpy as np

# 初始化 MediaPipe Pose
mp_pose = mp.solutions.pose
mp_drawing = mp.solutions.drawing_utils
pose = mp_pose.Pose()

def calculate_angle(a, b, c):
    """ 計算關節角度 """
    a = np.array(a)                              # 點 A
    b = np.array(b)                              # 點 B (關節)
    c = np.array(c)                              # 點 C
    # 計算向量 BA 和 BC
    ba = a - b                                   # 方向從 B 指向 A
    bc = c - b                                   # 方向從 B 指向 C
    # 計算內積
    cosine_angle = np.dot(ba, bc) / (np.linalg.norm(ba) * np.linalg.norm(bc))
    # 反餘弦計算角度, 避免數值誤差超過 [-1,1]
    angle = np.arccos(np.clip(cosine_angle, -1.0, 1.0))
    return np.degrees(angle)                     # 轉換成角度

# 開啟攝影機
cap = cv2.VideoCapture(0)
while cap.isOpened():
    ret, frame = cap.read()
    if not ret:
        break

    frame_rgb = cv2.cvtColor(frame, cv2.COLOR_BGR2RGB)    # 轉換為 RGB
    results = pose.process(frame_rgb)                      # 偵測人體姿勢

    if results.pose_landmarks:
        landmarks = results.pose_landmarks.landmark
        h, w, _ = frame.shape
```

```python
            # 取得手肘與膝蓋的 2D 座標
            left_shoulder = (landmarks[11].x * w, landmarks[11].y * h)
            left_elbow = (landmarks[13].x * w, landmarks[13].y * h)
            left_wrist = (landmarks[15].x * w, landmarks[15].y * h)

            left_hip = (landmarks[23].x * w, landmarks[23].y * h)
            left_knee = (landmarks[25].x * w, landmarks[25].y * h)
            left_ankle = (landmarks[27].x * w, landmarks[27].y * h)

            # 計算手肘與膝蓋的角度
            elbow_angle = calculate_angle(left_shoulder, left_elbow, left_wrist)
            knee_angle = calculate_angle(left_hip, left_knee, left_ankle)

            # 顯示手肘角度
            cv2.putText(frame, f'Elbow: {int(elbow_angle)} deg',
                        (50, 50), cv2.FONT_HERSHEY_SIMPLEX, 1, (0, 255, 0), 2)

            # 顯示膝蓋角度
            cv2.putText(frame, f'Knee: {int(knee_angle)} deg',
                        (50, 100), cv2.FONT_HERSHEY_SIMPLEX, 1, (255, 0, 0), 2)

            # 判斷伏地挺身 Push-up
            if elbow_angle < 90:
                cv2.putText(frame, "Push-up!",
                            (50, 150), cv2.FONT_HERSHEY_SIMPLEX, 1, (0, 0, 255), 2)

            # 判斷深蹲 Squat
            if knee_angle < 90:
                cv2.putText(frame, "Squat!",
                            (50, 200), cv2.FONT_HERSHEY_SIMPLEX, 1, (0, 0, 255), 2)

    cv2.imshow("Pose Detection - Angle Analysis", frame)

    if cv2.waitKey(1) & 0xFF == ord('q'):
        break

cap.release()
cv2.destroyAllWindows()
```

執行結果

程式執行期間會自動列出目前手肘角度 (Elbow Angle) 和膝蓋角度 (Knee Angle)。下方左圖是尚未偵測到伏地挺身，右圖是偵測到後輸出「Push-up!」。

下方左圖是尚未偵測到深蹲，右圖是偵測到後輸出「Push-up!」。

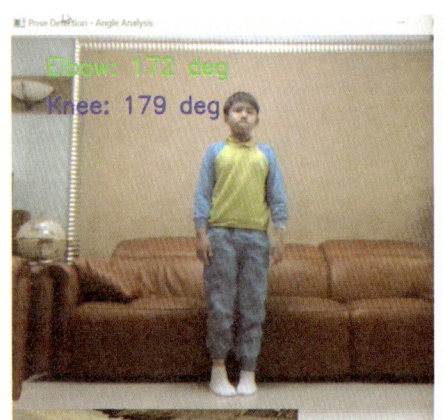

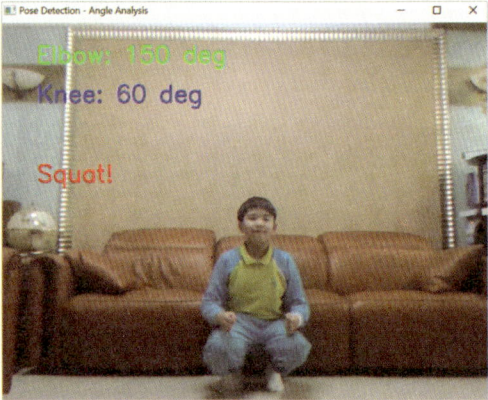

第 13 章

AI 靜態圖像與攝影背景去除

12-1　為何需要背景去除？

12-2　使用 MediaPipe Selfie Segmentation 進行背景去除

13-3　MediaPipe Selfie Segmentation 模組

13-4　圖像背景去除實作

13-5　智慧攝影機背景處理

13-6　AI 背景的創意應用

第 13 章　AI 靜態圖像與攝影背景去除

背景去除技術不僅提升影像識別的準確度，還能應用於視訊會議、直播、虛擬角色互動等領域。本章將深入探討 MediaPipe Selfie Segmentation，這是一種高效能的 AI 背景分割技術，無需綠幕即可實現背景替換與模糊化效果。我們將解析其核心運作方式，並提供多種實作方法，如黑白背景、高斯模糊背景、圖片替換背景等，最後延伸至智慧攝影機即時處理與 AI 創意應用，幫助讀者靈活運用此技術。

13-1　為何需要背景去除？

13-1-1　背景去除的概念

背景去除（Background Removal）是一種電腦視覺技術，目的是將前景（通常是人物）與背景分離，以便專注於重要目標，而不受環境雜訊干擾。這項技術在影像處理、AR/VR、視訊會議、人體偵測等領域有著廣泛應用。

背景去除能夠提升 Holistic 人體關鍵點識別準確度，並可用於：

- 移除雜亂的背景，減少 Holistic 偵測錯誤。
- 強調人體動作與行為，提升影像分析的精確度。
- 將背景替換為虛擬畫面，應用於遠端會議、遊戲、AR 虛擬角色控制等。

註　Holistic 是 MediaPipe 全身偵測的應用，將在下一章說明。

13-1-2　背景去除的關鍵應用場景

背景去除不僅適用於 Holistic，也適用於許多電腦視覺應用，以下是一些重要的使用場景：

❏ AI 影像分析與 Holistic 應用

背景去除能幫助 AI 更專注於前景人物，特別是在人體姿態分析、手勢識別、臉部表情識別等 Holistic 相關應用中：

- 運動分析：去除健身房背景，只關注使用者的運動姿勢。
- 人體行為監測：避免背景影響姿態判斷，例如站姿、坐姿監測。
- 手勢互動：只偵測手勢動作，而不受背景影響。

13-1 為何需要背景去除？

❑ **視訊會議與虛擬背景**

視訊會議軟體（如 Zoom、Google Meet）經常使用背景去除來替換背景，讓使用者可以在家工作，而不會顯示雜亂的環境：

- 企業視訊會議：透過 AI 模型去除背景並加入專業虛擬背景，提高專業感。
- 直播與線上課程：創作者可以移除雜亂背景，專注於講解內容。
- 遠端教育與輔助教學：老師可利用背景去除技術，將自身影像與投影片、教學動畫結合。

❑ **AR / VR 虛擬角色與遊戲**

在 AR（擴增實境）與 VR（虛擬實境）應用中，背景去除是讓玩家與虛擬世界互動的關鍵技術：

- AR 虛擬主播：AI 可去除直播主背景，讓虛擬角色覆蓋真人動作。
- VR 遊戲手勢控制：去除背景後，Holistic 可精準偵測玩家手勢來控制遊戲角色。
- 混合實境（MR）應用：將玩家影像無縫融合到遊戲環境中。

❑ **影像處理與特效**

背景去除技術在影像處理與特效製作中也非常重要，例如：

- 去除背景後自動補全影像（AI 修圖）。
- 電影與影視後製（類似綠幕技術，但無需實體綠幕）。
- AI 捷運廣告技術：利用背景去除，讓 AI 自動將人物與廣告畫面結合。

13-1-3　背景去除對 AI 偵測的影響

在使用 Holistic 進行人體偵測時，背景可能會導致以下問題：

問題	影響	解決方案
背景雜訊（物體、其他人）	可能導致 Holistic 偵測到錯誤的姿態或手勢	先去除背景，只保留主要人物
影像色彩與人物相近	Holistic 可能無法準確分辨人體關鍵點	使用背景去除來強化前景對比度
低光環境或高反差背景	可能影響 Holistic 的可見度判斷	背景去除後，補光或增強對比度

13-1-4 背景去除的技術選擇

有多種技術可用於去除背景,根據不同的應用需求,可以選擇適合的方法:

❑ **MediaPipe Selfie Segmentation**
- 特點:輕量級、適合即時應用、運行速度快。
- 適用場景
  - Holistic 姿態偵測前去除背景。
  - 視訊會議虛擬背景。
  - 即時直播與 AR 應用。

❑ **OpenCV 綠幕技術(Chroma Keying)**
- 特點:傳統影視後製技術,須在綠色背景下拍攝。
- 適用場景
  - 錄影棚內專業影像處理。
  - 特定背景替換需求。

❑ **深度學習模型(MODNet、U^2-Net、Rembg)**
- 特點:高精度,適合專業影像處理與影片後製。
- 適用場景
  - 高品質影像分割。
  - AI 影片去背與自動剪輯。
  - 照片去背與 AI 補全。

本章主要是說明 MediaPipe Selfie Segmentation。

13-2 使用 MediaPipe Selfie Segmentation 進行背景去除

13-2-1 什麼是 MediaPipe Selfie Segmentation？

MediaPipe Selfie Segmentation 是 Google MediaPipe 提供的一個即時人物背景分割技術，可以在不需要綠幕（Chroma Key）或專業設備的情況下，快速偵測並分離人物與背景。

Selfie Segmentation 的特點：

- 高效能：可以在 CPU 和 GPU 上即時運行，適合即時視訊處理。
- 無需特定背景：不像綠幕技術，Selfie Segmentation 可以在任何背景下運行。
- 應用廣泛：
  - 視訊會議（如 Zoom 虛擬背景）
  - Holistic 人體偵測前處理
  - AI 直播與虛擬角色合成
  - 影片特效（模糊背景、替換背景）

13-2-2 Selfie Segmentation 的運作原理

Selfie Segmentation 使用深度學習模型來預測影像中的人物遮罩（Mask），將前景（人物）與背景區分開來：

- 輸入：影像（靜態圖片或即時攝影機畫面）
- 處理：
  - 解析影像中的人物
  - 產生遮罩（Mask），遮罩值介於 0（背景）到 1（前景人物）
  - 利用遮罩來修改背景，例如：
  - 移除背景（透明化）
  - 模糊背景（景深效果）
  - 替換背景（加入虛擬背景）
- 輸出：經過處理的新影像

13-3 MediaPipe Selfie Segmentation 模組

SelfieSegmentation( ) 是 MediaPipe 提供的一個去除背景的 API，使用前需要初始化才可以應用。

13-3-1 建立模組物件

SelfieSegmentation( ) 函數其實就是一個類別，這個函數位於位於下列 MediaPipe Python API 的模組：

mp.solutions.selfie_segmentation

使用前需要定義此類別物件：

import mediapipe as mp
　　...
mp_selfie_segmentation = mp.solutions.selfie_segmentation　　# 定義物件

有了上述 mp_selfie_segmentation 物件後，就可以呼叫 SelfieSegmentation( ) 函數，建立 segmentation 物件，習慣會將此物件設為 segmentation。然後由參數設定控制此函數的行為，此函數語法如下：

segmentation = mp_selfie_segmentation.SelfieSegmentation(model_selection=1)

MediaPipe 提供兩種模型選擇，可根據應用需求調整：

- model_selection=0（近距離模式）：這是預設。
  - 最適合自拍（臉部與上半身為主）。
  - 適用於視訊會議、直播、個人虛擬背景。
- model_selection=1（遠距離模式）：
  - 適用於全身偵測（站立、運動姿態）。
  - 適合運動分析、人體識別。

13-3-2 process( ) 方法處理影像

一旦建立 SelfieSegmentation 物件後，必須使用 process( ) 方法來處理影像並產生遮罩（mask），語法如下：

```
result = segmentation.process(image)
```

process( ) 方法回傳一個 segmentation_mask 遮罩,我們常用 result 當作變數名稱。這個遮罩是一個 0 到 1 之間的浮點數陣列,數值越接近 1,表示該區域越可能是前景(人物)。

13-3-3 認識回傳值 segmentation_mask – 遮罩結構

❏ 遮罩外形

可以用 shape 屬性獲得遮罩外形,例如:

```
print(result.segmentation_mask.shape)                    # (height, width)
```

- 形狀與輸入影像相同(僅包含 1 個通道)。
- 這是一個 2D 陣列,每個像素點的值範圍 0 ~ 1,表示該點屬於人物的可能性:
  - 接近 1:前景人物區域
  - 接近 0:背景區域

❏ 遮罩的數據範例

如果輸入影像的大小為 480×640,則 segmentation_mask 的形狀為 (480, 640),其真實數據可參考實例 ch13_1.py。

程式實例 ch13_1.py:認識輸出的影像的大小與內容,本程式所讀的圖 boy.jpg,可參考第 12-3-2 節。

```python
1   # ch13_1.py
2   import cv2
3   import mediapipe as mp
4   import numpy as np
5
6   # 初始化 MediaPipe Selfie Segmentation
7   mp_selfie_segmentation = mp.solutions.selfie_segmentation
8   segmentation = mp_selfie_segmentation.SelfieSegmentation(model_selection=1)
9
10  # 讀取圖片
11  image = cv2.imread("boy.jpg")
12  image_rgb = cv2.cvtColor(image, cv2.COLOR_BGR2RGB)
13
14  # 執行背景分割
15  result = segmentation.process(image_rgb)
```

```
16
17  # 輸出外形和內容
18  print(f"圖像 (height, width) : {result.segmentation_mask.shape}")
19  print(np.round(result.segmentation_mask, 3))
```

執行結果

```
===================== RESTART: D:\AI_Eye\ch13\ch13_1.py =====================
圖像 (height, width) : (441, 332)
[[0. 0. 0. ... 0. 0. 0.]
 [0. 0. 0. ... 0. 0. 0.]
 [0. 0. 0. ... 0. 0. 0.]
 ...
 [0. 0. 0. ... 0. 0. 0.]
 [0. 0. 0. ... 0. 0. 0.]
 [0. 0. 0. ... 0. 0. 0.]]
```

上述看到許多 0，這是第 19 列取小數第 3 位的結果，表示是背景區域。

13-3-4 轉換遮罩為灰階影像

程式實例 ch13_2.py：將遮罩轉為灰階影像，同時顯示原始影像和灰階影像。

```
1   # ch13_2.py
2   import cv2
3   import mediapipe as mp
4   import numpy as np
5
6   # 初始化 MediaPipe Selfie Segmentation
7   mp_selfie_segmentation = mp.solutions.selfie_segmentation
8   segmentation = mp_selfie_segmentation.SelfieSegmentation(model_selection=1)
9
10  # 讀取圖片
11  image = cv2.imread("boy.jpg")
12  image_rgb = cv2.cvtColor(image, cv2.COLOR_BGR2RGB)
13
14  # 執行背景分割
15  result = segmentation.process(image_rgb)
16
17  # 轉換為 0~255 灰階影像顯示
18  mask_display = (result.segmentation_mask * 255).astype(np.uint8)
19
20  # 顯示遮罩
21  cv2.imshow("Source Image", image)
22  cv2.imshow("Segmentation Mask", mask_display)
23  cv2.waitKey(0)
24  cv2.destroyAllWindows()
```

執行結果

13-4 圖像背景去除實作

13-4-1 設計黑色和白色背景

程式實例 ch13_3.py：設計程式前景保持，可以去除背景，分別用黑色和白色取代原先的背景。

```
1   # ch13_3.py
2   import cv2
3   import mediapipe as mp
4   import numpy as np
5
6   # 初始化 MediaPipe Selfie Segmentation
7   mp_selfie_segmentation = mp.solutions.selfie_segmentation
8   segmentation = mp_selfie_segmentation.SelfieSegmentation(model_selection=1)
9
10  image = cv2.imread("boy.jpg")                          # 讀取圖片
11  image_rgb = cv2.cvtColor(image, cv2.COLOR_BGR2RGB)     # 轉換為 RGB
12
13  # 執行背景分割
14  result = segmentation.process(image_rgb)
15
16  # 取得 segmentation_mask 並擴展維度
17  mask = result.segmentation_mask
18  mask = np.expand_dims(mask, axis=-1)                   # 轉換為 3D 矩陣，便於運算
```

13-9

```
19
20   # 產生黑色背景
21   black_background = np.zeros_like(image, dtype=np.uint8)    # 全黑背景
22
23   # 產生前景 + 黑色背景
24   foreground_black = (image * mask +
25                       black_background * (1 - mask)).astype(np.uint8)
26
27   # 顯示影像
28   cv2.imshow("Foreground with Black Background", foreground_black)
29
30   # 按 'q' 關閉視窗
31   while True:
32       if cv2.waitKey(1) & 0xFF == ord('q'):
33           break
34
35   cv2.destroyAllWindows()
```

執行結果 可參考下方左圖。

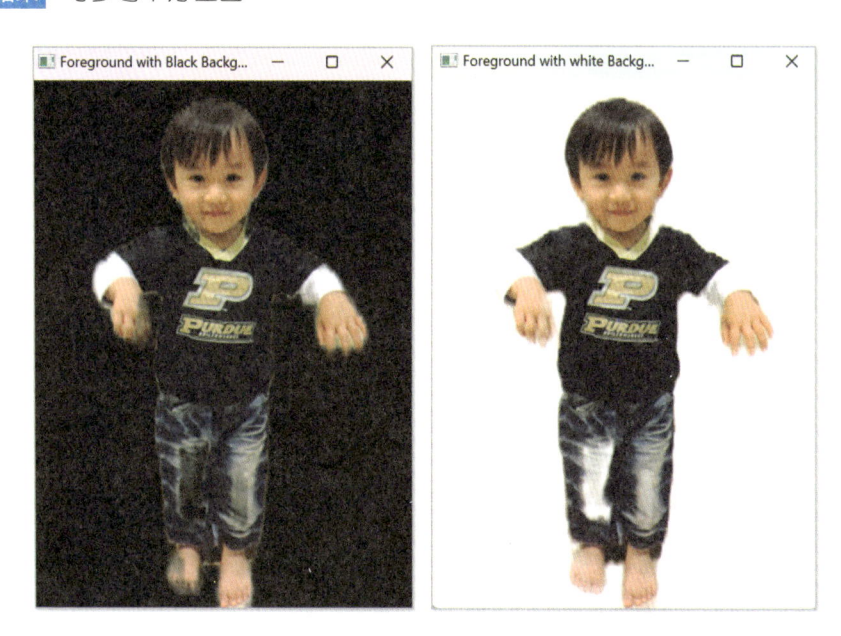

這個程式設計重點如下：

❏ 取得 segmentation_mask 並擴展維度

```
mask = result.segmentation_mask
mask = np.expand_dims(mask, axis=-1)        # 轉換為 3D 矩陣，便於運算
```

上述說明如下：

- result.segmentation_mask 是一個 2D 陣列（高 × 寬），數值範圍為 0～1。
- np.expand_dims(mask, axis=-1)：將 2D 遮罩轉換為 3D 陣列（高 × 寬 × 1），以便與影像相乘。

❏ 產生黑色背景

```
black_background = np.zeros_like(image, dtype=np.uint8)    # 全黑背景
```

上述說明如下：

- np.zeros_like(image, dtype=np.uint8)：建立與原圖大小相同的黑色背景（所有像素值為 0）。

❏ 產生前景 + 黑色背景

```
foreground_black = (image * mask +
                    black_background * (1 - mask)).astype(np.uint8)
```

這列程式的數學運算：

- image * mask：保留前景人物（因為 mask 在人物區域接近 1，背景區域接近 0）。
- black_background * (1 - mask)：保留背景為黑色（背景區域接近 1，前景區域接近 0）。
- astype(np.uint8)：確保影像為 OpenCV 可處理的 8-bit 整數格式（0～255）。

程式實例 ch13_3_1.py：重新設計 ch13_3.py，改成用白色背景。

```
20  # 產生白色背景
21  white_background = np.ones_like(image, dtype=np.uint8) * 255    # 全白背景
22
23  # 產生前景 + 白色背景
24  foreground_white = (image * mask +
25                      white_background * (1 - mask)).astype(np.uint8)
26
27  # 顯示影像
28  cv2.imshow("Foreground with white Background", foreground_white)
```

執行結果 可以參考 ch13_3.py 執行結果的下方右圖。

13-4-2 建立背景是高斯模糊

程式實例 ch13_4.py：建立高斯模糊背景影像。

```
20   # 建立高斯模糊背景
21   blurred_background = cv2.GaussianBlur(image, (55, 55), 0)    # 調整模糊程度
22
23   # 產生背景模糊效果的影像
24   output_image = (image * mask + blurred_background * (1 - mask)).astype(np.uint8)
25
26   # 顯示影像
27   cv2.imshow("Blurred Background", output_image)
```

執行結果

上述程式設計重點如下：

❏ **建立高斯模糊背景**

blurred_background = cv2.GaussianBlur(image, (55, 55), 0)

上述說明如下：

- cv2.GaussianBlur( )：讓背景變模糊，數字 (55, 55) 控制模糊強度（數值越大，模糊效果越強）。

❏ **產生背景模糊的影像**

output_image = (image * mask + blurred_background * (1 - mask)).astype(np.uint8)

上述說明如下：

- image * mask：只保留前景人物
- blurred_background * (1 - mask)：只保留模糊背景
- 兩者相加，產生最終影像

13-4-3 圖片取代背景

程式實例 ch13_5.py：讀取前景圖 boy.jpg 和背景圖 bg.jpg，取得人物前景然後貼到背景圖上。

```python
1   # ch13_5.py
2   import cv2
3   import mediapipe as mp
4   import numpy as np
5   
6   # 初始化 MediaPipe Selfie Segmentation
7   mp_selfie_segmentation = mp.solutions.selfie_segmentation
8   segmentation = mp_selfie_segmentation.SelfieSegmentation(model_selection=1)
9   
10  foreground = cv2.imread("boy.jpg")                          # 讀取前景圖片
11  foreground_rgb = cv2.cvtColor(foreground, cv2.COLOR_BGR2RGB)  # 轉換為 RGB
12  background = cv2.imread("bg.jpg")                           # 讀取背景圖片
13  
14  # 調整背景圖大小，使其與前景圖一致
15  background = cv2.resize(background, (foreground.shape[1], foreground.shape[0]))
16  
17  # 執行背景分割
18  result = segmentation.process(foreground_rgb)
19  
20  # 取得 segmentation_mask 並擴展維度
21  mask = result.segmentation_mask
22  mask = np.expand_dims(mask, axis=-1)            # 轉換為 3D 矩陣，便於運算
23  
24  # 混合前景與新背景      foreground * mask        取得人物前景
25  #                      background * (1 - mask)  取得背景
26  output_image = (foreground * mask + background * (1 - mask)).astype(np.uint8)
27  
28  # 顯示結果
29  cv2.imshow("Source Image", foreground)
30  cv2.imshow("Background Image", background)
31  cv2.imshow("Replaced Background", output_image)
32  
33  # 按 'q' 關閉視窗
34  while True:
35      if cv2.waitKey(1) & 0xFF == ord('q'):
36          break
37  
38  cv2.destroyAllWindows()
```

第 13 章　AI 靜態圖像與攝影背景去除

執行結果　下方左圖是含前景的圖，中間是背景圖，右邊是結果圖。

上述程式設計重點如下：

❑ **讀取前景與背景圖片**

foreground = cv2.imread("boy.jpg")
background = cv2.imread("bg.jpg")

上述說明如下：

- boy.jpg：前景圖片
- bg.jpg：背景圖片

❑ **確保背景圖片與前景相同大小**

background = cv2.resize(background, (foreground.shape[1], foreground.shape[0]))

上述說明如下：

- 確保 bg.jpg 與 boy.jpg 大小一致，否則無法正確合併。

❑ **直接混合前景與背景**

output_image = (foreground * mask + background * (1 - mask)).astype(np.uint8)

上述說明如下：

- 前景來自 boy.jpg。

- 背景來自 bg.jpg。
- 這樣人物區域保留，背景自動替換。

13-5 智慧攝影機背景處理

經過本書前面的內容，相信讀者已經了解開啟攝影機的程式設計，本節將直接用實例說明。

程式實例 ch13_6.py：設計黑色背景的即時攝影場景。

```python
1   # ch13_6.py
2   import cv2
3   import mediapipe as mp
4   import numpy as np
5
6   # 初始化 Selfie Segmentation
7   mp_selfie_segmentation = mp.solutions.selfie_segmentation
8   segmentation = mp_selfie_segmentation.SelfieSegmentation(model_selection=1)
9
10  # 開啟攝影機
11  cap = cv2.VideoCapture(0)
12  while cap.isOpened():
13      ret, frame = cap.read()
14      if not ret:
15          break
16
17      frame_rgb = cv2.cvtColor(frame, cv2.COLOR_BGR2RGB)        # 轉換為 RGB
18
19      # 執行背景分割
20      result = segmentation.process(frame_rgb)
21
22      # 取得 segmentation_mask 並擴展維度
23      mask = result.segmentation_mask
24      mask = np.expand_dims(mask, axis=-1)           # 轉換為 3D 矩陣，便於運算
25
26      # 建立黑色背景
27      background = np.zeros_like(frame, dtype=np.uint8)
28
29      # 合成輸出畫面，人物保留，背景變黑
30      output_frame = (frame * mask + background * (1 - mask)).astype(np.uint8)
31
32      # 顯示結果，按 q 可以結束
33      cv2.imshow("Selfie Segmentation - Background Removed", output_frame)
34      if cv2.waitKey(1) & 0xFF == ord('q'):
35          break
36
37  cap.release()
38  cv2.destroyAllWindows()
```

第 13 章　AI 靜態圖像與攝影背景去除

執行結果

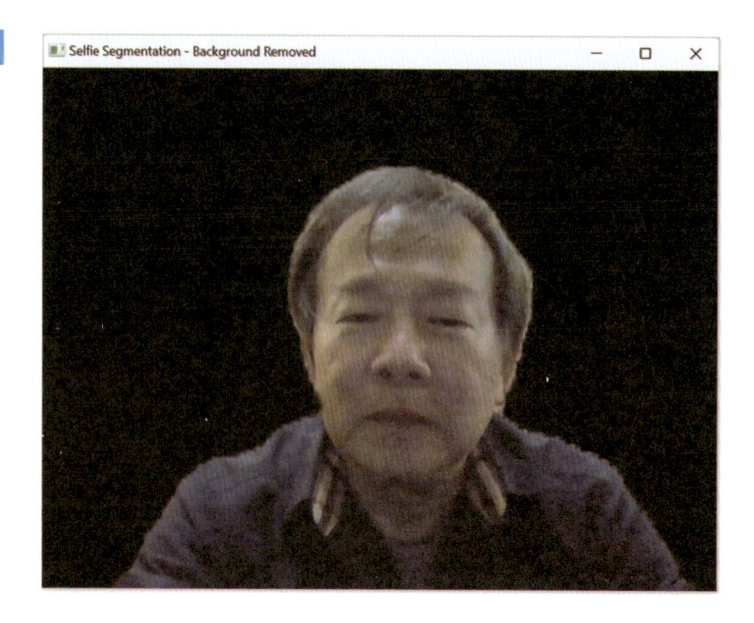

程式實例 ch13_7.py：修改 ch13_6.py，下列是修改部分，改成高斯模糊背景的攝影場景。

```
26        # 建立高斯模糊背景
27        blurred_background = cv2.GaussianBlur(frame, (55, 55), 0)   # 調整模糊強度
28
29        # 產生前景 + 模糊背景
30        output_frame = (frame * mask + blurred_background * (1 - mask)).astype(np.uint8)
```

執行結果

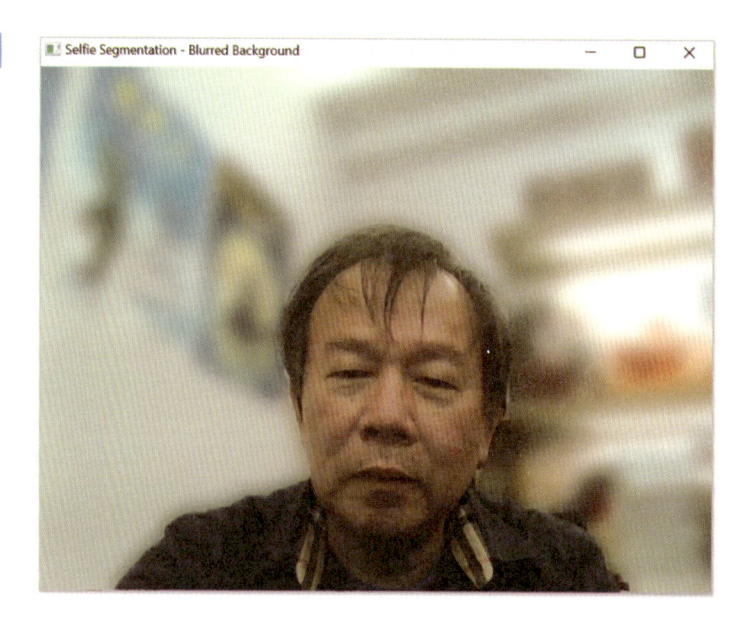

13-16

程式實例 ch13_8.py：修改 ch13_6.py，下列是重點部分，背景改成 snow.jpg 圖片。

```
10  # 讀取背景圖片
11  background_image = cv2.imread("snow.jpg")   # 替換為你的背景圖片
12
13  # 開啟攝影機
14  cap = cv2.VideoCapture(0)
15  while cap.isOpened():
16      ret, frame = cap.read()
17      if not ret:
18          break
19
20      frame_rgb = cv2.cvtColor(frame, cv2.COLOR_BGR2RGB)      # 轉換為 RGB
21
22      # 執行背景分割
23      result = segmentation.process(frame_rgb)
24
25      # 取得 segmentation_mask 並擴展維度
26      mask = result.segmentation_mask
27      mask = np.expand_dims(mask, axis=-1)   # 轉換為 3D 矩陣，便於運算
28
29      # 調整背景大小，確保與攝影機影像一致
30      bg_resized = cv2.resize(background_image, (frame.shape[1], frame.shape[0]))
31
32      # 產生前景 + 新背景
33      output_frame = (frame * mask + bg_resized * (1 - mask)).astype(np.uint8)
```

執行結果

13-6　AI 背景的創意應用

　　提取前景與更換背景是一項強大的影像處理技術，除了基本的虛擬背景，還有許多創意應用。以下是一些創意性的應用案例，讀者可以選擇最感興趣的來實作。

❑ **AI 動態海報（個人卡通化背景）**

- 概念
  - 提取人物，然後用 AI 生成的背景（如 MidJourney、Stable Diffusion）來製作獨特的海報效果。
  - 例如：讓普通照片變成 漫畫風格、太空背景、復古風格 的作品。
- 技術點
  - 使用 MediaPipe 提取前景
  - 將背景替換為 AI 生成的圖片
  - 可疊加光影特效，讓圖片更有藝術感
- Python 重點程式碼

```
new_background = cv2.imread("ai_generated_poster.jpg")   # 讀取 AI 生成背景
background_resized = cv2.resize(new_background, (foreground.shape[1], foreground.shape[0]))
output_image = (foreground * mask + background_resized * (1 - mask)).astype(np.uint8)
```

- 應用場景
  - 個人化社群媒體頭像
  - 潮流時尚設計
  - 創意展覽、個人品牌形象

❑ **AI 影片換背景（動態背景）**

- 概念
  - 即時擷取前景，並將背景替換成 動態影片，讓人看起來像在不同的環境中（如海邊、太空、科幻城市）。
  - 可以用 OpenCV 播放背景影片，並且讓前景人物無縫疊加在影片上。
- 技術點
  - 使用 OpenCV 讀取影片（cv2.VideoCapture）

13-6 AI 背景的創意應用

- 使用 segmentation_mask 即時更新前景
- 逐幀合成，將人物擷取並疊加到背景影片上

● Python 重點程式碼

```python
cap = cv2.VideoCapture("background_video.mp4")   # 讀取影片
while cap.isOpened():
    ret, frame = cap.read()
    if not ret:
        break
    frame = cv2.resize(frame, (foreground.shape[1], foreground.shape[0]))  # 確保背景大小匹配
    output_frame = (foreground * mask + frame * (1 - mask)).astype(np.uint8)
    cv2.imshow("Dynamic Background", output_frame)
    if cv2.waitKey(1) & 0xFF == ord('q'):
        break
cap.release()
cv2.destroyAllWindows()
```

● 應用場景
- 直播虛擬背景（如 Twitch、YouTube 直播）
- 遠端視訊會議背景
- 影像特效，創造電影級體驗

❏ AI 虛擬試衣間

● 概念
- 將用戶的前景分離，然後讓他們在不同的服裝背景下「試穿」衣服。
- 可以讓使用者上傳不同的衣服模板，並讓 AI 自動調整服裝大小與透視角度。

● 技術點
- 前景提取後，使用 GAN（生成對抗網路）讓衣服與人體自然貼合
- OpenCV 疊加衣服圖層，讓圖片保持真實感
- Python 重點程式碼（簡單版）：

```python
clothing = cv2.imread("shirt.png", cv2.IMREAD_UNCHANGED)   # 讀取衣服
clothing_resized = cv2.resize(clothing, (foreground.shape[1], foreground.shape[0]))
output_image = cv2.addWeighted(foreground, 1, clothing_resized, 0.6, 0)   # 疊加衣服
```

● 應用場景
- 線上購物虛擬試衣
- 遊戲角色服裝試穿
- AR 商業應用

第 13 章　AI 靜態圖像與攝影背景去除

- ❑ **AI 寵物攝影棚**
  - 概念
    - 去除寵物背景，然後替換為不同的 動物攝影棚背景，像是森林、熱帶雨林、雪地等。
    - 甚至可以自動識別貓、狗的品種，並推薦背景。
  - 技術點
    - 使用 OpenCV cv2.putText() 自動生成「名牌」
    - AI 分類模型（ResNet、MobileNet）來識別寵物品種
    - 使用 MediaPipe 手勢識別，讓寵物主人比「OK」手勢時拍照
  - Python 重點程式碼（簡單版）

```
cv2.putText(output_image, "Golden Retriever", (50, 50),
        cv2.FONT_HERSHEY_SIMPLEX, 1, (255, 255, 255), 2)
```

  - 應用場景
    - 寵物攝影 APP
    - 寵物 AI 形象設計
    - 動物保護組織使用 AI 記錄流浪動物

- ❑ **AI 時空旅行（歷史 / 文化背景替換）**
  - 概念
    - 使用 AI 自動替換背景為「不同時代或地點」，讓使用者看起來像在 古埃及、未來城市、火星、侏羅紀公園。
    - 可以應用於教育，讓學生體驗歷史場景，或者用於旅遊產業來模擬未來旅行。
  - 技術點
    - 使用 OpenCV 與 MediaPipe 來分離人物
    - AI 生成不同風格的背景（如 Stable Diffusion）
    - AR 增強現實，讓使用者可以「身臨其境」
  - Python 重點程式碼（背景替換）

```
historical_bg = cv2.imread("historical_egypt.jpg")   # 替換成歷史場景
historical_bg_resized = cv2.resize(historical_bg, (foreground.shape[1], foreground.shape[0]))
output_image = (foreground * mask + historical_bg_resized * (1 - mask)).astype(np.uint8)
```

- 應用場景
  - 教育（歷史教學、虛擬博物館）
  - 旅遊體驗（未來旅遊、文化探索）
  - AI 遊戲角色創建

程式實例 ch13_9.py：建立背景為 glacier.mp4 影片的攝影場景。

```python
1   # ch13_9.py
2   import cv2
3   import mediapipe as mp
4   import numpy as np
5
6   # 初始化 MediaPipe Selfie Segmentation
7   mp_selfie_segmentation = mp.solutions.selfie_segmentation
8   segmentation = mp_selfie_segmentation.SelfieSegmentation(model_selection=1)
9
10  # 讀取背景影片
11  background_video = cv2.VideoCapture("glacier.mp4")        # 替換為你的影片文件
12
13  # 開啟攝影機
14  cap = cv2.VideoCapture(0)
15  while cap.isOpened():
16      ret, frame = cap.read()
17      if not ret:
18          break
19
20      # 讀取背景影片的幀
21      ret_bg, bg_frame = background_video.read()
22
23      # 如果影片播放完畢，重新播放
24      if not ret_bg:
25          background_video.set(cv2.CAP_PROP_POS_FRAMES, 0)   # 重新播放
26          ret_bg, bg_frame = background_video.read()
27
28      frame_rgb = cv2.cvtColor(frame, cv2.COLOR_BGR2RGB)     # 轉換為 RGB
29
30      # 執行背景分割
31      result = segmentation.process(frame_rgb)
32
33      # 取得 segmentation_mask 並擴展維度
34      mask = result.segmentation_mask
35      mask = np.expand_dims(mask, axis=-1)    # 轉換為 3D 矩陣，便於運算
36
37      # 調整背景影片的大小，使其與攝影機畫面相同
38      bg_frame_resized = cv2.resize(bg_frame, (frame.shape[1], frame.shape[0]))
```

```
39
40        # 產生前景 + 影片背景
41        output_frame = (frame * mask + bg_frame_resized * (1 - mask)).astype(np.uint8)
42
43        # 顯示影像，按 'q' 離開
44        cv2.imshow("Selfie Segmentation - Video Background", output_frame)
45        if cv2.waitKey(1) & 0xFF == ord('q'):
46            break
47
48    cap.release()
49    background_video.release()
50    cv2.destroyAllWindows()
```

執行結果

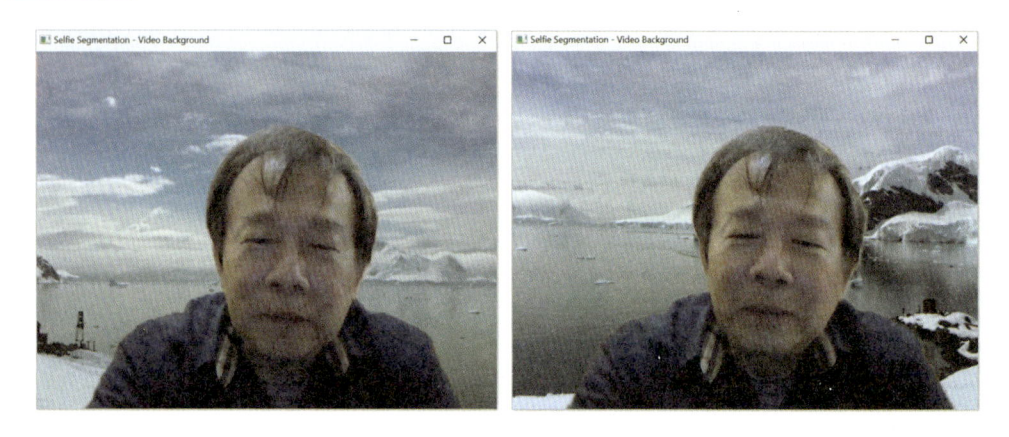

上述背景是影片 glacier.mp4。

第 14 章

AI 全身偵測 – Holistic

14-1　Holistic 簡介
14-2　架構與資料輸出
14-3　MediaPipe Holistic 模組
14-4　AI 全身動作偵測與視覺化
14-5　全身偵測的創意應用

第 14 章　AI 全身偵測 – Holistic

　　在人工智慧與電腦視覺的發展下，全身偵測技術逐漸成為各種應用的重要基礎，無論是體感遊戲、虛擬主播、運動分析，甚至是醫療復健，皆能透過 AI 來提升準確度與互動體驗。本章將深入探討 MediaPipe Holistic，這是一個整合人體姿態（Pose）、手勢（Hands）、臉部偵測（Face Mesh）的 AI 模型，能夠即時追蹤全身關鍵點，並應用於多元場景。除了介紹其核心概念與技術架構，我們還將透過實作，展示如何將全身偵測結果應用於去背景處理、影片特效、虛擬互動等創新領域，讓讀者不僅理解 Holistic 的運作方式，更能實際應用於自己的專案中。

14-1　Holistic 簡介

　　本節將說明 Holistic 的核心概念、偵測範圍及與其他 MediaPipe 模組的差異。

14-1-1　什麼是 Holistic 識別？

❏ **Holistic 的概念**

　　Holistic 意指「整體的」，因此 MediaPipe Holistic 是一種全身姿態識別模型，它能夠將臉部、手部與全身姿態結合，提供一個完整的人體動作偵測方案。與傳統的單一識別模組不同，Holistic 可以一次性處理多個人體部位，並提供更完整的姿態分析，適用於運動分析、手勢識別、虛擬人物驅動等應用場景。

❏ **Holistic 的核心功能**

　　Holistic 透過深度學習技術，能夠達到以下功能：

- 人體姿態偵測（Pose Estimation）：檢測身體關鍵點（如肩膀、肘部、膝蓋等）並追蹤人體動作。
- 手部關鍵點偵測（Hand Tracking）：偵測左右手的手指關節，並分析手勢。
- 臉部特徵偵測（Face Mesh）：提取臉部 468 個關鍵點，分析表情與頭部動作。

14-1-2　關鍵點檢測的範圍（臉部、手部、姿態）

❏ **姿態偵測（Pose Estimation）**

- 偵測 33 個身體關鍵點，包括：

- ■ 頭部（鼻子、耳朵）
- ■ 軀幹（肩膀、髖部）
- ■ 四肢（手肘、手腕、膝蓋、腳踝）
- 應用範圍：
  - ■ 分析人體動作（跑步、跳躍、坐姿等）
  - ■ 體育運動（如瑜伽動作糾正）
  - ■ 人體工程學（辦公姿勢分析）

❑ 手勢偵測（Hand Tracking）

- 每隻手偵測 21 個關鍵點，包括：
  - ■ 掌心
  - ■ 五根手指的關節（指根、指節、指尖）
- 應用範圍：
  - ■ 手勢識別（如手語翻譯）
  - ■ 觸控手勢（虛擬鍵盤、滑鼠操作）
  - ■ 遊戲與 AR 互動（如 VR 手勢控制）

❑ 臉部關鍵點偵測（Face Mesh）

- 偵測 468 個臉部特徵點，涵蓋：
  - ■ 眼睛（眼睫毛、眼球位置）
  - ■ 鼻子（鼻樑、鼻頭）
  - ■ 嘴巴（嘴角、唇部）
  - ■ 臉部輪廓（下巴、額頭）
- 應用範圍：
  - ■ 表情識別（如情緒分析）
  - ■ 頭部追蹤（如 VR 虛擬角色驅動）
  - ■ 臉部特效（如美顏與 AR 過濾）

14-1-3　Holistic 與其他 MediaPipe 模組的差異說明

MediaPipe 提供多種獨立的 AI 偵測模組，例如 Pose、Hands、Face Mesh，而 Holistic 則是將這些模組整合，提供一個更完整的全身偵測方案。以下是 Holistic 與其他模組的主要差異：

功能	Holistic	Pose	Hands	Face Mesh
偵測範圍	全身（姿態＋手部＋臉部）	只偵測人體姿態	只偵測手部關鍵點	只偵測臉部關鍵點
輸出關鍵點數	33（身體）＋21x2（手）＋468（臉）	33 個身體關鍵點	每隻手 21 個關鍵點	468 個臉部關鍵點
適合應用	綜合人體行為分析	人體動作分析	手勢識別與互動	臉部追蹤與表情分析
效能需求	較高（整合多模組）	中等	低	低

❑ **為什麼選擇 Holistic？**

Holistic 的最大優勢是一次性提供完整人體資訊，適用於以下應用：

- 行為分析（如運動、舞蹈姿態評估）
- 互動應用（如 AR/VR 角色控制）
- 多模態融合（如透過手勢＋臉部表情來識別情緒）

❑ **何時使用其他模組？**

如果你的應用只需要單一功能，例如：

- 只偵測手勢：使用 Hands
- 只追蹤臉部表情：使用 Face Mesh
- 只分析人體動作：使用 Pose

14-2　架構與資料輸出

本章節將介紹 MediaPipe Holistic 的內部架構與數據輸出方式，幫助讀者理解 Holistic 如何處理輸入影像、辨識人體特徵，並輸出關鍵點資訊。我們將依照 Holistic 的處理流程，說明關鍵點資料的結構，以及如何組合姿態（Pose）、手勢（Hands）、臉部（Face）的數據，以便在應用程式中使用。

14-2-1 Holistic 識別的流程

Holistic 的識別過程主要包含以下步驟：

1. **影像輸入**

    Holistic 可以接收靜態影像或即時攝影機影像作為輸入來源，常見的輸入方式包括：

    - 影片檔（MP4、AVI）：逐幀讀取影片影像，並對每一幀進行 Holistic 分析。
    - 即時視訊（Webcam）：透過 OpenCV 讀取攝影機畫面，逐幀傳送給 Holistic 模型進行分析。
    - 圖片檔（JPEG、PNG）：將靜態圖片送入 Holistic 模型，辨識其中的人體姿態、手勢與臉部資訊。

2. **前處理**

    在 Holistic 進行分析前，會先對輸入影像進行前處理（Preprocessing），主要步驟包括：

    - 影像縮放與正規化：將影像調整為適當的大小與格式，以符合 Holistic 的輸入要求。
    - 背景去除（可選）：在某些應用中，可以移除背景以提高識別精準度。

3. **Holistic 模型處理**

    Holistic 模型會對輸入影像執行以下三個識別步驟：

    - 人體姿態（Pose）檢測：分析身體的 33 個關鍵點，確定人體的姿勢與骨架結構。
    - 手部（Hands）檢測：識別 21 個手部關鍵點，並分析左右手的手勢。
    - 臉部（Face）檢測：偵測 468 個臉部特徵點，追蹤臉部輪廓與表情變化。

    Holistic 會將這三種資訊同時輸出，提供完整的姿態數據。

4. **結果輸出**

    Holistic 處理完影像後，會輸出關鍵點座標數據，這些數據可用於：

    - 在畫面上疊加關鍵點圖層（可視化人體姿態）。
    - 提供應用程式進一步分析人體行為（如動作識別）。
    - 將數據傳送給機器學習模型進行進階分析（如 AI 手勢控制）。

14-2-2 關鍵點資料的結構

Holistic 的輸出是一組包含人體不同部位關鍵點的結構化數據。每個關鍵點都包含：

- x：關鍵點在影像中的水平座標（0～1 之間的正規化值）。
- y：關鍵點在影像中的垂直座標（0～1 之間的正規化值）。
- z：關鍵點的深度資訊（距離攝影機的相對距離）。
- visibility（可見度）：該關鍵點的可見性（值域 0～1，1 表示最清晰）。

以下是 Holistic 三個主要輸出數據的結構：

❑ 人體姿態（Pose landmarks）

包含 33 個關鍵點，下列是示範數據：

{
    'nose': {'x': 0.45, 'y': 0.33, 'z': -0.2, 'visibility': 0.99},
    'left_shoulder': {'x': 0.37, 'y': 0.45, 'z': -0.15, 'visibility': 0.98},
    'right_shoulder': {'x': 0.52, 'y': 0.45, 'z': -0.15, 'visibility': 0.97},
    ...
}

可以有下列應用：

- 人體動作分析
- 運動矯正（如瑜伽姿勢檢測）
- 體感遊戲應用

❑ 手勢（Hand landmarks）

包含 21 個關鍵點（每隻手），下列是示範數據：

{
    'wrist': {'x': 0.55, 'y': 0.65, 'z': -0.05},
    'thumb_cmc': {'x': 0.58, 'y': 0.62, 'z': -0.03},
    'index_finger_mcp': {'x': 0.60, 'y': 0.57, 'z': -0.02},
    ...
}

可以有下列應用：

- 手勢控制（如 AI 虛擬鍵盤）
- 手語翻譯
- AR/VR 手部互動

❏ **臉部（Face landmarks）**

包含 468 個關鍵點，下列是示範數據：

```
{
    'left_eye': {'x': 0.48, 'y': 0.30, 'z': -0.01},
    'right_eye': {'x': 0.52, 'y': 0.30, 'z': -0.01},
    'nose_tip': {'x': 0.50, 'y': 0.40, 'z': -0.02},
    ...
}
```

可以有下列應用：

- 臉部表情識別
- 虛擬角色驅動
- 遠端會議 AI 表情偵測

14-2-3　姿態、手勢、臉部數據的組合

在 Holistic 中，人體姿態（Pose）、手勢（Hands）和臉部（Face）數據可以組合使用，提供更完整的人體行為分析。例如：

❏ **姿態 + 手勢 = AI 手勢控制**
- 透過姿態偵測手臂舉起的動作
- 透過手勢偵測特定手勢（如「勝利」手勢）
- 用於虛擬控制系統（如手勢控制電腦）

❏ **姿態 + 臉部 = 表情與動作識別**
- 透過姿態分析人體是否低頭
- 透過臉部識別是否睜眼或閉眼
- 應用於駕駛員疲勞偵測系統

❏ 全部數據整合 = 運動分析
- 分析姿勢（身體是否站直）
- 分析手勢（是否做出特定手勢）
- 分析臉部（是否露出笑容）
- 用於健身教練 AI 助理

14-3 MediaPipe Holistic 模組

Holistic( ) 是 MediaPipe 提供的一個 API，使用前需要初始化，才可以用於在影像或影片中偵測臉部、手勢和姿態的所有關鍵點。

14-3-1 建立模組物件

Holistic( ) 函數其實就是一個類別，這個函數位於位於下列 MediaPipe Python API 的模組：

mediapipe.solutions.holistic

使用前需要定義此類別物件：

import mediapipe as mp
　　…
mp_holistic = mp.solutions.holistic　　　　　　　　　# 定義類別物件

有了上述 mp_holistic 物件後，就可以呼叫 Holistic( ) 函數，建立 Holistic 物件，習慣會將此物件設為 holistic。然後由參數設定控制此函數的行為，此函數語法如下：

```
with mp_holistic.Holistic(
    static_image_mode=False,
    model_complexity=1,
    smooth_landmarks=True,
    enable_segmentation=False,
    refine_face_landmarks=False,
    min_detection_confidence=0.5,
    min_tracking_confidence=0.5
) as holistic:
```

上述參數說明如下：

- static_image_modeTrue：預設是 False，表示處理影片串流（即持續追蹤關鍵點）。若是設為 True 表示處理單張影像。
- model_complexity：設定模型複雜度（0、1、2），數值越大，準確度越高，但計算量也越大。
- smooth_landmarks：是否平滑化關鍵點，True 可減少關鍵點的抖動。
- enable_segmentation：啟用人體分割，能夠去除背景。
- refine_face_landmarks：是否使用更高解析度的臉部關鍵點（僅影響 Face Mesh）。
- min_detection_confidence：影像偵測的最低可信度閾值，通常 0.5 為合適的預設值。
- min_tracking_confidence：影片串流時，追蹤人體的最低可信度閾值，預設是 0.5。

14-3-2　處理影像並取得結果 results

初始化 Holistic 物件後，可以使用 process( ) 方法來處理影像並獲取人體的關鍵點資訊。

results = holistic.process(image_rgb)

上述當 holistic.process( ) 執行後，會回傳 results，其中包含人體關鍵點資訊，results 包含以下物件：

- results.pose_landmarks：人體關鍵點。
- results.face_landmarks：臉部關鍵點。
- results.left_hand_landmarks：左手關鍵點。
- results.right_hand_landmarks：右手關鍵點。

❑ **人體姿勢（Pose）關鍵點**

輸出人體姿勢關鍵點的 Python 語法如下：

if results.pose_landmarks:
　　print(results.pose_landmarks)

上述 results.pose_landmarks 會回傳一個人體姿勢的資料結構，其中包含 33 個關鍵點，關鍵點索引細節與 12-2-1 節相同。每個關鍵點都有 (x, y, z, visibility)：

- x, y：關鍵點的 2D 座標（正規化到 [0,1]）。
- z：深度資訊（相對於攝影機，數值越小越接近攝影機）。
- visibility：關鍵點的可見性（範圍 0～1，數值越大表示可信度越高）。

❏ 臉部關鍵點

輸出臉部關鍵點的 Python 語法如下：

```
if results.face_landmarks:
    print(results.face_landmarks)
```

- results.face_landmarks 會返回 468 個臉部 3D 關鍵點，細節可以參考 8-4 節。
- 每個點都有 (x, y, z) 座標。

❏ 左手與右手關鍵點

輸出左手與右手關鍵點的 Python 語法如下：

```
if results.left_hand_landmarks:
    print(results.left_hand_landmarks)
    ...
if results.right_hand_landmarks:
    print(results.right_hand_landmarks)
```

- results.left_hand_landmarks 和 results.right_hand_landmarks 會分別回傳 21 個手部關鍵點，細節可以參考 10-1-2 節。
- 這些關鍵點可用來進行手勢識別、手語辨識等應用。

14-4 AI 全身動作偵測與視覺化

14-4-1 基本預設繪製全身關鍵點

MediaPipe 預設自動分配顏色（通常是紅色關鍵點 + 白色連接線）。我們用於快速測試，但不一定是最佳的視覺化效果。

程式實例 ch14_1.py：使用 MediaPipe 預設繪製與偵測全身關鍵點。

```
1   # ch14_1.py
2   import cv2
3   import mediapipe as mp
4
5   mp_holistic = mp.solutions.holistic            # 初始化 Holistic
6   mp_drawing = mp.solutions.drawing_utils        # 初始化 繪圖工具
7
8   # 啟動攝影機
9   cap = cv2.VideoCapture(0)
10
11  with mp_holistic.Holistic(min_detection_confidence=0.5,
12                            min_tracking_confidence=0.5) as holistic:
13      while cap.isOpened():
14          ret, frame = cap.read()
15          if not ret:
16              break
17
18          frame_rgb = cv2.cvtColor(frame, cv2.COLOR_BGR2RGB)    # BGR 轉 RGB
19          results = holistic.process(frame_rgb)                 # Holistic 偵測
20
21          # 繪製偵測結果，繪製人體姿勢
22          if results.pose_landmarks:
23              mp_drawing.draw_landmarks(frame, results.pose_landmarks,
24                                        mp_holistic.POSE_CONNECTIONS)
25
26          # 繪製人體臉部
27          if results.face_landmarks:
28              mp_drawing.draw_landmarks(frame, results.face_landmarks,
29                                        mp_holistic.FACEMESH_TESSELATION)
30
31          # 繪製左手
32          if results.left_hand_landmarks:
33              mp_drawing.draw_landmarks(frame, results.left_hand_landmarks,
34                                        mp_holistic.HAND_CONNECTIONS)
35
36          # 繪製右手
37          if results.right_hand_landmarks:
38              mp_drawing.draw_landmarks(frame, results.right_hand_landmarks,
39                                        mp_holistic.HAND_CONNECTIONS)
40
41          cv2.imshow('MediaPipe Holistic', frame)
42
43          if cv2.waitKey(10) & 0xFF == ord('q'):
```

```
44                break
45
46    cap.release()
47    cv2.destroyAllWindows()
```

執行結果

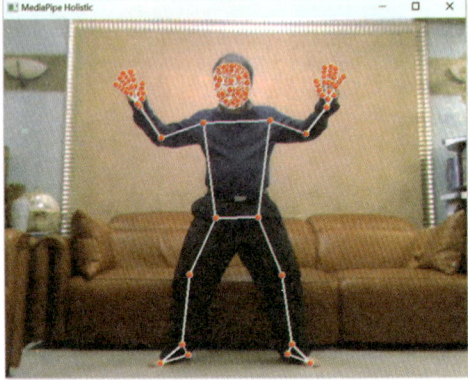

14-4-2 官方推薦標準樣式繪製全身關鍵點

前一小節我們獲得繪製全身關鍵點的結果，從視覺化角度其實不是最好，官方有推薦標準樣式，可以繪製關鍵點。

- get_default_pose_landmarks_style( )：可以應用在人體關鍵點，也可參考 12-4-2 節。
- get_default_hand_landmarks_style( )：可以應用在手部關鍵點，也可參考 10-2-4 節。
- 臉部沒有提供預設樣式，需要手動定義。

程式實例 ch14_2.py：用官方推薦樣式繪製人體和手部關鍵點，臉部則用自行定義方式重新設計 ch14_1.py。

```
1   # ch14_2.py
2   import cv2
3   import mediapipe as mp
4
5   # 初始化 MediaPipe Holistic 模組
6   mp_holistic = mp.solutions.holistic
7   mp_drawing = mp.solutions.drawing_utils
8   mp_styles = mp.solutions.drawing_styles
9
```

```python
10    # 取得預設的人體骨架與手部關鍵點樣式
11    pose_style = mp_styles.get_default_pose_landmarks_style()
12    hand_style = mp_styles.get_default_hand_landmarks_style()
13
14    # 自訂臉部樣式，紅色點，綠色線條
15    face_landmark_style = mp_drawing.DrawingSpec(color=(255, 0, 0),
16                                                 thickness=1, circle_radius=1)
17    face_connection_style = mp_drawing.DrawingSpec(color=(0, 255, 0),
18                                                   thickness=1)
19
20    # 啟動攝影機
21    cap = cv2.VideoCapture(0)
22
23    with mp_holistic.Holistic(min_detection_confidence=0.5,
24                              min_tracking_confidence=0.5) as holistic:
25        while cap.isOpened():
26            ret, frame = cap.read()
27            if not ret:
28                break
29
30            frame_rgb = cv2.cvtColor(frame, cv2.COLOR_BGR2RGB)   # BGR 轉 RGB
31            results = holistic.process(frame_rgb)                # Holistic 偵測
32
33            # 繪製人體骨架 Pose
34            if results.pose_landmarks:
35                mp_drawing.draw_landmarks(frame, results.pose_landmarks,
36                                          mp_holistic.POSE_CONNECTIONS,
37                                          pose_style)
38
39            # 繪製左手
40            if results.left_hand_landmarks:
41                mp_drawing.draw_landmarks(frame, results.left_hand_landmarks,
42                                          mp_holistic.HAND_CONNECTIONS,
43                                          hand_style)
44
45            # 繪製右手
46            if results.right_hand_landmarks:
47                mp_drawing.draw_landmarks(frame, results.right_hand_landmarks,
48                                          mp_holistic.HAND_CONNECTIONS,
49                                          hand_style)
50
51            # 繪製臉部 Face Mesh
52            if results.face_landmarks:
53                mp_drawing.draw_landmarks(frame, results.face_landmarks,
54                                          mp_holistic.FACEMESH_TESSELATION,
55                                          face_landmark_style,
56                                          face_connection_style)
57
58            # 顯示影像
59            cv2.imshow('Holistic with Styled Landmarks', frame)
60
61            if cv2.waitKey(10) & 0xFF == ord('q'):
62                break
63
64    cap.release()
65    cv2.destroyAllWindows()
```

執行結果

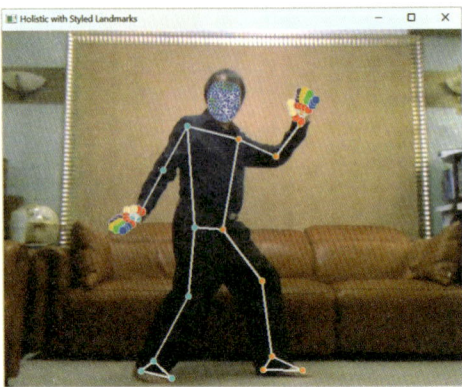

14-4-3　繪製全身關鍵點 – 去背與背景是影片

程式實例 ch14_3.py：增加去背功能，同時背景換成 ice_river.mp4 影片。

```
1   # ch14_3.py
2   import cv2
3   import mediapipe as mp
4   import numpy as np
5
6   # 初始化 MediaPipe Holistic
7   mp_holistic = mp.solutions.holistic
8   mp_drawing = mp.solutions.drawing_utils
9   mp_styles = mp.solutions.drawing_styles
10
11  # 取得預設的人體骨架與手部關鍵點樣式
12  pose_style = mp_styles.get_default_pose_landmarks_style()
13  hand_style = mp_styles.get_default_hand_landmarks_style()
14
15  # 自訂臉部樣式，紅色點，綠色線條
16  face_landmark_style = mp_drawing.DrawingSpec(color=(255, 0, 0),
17                                               thickness=1, circle_radius=1)
18  face_connection_style = mp_drawing.DrawingSpec(color=(0, 255, 0),
19                                                 thickness=1)
20
21  # 讀取背景影片
22  bg_video = cv2.VideoCapture("ice_river.mp4")
23  cap = cv2.VideoCapture(0)                    # 開啟攝影機
24
25  # 確保背景影片可以成功打開
26  if not bg_video.isOpened():
27      print("無法讀取背景影片 ice_river.mp4")
28      exit()
29
30  # 確保攝影機可以成功打開
31  if not cap.isOpened():
32      print("無法開啟攝影機")
33      exit()
```

```python
34
35   # 啟用 Holistic 並開啟 segmentation去 背
36   with mp_holistic.Holistic(min_detection_confidence=0.5,
37                             min_tracking_confidence=0.5,
38                             enable_segmentation=True) as holistic:
39       while True:
40           # 讀取背景影片
41           ret_bg, bg_frame = bg_video.read()
42           if not ret_bg:
43               bg_video.set(cv2.CAP_PROP_POS_FRAMES, 0)   # 影片播放完畢則重播
44               continue
45
46           # 讀取攝影機畫面
47           ret, frame = cap.read()
48           if not ret:
49               print("無法讀取攝影機畫面")
50               break
51
52           # 確保背景影片與攝影機影像大小一致
53           bg_frame_resized = cv2.resize(bg_frame, (frame.shape[1], frame.shape[0]))
54
55           frame_rgb = cv2.cvtColor(frame, cv2.COLOR_BGR2RGB)   # BGR 轉 RGB
56           results = holistic.process(frame_rgb)                # Holistic 偵測
57
58           # 取得人體分割遮罩
59           if results.segmentation_mask is not None:
60               mask = results.segmentation_mask
61
62               mask = cv2.resize(mask, (frame.shape[1], frame.shape[0]))   # 確保尺寸匹配
63               mask = np.stack((mask,) * 3, axis=-1)               # 轉換為 3 通道
64               # 產生前景 + 影片背景
65               output_frame = (frame * mask + bg_frame_resized * (1 - mask)).astype(np.uint8)
66           else:
67               output_frame = frame    # 如果沒有segmentation_mask則直接顯示攝影機畫面
68
69           # 如果 Holistic 偵測到結果，繪製人體骨架 Pose
70           if results.pose_landmarks:
71               mp_drawing.draw_landmarks(output_frame, results.pose_landmarks,
72                                         mp_holistic.POSE_CONNECTIONS, pose_style)
73
74           # 繪製左手
75           if results.left_hand_landmarks:
76               mp_drawing.draw_landmarks(output_frame, results.left_hand_landmarks,
77                                         mp_holistic.HAND_CONNECTIONS, hand_style)
78
79           # 繪製右手
80           if results.right_hand_landmarks:
81               mp_drawing.draw_landmarks(output_frame, results.right_hand_landmarks,
82                                         mp_holistic.HAND_CONNECTIONS, hand_style)
83
84           # 繪製臉部 Face Mesh
85           if results.face_landmarks:
86               mp_drawing.draw_landmarks(output_frame, results.face_landmarks,
87                                         mp.solutions.face_mesh.FACEMESH_TESSELATION,
88                                         face_landmark_style, face_connection_style)
89
90           # 顯示影像，按 q 鍵結束
91           cv2.imshow('Holistic with Ice River Background', output_frame)
92           if cv2.waitKey(10) & 0xFF == ord('q'):
93               break
94
95   # 釋放資源
96   cap.release()
97   bg_video.release()
98   cv2.destroyAllWindows()
```

執行結果

14-5　Holistic 全身偵測的創意應用

14-5-1　創意應用

　　MediaPipe Holistic 結合人體姿勢、手勢、臉部偵測，可以應用在多個領域。以下是一些創意應用，涵蓋運動、教育、娛樂、醫療、虛擬世界等範疇。

❑ **體感遊戲（Motion Gaming）**

可透過人體動作控制遊戲角色：

- 動作捕捉遊戲：模仿 Nintendo Switch《Just Dance》或《Ring Fit Adventure》，讓玩家透過身體姿勢控制遊戲。
- AR/VR 遊戲互動：在 VR 空間中，玩家透過手勢或身體動作與虛擬世界互動。
- 體感射擊遊戲：偵測手部姿勢來觸發攻擊，例如手掌比出「槍」的姿勢就能開火。
- 體感拳擊遊戲：根據使用者的手勢與揮拳動作，控制角色進行攻擊。
- 創意點：結合 Unity 或 Unreal Engine，讓 Holistic 偵測動作並轉換成遊戲指令。

❑ **AI 健身教練**

即時分析用戶動作，提供健身指導：

- 姿勢糾正：分析深蹲、伏地挺身、瑜珈動作，提示「角度不對」或「動作不標準」。
- 運動統計：記錄每日運動次數，例如偵測「幾次深蹲」、「幾次舉重」等。
- 運動比賽：透過 AI 檢測用戶的運動姿勢，和朋友比賽誰做得標準。
- 創意點： Holistic 可搭配 Python + OpenCV + Flask，開發個人健身 AI 助理，或與 VR 健身系統結合。

❑ **AI 手語翻譯**

透過手部偵測進行即時手語識別：

- AI 即時翻譯手語：分析手勢並轉換為語音或字幕。
- 手語學習系統：提供手語學習課程，讓學習者練習並獲得反饋。
- 遠距溝通：讓聽障人士可以使用 AI 手語辨識進行即時通訊。
- 創意點：結合 Google Text-to-Speech（TTS），讓手勢動作轉換成 語音回饋。

❑ **虛擬主播（Vtuber & AI Avatar）**

驅動 3D 虛擬角色，讓 AI 角色更擬真：

- Holistic 驅動 Vtuber：讓虛擬角色的手勢、臉部表情與身體動作與真人同步。
- 直播應用：結合 TTS（語音合成）讓虛擬主播「自己說話」。
- 3D 角色動畫：透過 Holistic 捕捉人體動作，直接轉換成 3D 動畫。
- 創意點：搭配 Unity、Blender、Three.js，讓 AI 角色的動作與真實使用者同步。

❑ **AI 面部表情動畫**

捕捉面部表情並製作動畫：

- 表情識別：監測 快樂、驚訝、生氣 等情緒，並應用在 虛擬角色、心理分析。
- AI 生成動畫表情：讓角色根據用戶表情自動改變表情，例如 表情包動畫。
- 影像特效：透過臉部偵測，將人物臉部動態轉換成 卡通風格或動畫角色。
- 創意點：搭配 Deepfake 或 Face Swap 技術，製作更擬真的 AI 角色。

❑ **AI 影片編輯**

透過人體偵測進行自動剪輯：

- **自動去背**：Holistic 可以啟用 enable_segmentation=True 來去除背景，方便影片剪輯。
- **動作觸發剪輯**：當攝影機偵測到 特定手勢（如 OK 手勢），自動執行剪輯或特效。
- **動態字幕生成**：透過臉部與手勢識別，生成手勢字幕動畫。
- **創意點**： Holistic 可搭配 HeyGen、FlexClip、Runway 來開發 AI 自動影片剪輯工具。

❏ **AI 監控與安全**

透過 Holistic 監測人體異常行為：

- **偵測跌倒**：監測是否有人跌倒或動作異常，可應用在安養機構或工地。
- **工地安全監測**：確保工人有佩戴安全帽，或偵測 危險姿勢（如站在危險區域）。
- **監測駕駛疲勞**：透過臉部偵測 打哈欠、閉眼時間，判斷駕駛是否疲勞。
- **創意點**：Holistic 可搭配 AI 影像辨識技術，在智慧城市、工廠、建築工地進行應用。

❏ **AI AR/VR 互動**

透過 Holistic 進行 AI 增強實境互動：

- **手勢控制 AR 遊戲**：透過手部動作控制 AR 物件（如畫畫、變魔術）。
- **VR 健身**：在 VR 環境中，AI 會根據玩家的姿勢與動作給予回饋。
- **虛擬試衣間**：偵測人體骨架，讓使用者即時試穿虛擬衣服。
- **創意點**：搭配 ARKit、OpenCV，讓 Holistic 應用於電商、娛樂、教育。

14-5-2　AI 健身教練 - 深蹲計數器

程式實例 ch14_4.py：Holistic 偵測人體姿勢，當用戶執行深蹲（Squat）時，自動計數。此程式適合在家健身，無需額外設備。程式邏輯如下：

- 偵測臀部（hip）和膝蓋（knee）和腳踝（ankle）之間的角度。
- 若角度小於 90°，表示蹲下。
- 若角度回到「>120°」，表示 站起來，計數 +1。

```python
1   # ch14_4.py
2   import cv2
3   import mediapipe as mp
4   import numpy as np
5
6   mp_holistic = mp.solutions.holistic            # 初始化 Holistic
7   mp_drawing = mp.solutions.drawing_utils        # 初始化 繪圖 drawing_utils
8
9   def calculate_angle(a, b, c):
10      """ 計算角度 """
11      a = np.array(a)                            # 髖關節 Hip
12      b = np.array(b)                            # 膝蓋 Knee
13      c = np.array(c)                            # 腳踝 Ankle
14
15      radians = np.arctan2(c[1]-b[1], c[0]-b[0]) - np.arctan2(a[1]-b[1], a[0]-b[0])
16      angle = np.abs(radians * 180.0 / np.pi)
17      if angle > 180.0:
18          angle = 360 - angle
19      return angle                               # 回傳角度
20
21  cap = cv2.VideoCapture(0)
22  squat_count = 0                                # 初始化深蹲次數
23  squat_down = False
24
25  with mp_holistic.Holistic(min_detection_confidence=0.5,
26                            min_tracking_confidence=0.5) as holistic:
27      while cap.isOpened():
28          ret, frame = cap.read()
29          if not ret:
30              break
31
32          image = cv2.cvtColor(frame, cv2.COLOR_BGR2RGB)      # 轉RGB
33          results = holistic.process(image)                   # 偵測全身
34          image = cv2.cvtColor(image, cv2.COLOR_RGB2BGR)      # 轉BGR
35
36          # 偵測全身
37          if results.pose_landmarks:
38              landmarks = results.pose_landmarks.landmark
39
40              # 取關鍵點, 左側
41              left_hip = [int(landmarks[23].x * frame.shape[1]),
42                          int(landmarks[23].y * frame.shape[0])]
43              left_knee = [int(landmarks[25].x * frame.shape[1]),
44                           int(landmarks[25].y * frame.shape[0])]
45              left_ankle = [int(landmarks[27].x * frame.shape[1]),
46                            int(landmarks[27].y * frame.shape[0])]
47
48              # 計算 髖關節、膝蓋、腳踝 3個關鍵點之間的角度
49              angle = calculate_angle(left_hip, left_knee, left_ankle)
50              if angle < 90:                                  # 蹲下
51                  squat_down = True
52              if squat_down and angle > 120:                  # 站起來
53                  squat_count += 1
54                  squat_down = False
55
56              # 顯示計數
57              cv2.putText(image, f'Squats: {squat_count}', (50, 50),
58                          cv2.FONT_HERSHEY_SIMPLEX, 1, (0, 255, 0), 2)
59
```

第 14 章　AI 全身偵測 – Holistic

```
60                  # 用綠色標記偵測的 3 個點，髖關節、膝蓋、腳踝
61                  cv2.circle(image, tuple(left_hip), 10, (0, 255, 0), -1)      # 髖關節
62                  cv2.circle(image, tuple(left_knee), 10, (0, 255, 0), -1)     # 膝蓋
63                  cv2.circle(image, tuple(left_ankle), 10, (0, 255, 0), -1)    # 腳踝
64
65                  # 用綠色 繪製關節連線
66                  cv2.line(image, tuple(left_hip), tuple(left_knee), (0, 255, 0), 2)
67                  cv2.line(image, tuple(left_knee), tuple(left_ankle), (0, 255, 0), 2)
68
69                  # 顯示角度數值
70                  cv2.putText(image, str(int(angle)), tuple(left_knee),
71                              cv2.FONT_HERSHEY_SIMPLEX, 1, (0, 255, 0), 2)
72
73              cv2.imshow('AI squat_count with Key Points', image)
74              if cv2.waitKey(10) & 0xFF == ord('q'):                           # 按 q 鍵結束
75                  break
76
77      cap.release()
78      cv2.destroyAllWindows()
```

執行結果

第 15 章
DeepFace人臉辨識設計門禁系統

15-1　DeepFace 簡介

15-2　預訓練模型下載檔案

15-3　使用 DeepFace 進行人臉分析

15-4　DeepFace 的人臉辨識技術基礎

15-5　人臉辨識實作

15-6　設計企業門禁系統

第 15 章　DeepFace 人臉辨識

　　DeepFace 是由 Facebook（現為 Meta）在 2014 年開發的一款深度學習人臉識別技術，它能夠準確識別和驗證人臉，甚至在不同角度、光線條件或表情變化下也能保持高準確度。DeepFace 透過深度神經網絡（DNN, Deep Neural Network）和卷積神經網絡（CNN, Convolutional Neural Network）來提取人臉特徵，然後將其轉換為 128 維或更高維度的特徵（Feature）向量，從而進行比對與分類。

　　使用 DeepFace 前需要安裝此模組 (假設是安裝在 Python 3.12 版)：

py -3.12 -m pip install deepface

安裝資料量龐大，需等待數分鐘。

15-1　DeepFace 簡介

15-1-1　什麼是 DeepFace？

　　這項技術被應用於 Facebook 的自動標記（Auto Tagging）系統，當用戶上傳照片時，系統可以自動識別照片中的人並建議標籤。此外，DeepFace 也啟發了許多後續的開源人臉識別技術，如 Google 的 FaceNet、Dlib、OpenFace 和 ArcFace 等。

　　DeepFace 的核心特點包括：

- 高準確率：達到 97.35% 的準確率，接近人類的識別能力（98%）。
- 深度學習技術：使用 9 層深度神經網絡和卷積神經網絡進行特徵提取與比對。
- 3D 人臉對齊：將不同角度的臉部旋轉到統一的視角，以提高比對準確度。
- 支援不同光線與表情變化：即使在不同的環境條件下，仍然能夠準確識別人臉。

15-1-2　DeepFace 與一般人臉識別的差異

　　在 DeepFace 之前，傳統的人臉識別技術主要依賴於特徵工程，即開發者需要手動提取特徵（如眼睛距離、鼻子形狀、面部輪廓等）來進行比對。然而，這種方法存在諸多限制，例如：

- 依賴光線、角度與表情變化：當環境條件變化時，識別效果大幅下降。
- 手工特徵設計有限：傳統方法需要專家手動設計特徵，且效果不如深度學習方法。

- 識別準確率低：早期技術的準確率遠低於 DeepFace（僅約 70-80%）。

DeepFace 的技術突破點包括：

- 自動學習人臉特徵：透過深度學習，DeepFace 不再依賴人工設計特徵，而是讓神經網絡自動學習人臉的關鍵特徵，提升準確度。
- 3D 對齊技術：DeepFace 將不同角度的臉部轉換為標準正面視角，提高識別效果。
- 高維度特徵嵌入（Embeddings）：透過神經網絡將人臉轉換為高維向量（128 維或以上），並利用餘弦相似度（Cosine Similarity）或歐幾里得距離（Euclidean Distance）來比較相似度。
- 大規模數據訓練：DeepFace 使用了 400 萬張來自 Facebook 的人臉數據進行訓練，確保其在現實應用中的穩定性。

DeepFace 相較於傳統方法，能夠適應更多變化，並且可以在不同環境下保持高準確率，這使得它在社交媒體、身份驗證、安全監控 等應用領域得到廣泛使用。

15-1-3　DeepFace 在 AI 和計算機視覺中的重要性

DeepFace 的推出標誌著深度學習在計算機視覺領域的一個重大突破，其影響包括：

❑ **提升人臉識別技術發展**

- DeepFace 開啟了深度學習應用於人臉識別的新時代，為後續的 FaceNet、ArcFace、Dlib、VGG-Face 等技術提供了基礎。
- 其高準確率與高效能使得人臉識別技術進入主流市場，並應用於安全監控、支付驗證、社交媒體 等領域。

❑ **促進社交媒體與個人化體驗**

- Facebook 自動標記（Auto Tagging）功能就是應用 DeepFace 完成，當用戶上傳照片時，系統可以自動識別朋友並建議標記，提升用戶體驗。
- 智慧相簿整理：DeepFace 也可用於 Google Photos、Apple Photos 等應用，將相同人物的照片自動歸類，讓用戶更容易管理相片。

第 15 章　DeepFace 人臉辨識

❑ **在身份驗證與安全領域的應用**
- 門禁系統：企業、機場等場所可透過人臉識別進行身份驗證，提升安全性。
- 手機解鎖與支付：蘋果的 Face ID、刷臉支付等技術也受到 DeepFace 的啟發。
- 犯罪監控與執法：政府機構可以利用人臉識別技術進行身份追蹤，例如中國的公安監控系統和美國的 FBI 人臉識別系統。

❑ **啟發計算機視覺領域的發展**
- DeepFace 證明了深度學習在物件識別、影像分類、行為偵測等領域的強大能力，推動了計算機視覺的發展。
- 其技術框架被廣泛應用於自駕車、醫學影像診斷、智慧監控等領域。

DeepFace 是第一個超越人類識別準確率的深度學習人臉識別模型，它的出現標誌著人臉識別技術從傳統特徵工程轉向深度學習，並為 Facebook 的自動標記技術、身份驗證系統以及安全監控領域提供了強大的技術支持。此外，DeepFace 也啟發了 FaceNet、ArcFace 等更先進的技術，推動了整個計算機視覺領域的發展。隨著 AI 技術的不斷進步，人臉識別技術將在未來扮演越來越重要的角色。

15-2　預訓練模型下載檔案

本章會介紹人臉分析 DeepFace.analyze( ) 和人臉辨識函數 DeepFace.verify( )，在使用這 2 個函數期間，讀者可能會用不同的模型做分析，如果用到深度學習模型會需要下載預訓練模型檔案，從幾 MB 到幾百 MB。如果你是使用一般 NB 或是桌機，可能會**下載速度緩慢**造成**當機**效果。

> 註　建議讀者可以到 Google Colab 雲端使用 GPU 執行。

15-2-1　比較 DeepFace 與 MediaPipe 模組

❑ **深度學習模型（Deep Learning）需要預訓練權重**

DeepFace 主要用深度學習，它需要預先訓練的神經網路模型，這些模型的權重文件（.h5 或 .pkl）包含：
- 神經網路的結構（例如 CNN、ResNet、Transformer 等）

- 已經學習到的特徵（來自數百萬張人臉影像訓練）

為什麼需要下載？

- 深度學習模型的權重文件很大，無法內建在 Python 套件中，因此 DeepFace 採用動態下載。
- 訓練一個完整的神經網路成本極高（GPU 訓練可能需要數週），但 DeepFace 已經幫我們訓練好這些模型，因此我們只需要下載已訓練的權重，而不需要從零開始訓練。
- 權重文件不是 Python 原始碼的一部分，而是外部文件，在不同裝置上運行時需要下載並存放到 ~/.deepface/weights/。

❏ MediaPipe 模組不需要下載權重的原因

MediaPipe 是由 Google 開發的 輕量級影像處理框架，其人臉偵測、人臉網格、手部偵測等功能並不使用深度學習，而是採用：

- 傳統機器學習（Machine Learning）
- 圖像處理（Image Processing）
- 神經網路的輕量化版本

這讓 MediaPipe 能夠：

- 直接內建模型，例如 mediapipe_face_landmark.tflite 大約 1 ~ 5MB，因為它的模型小很多。
- 不需要下載大型預訓練權重，因為它的模型在安裝 MediaPipe 模組時已經內建。

❏ 深度學習 vs 機器學習：下載需求比較

類型	代表技術	是否需要下載權重？	原因
深度學習	DeepFace, TensorFlow, PyTorch, OpenFace	需要	需要加載預訓練的深度神經網路權重
機器學習	MediaPipe, OpenCV, Dlib (HOG + SVM)	不需要	內建輕量級模型，通常內含在套件中
影像處理	OpenCV, PIL	不需要	不依賴訓練數據，直接使用數學運算

15-2-2 預訓練模型下載

下列是預訓練模型下載的實例畫面，筆者用 OpenFace 模型做解說。

```
25-02-24 22:15:46 - openface_weights.h5 will be downloaded...
Downloading...
From: https://github.com/serengil/deepface_models/releases/download/v1.0/openfac
e_weights.h5
To: C:\Users\User\.deepface\weights\openface_weights.h5
  0%|                | 0.00/15.3M [00:00<?, ?B/s]      3%|           | 524k/15.3M [00:00
<00:26, 567kB/s]    7%|      | 1.05M/15.3M [00:01<00:23, 607kB/s]    10%|
      | 1.57M/15.3M [00:02<00:20, 661kB/s]    14%|         | 2.10M/15.3M [00:03
<00:18, 722kB/s]    17%|        | 2.62M/15.3M [00:03<00:16, 779kB/s]    21%|
      | 3.15M/15.3M [00:04<00:14, 849kB/s]    24%|        | 3.67M/15.3M [00
:04<00:12, 917kB/s]    27%|       | 4.19M/15.3M [00:05<00:11, 968kB/s]    31%|
        | 4.72M/15.3M [00:05<00:10, 1.04MB/s]    34%|         | 5.24M/15
.3M [00:05<00:09, 1.11MB/s]    38%|      | 5.77M/15.3M [00:06<00:08, 1.18M
B/s]    41%|         | 6.29M/15.3M [00:06<00:07, 1.16MB/s]    45%|
     | 6.82M/15.3M [00:07<00:07, 1.12MB/s]    48%|         | 7.34M/15.3M [00:07
<00:07, 1.13MB/s]    51%|       | 7.86M/15.3M [00:08<00:07, 1.06MB/s]    55
%|        | 8.39M/15.3M [00:08<00:06, 1.03MB/s]    58%|          | 8
.91M/15.3M [00:09<00:06, 991kB/s]    62%|        | 9.44M/15.3M [00:10<00
:06, 961kB/s]    65%|       | 9.96M/15.3M [00:10<00:05, 917kB/s]    69%|
      | 10.5M/15.3M [00:11<00:05, 855kB/s]    72%|         | 11.
0M/15.3M [00:12<00:05, 816kB/s]    75%|        | 11.5M/15.3M [00:12<00:0
4, 776kB/s]    79%|         | 12.1M/15.3M [00:13<00:04, 687kB/s]    82%|
        | 12.6M/15.3M [00:14<00:04, 648kB/s]    86%|
13.1M/15.3M [00:15<00:03, 610kB/s]    89%|         | 13.6M/15.3M [00:16<
00:02, 584kB/s]    92%|        | 14.2M/15.3M [00:17<00:02, 537kB/s]    9
6%|         | 14.7M/15.3M [00:18<00:01, 510kB/s]    99%|
     | 15.2M/15.3M [00:20<00:00, 479kB/s]   100%|          | 15.3M/15.3
M [00:21<00:00, 349kB/s]   100%|          | 15.3M/15.3M [00:24<00:00, 63
3kB/s]
```

❑ **這段訊息代表意義**

- 時間戳記（25-02-24 22:15:46）：程式運行時間，日期：2025 年 2 月 24 日。

- openface_weights.h5 will be downloaded...：DeepFace 需要下載 OpenFace 的預訓練權重檔案。

- 下載來源：DeepFace 從：

  https://github.com/serengil/deepface_models/releases/download/v1.0/openface_weights.h5 下載。

- 存放位置：C:\Users\User\.deepface\weights\openface_weights.h5
  （Windows 使用者目錄 .deepface 中）。

❑ **下載進度的解析**

```
  0%|         | 0.00/15.3M [00:00<?, ?B/s]
  3%|         | 524k/15.3M [00:00<00:26, 567kB/s]
  7%|         | 1.05M/15.3M [00:01<00:23, 607kB/s]
 10%|         | 1.57M/15.3M [00:02<00:20, 661kB/s]
```

...
100%|████████████████| 15.3M/15.3M [00:24<00:00, 633kB/s]

上述解釋如下：

- 下載檔案大小：15.3MB (15.3M)。
- 下載速度：初始速度約 567kB/s，最終速度約 633kB/s。
- 進度條：
  - 0%：開始下載。
  - 50%：進度一半。
  - 100%：下載完成（總共約 24 秒）。

首次使用的深度學習模型，此例是用 OpenFace 模型，DeepFace 會自動下載權重檔案。這個檔案會存放在 C:\Users\User\.deepface\weights\，以後執行時不會重新下載，除非手動刪除該檔案。

15-3 使用 DeepFace 進行人臉分析

DeepFace 不僅能夠進行人臉識別（Face Recognition），還能分析照片中的人物特徵，包括：

- 年齡（Age）
- 性別（Gender）
- 情緒（Emotion）
- 種族（Race）

15-3-1 使用 DeepFace 進行人臉分析

DeepFace 提供 analyze( ) 方法來分析人臉的 年齡、性別、情緒、種族，並返回詳細的預測結果。此函數的語法如下：

result = DeepFace.analyze(img_path, actions=[ ], detector_backend='opencv')

上述各參數說明如下：

- img_path：影像路徑。

- actions：要分析的項目，可以有下列選項：
  - 'age'：語法「actions=['age']」，預測年齡。
  - 'gender'：語法「actions=['gender']」，預測性別。
  - 'emotion'：語法「actions=['emotion']」，預測情緒。
  - 'race'：語法「actions=['race']」，預測種族。
  - 一次預測多項目：語法「actions=['age', 'gender', 'emotion', 'race']」，不過會需要更多 CPU 時間。
- detector_backend：選擇人臉偵測演算法，可以選擇、opencv、ssd、dlib、mtcnn、retinaface、mediapipe，預設是 opencv，細節可參考下表說明。

偵測方法	下載模型	準確度	速度	特點
opencv	不需要	中等	最快	適合普通應用
ssd	需要，約 10M	中等	中等	Google 提供的物件偵測
dlib	需要，約 100M	高	快	適合小型應用
mtcnn	需要，約 1.6M	高	慢	多階段人臉偵測
retinaface	需要，約 110M	最高	慢	最新的深度學習方法
mediapipe	不需要	高	最快	適合移動設備

- 註 1：如果選擇不同偵測方法，你的系統目前沒有這個模型，程式第一次執行時，會有下載與執行過程。
- 註 2：筆者測試時，一般 NB 或是桌機，對於 100M 的預訓練模型資料，大概就會當機，這時建議採用 opencv 或是 mediapipe 模型。
- 註 3：執行種族 (race) 預測時也需要 537M 的下載模型。

在使用 DeepFace 時需留意，雖然 DeepFace 可以偵測圖片內的人臉，如果圖像太大，會需要比較多 CPU 時間，所以本章所有實例的照片，筆者儘量裁小，同時分開執行偵測。下列程式使用的 hung.jp 圖像內容如下：

15-3 使用 DeepFace 進行人臉分析

15-3-2 年齡預測

DeepFace 會預測人臉的年齡，數值為整數型態，範圍誤差約正負 5 歲。應用場景如下：

- 市場行銷：品牌可根據年齡範圍來推薦不同商品（如化妝品、服飾）。
- 社交媒體：照片自動標記年齡範圍，提供年齡相關內容。
- 客戶行為分析：商店監控人流年齡分布，最佳化產品陳列。

程式實例 ch15_1.py：分析 hung.jpg 圖像人臉的年齡。

```
1   # ch15_1.py
2   from deepface import DeepFace
3
4   # 分析年齡
5   result = DeepFace.analyze("hung.jpg", actions=['age'])
6
7   # 輸出結果
8   print(result)
9
10  # 讀取與輸出預測年齡
11  age = result[0]['age']
12  print(f"\n預測年齡 : {age} 歲")
```

執行結果
```
[{'age': 24, 'region': {'x': 16, 'y': 57, 'w': 138, 'h': 138, 'left_eye': (111, 111), 'right_eye': (61, 112)}, 'face_confidence': 0.89}]
預測年齡 : 24 歲
```

上述預測的年齡是正確的。回傳的是 Json 格式的資料，可以用下列格式看此資料：

```
[
    {
        "age": 24,
        "region": {
            "x": 16,
            "y": 57,
            "w": 138,
            "h": 138,
            "left_eye": (111, 111),
            "right_eye": (61, 112)
        },
        "face_confidence": 0.89
    }
]
```

上述結果包含年齡預測、臉部區域資訊、雙眼座標、人臉偵測信心度等資訊。以下是詳細解析：

❑ **age：預測年齡**

DeepFace 預測此人臉的年齡約 24 歲，但實際年齡可能存在正負 5 歲的誤差。

❑ **region：人臉偵測區域**

- x: 16, y: 57 → 人臉區域的左上角座標。
- w: 138, h: 138 → 人臉區域的寬度與高度（138×138 像素）。
- left_eye: (111, 111), right_eye: (61, 112) → 左眼與右眼的座標（像素）。

❑ **face_confidence：人臉偵測信心度**

- 數值範圍：0 到 1，代表 DeepFace 偵測到人臉的信心程度。
- 0.89 表示偵測準確率約 89%，代表這個人臉偵測結果較為可靠。

補充說明：

- 高信心度（>0.80）：結果通常較準確，可以直接使用。
- 低信心度（<0.50）：可能因為圖片模糊、光線不足，導致偵測不準確，應該重新拍攝照片或更換偵測方法。

15-3-3 性別預測

DeepFace 會預測性別（Male / Female），並提供機率分佈。應用場景如下：

- 目標廣告：針對不同性別推薦產品（如男裝、女裝）。
- 智慧客服：根據性別調整語音助理或推薦對應的服務。
- 社交媒體標籤：自動分類照片中的人物性別。

程式實例 ch15_2.py：分析 hung.jpg 圖像人臉的性別。

```
1  # ch15_2.py
2  from deepface import DeepFace
3
4  # 分析性別
5  result = DeepFace.analyze("hung.jpg", actions=['gender'])
6
7  # 輸出結果
8  print(result)
```

15-3 使用 DeepFace 進行人臉分析

```
 9
10    # 讀取與輸出預測性別
11    gender = result[0]['gender']
12    print(f"\n性別可能 : {gender}")
13
14    dominant_gender = result[0]['dominant_gender']
15    print(f"預測性別 : {dominant_gender}")
```

執行結果

[{'gender': {'Woman': 0.06538766319863498, 'Man': 99.93460774421692}, 'dominant_gender': 'Man', 'region': {'x': 16, 'y': 57, 'w': 138, 'h': 138, 'left_eye': (111, 111), 'right_eye': (61, 112)}, 'face_confidence': 0.89}]

性別可能 : {'Woman': 0.06538766319863498, 'Man': 99.93460774421692}
預測性別 : Man

以下是重點結果分析：

❑ **gender：性別機率**

DeepFace 預測此人的性別機率。

- 男性（Man）：99.93%
- 女性（Woman）：0.065%

由於男性機率明顯高於女性（接近 100%），DeepFace 判斷該人為男性。

❑ **dominant_gender：預測性別**

DeepFace 預測此人為「Man（男性）」，因為「男性機率 99.93%」遠高於「女性機率 0.065%」。

- 如果性別機率接近 50/50，預測結果可能不準確。
- 在某些特殊情況（如長髮男性、短髮女性、妝容等），可能會影響預測結果。

15-3-4 情緒分析

DeepFace 會預測人臉上的主要情緒（Emotion），包含：

- Happy（快樂）
- Sad（悲傷）
- Angry（憤怒）
- Fear（恐懼）

第 15 章　DeepFace 人臉辨識

- Neutral（中性 / 平靜）
- Surprise（驚訝）
- Disgust（厭惡）

應用場景如下：

- 市場分析：評估消費者的情緒反應，優化產品體驗。
- 情緒監測：心理健康監控，提供即時關懷。
- 智慧客服：根據客戶的情緒，自動調整對話內容。

程式實例 ch15_3.py：分析 hung.jpg 圖像人臉的性別，這個程式改採用 mediapipe 偵測方法。

```python
# ch15_3.py
from deepface import DeepFace

# 分析情緒
result = DeepFace.analyze("hung.jpg", actions=['emotion'],
                          detector_backend="mediapipe")

# 輸出結果
print(result)

# 讀取與輸出預測情緒
emotion = result[0]['emotion']
print(f"\n情緒可能 : {emotion}")

dominant_emotion = result[0]['dominant_emotion']
print(f"預測情緒 : {dominant_emotion}")
```

執行結果

```
==================== RESTART: D:\AI_Eye\ch15\ch15_3.py ====================
WARNING:tensorflow:From C:\Users\User\AppData\Local\Programs\Python\Python312\Li
b\site-packages\tf_keras\src\losses.py:2976: The name tf.losses.sparse_softmax_c
ross_entropy is deprecated. Please use tf.compat.v1.losses.sparse_softmax_cross_
entropy instead.

[{'emotion': {'angry': 10.3558748960495, 'disgust': 0.028934472356922925, 'fear'
: 6.67111799120903, 'happy': 77.95740365982056, 'sad': 4.585824906826019, 'surpr
ise': 0.007921827636891976, 'neutral': 0.3929232247173786}, 'dominant_emotion':
'happy', 'region': {'x': 30, 'y': 87, 'w': 118, 'h': 113, 'left_eye': (116, 117)
, 'right_eye': (62, 112)}, 'face_confidence': 0.88}]

情緒可能 : {'angry': 10.3558748960495, 'disgust': 0.028934472356922925, 'fear':
6.67111799120903, 'happy': 77.95740365982056, 'sad': 4.585824906826019, 'surpris
e': 0.007921827636891976, 'neutral': 0.3929232247173786}
預測情緒 : happy
```

以下是重點結果分析：

15-12

- ❏ **emotion：各情緒的機率分佈**

    解釋：

    - 快樂（happy）77.96%：最高機率，DeepFace 判斷此人為「快樂」。
    - 憤怒（angry）10.36%：有一定程度的憤怒表情，但不佔主要比例。
    - 恐懼（fear）6.67%：可能有些微的驚嚇或不安。
    - 悲傷（sad）4.59%：低機率，代表該人臉幾乎沒有悲傷情緒。
    - 驚訝（surprise）0.008%：低機率，顯示該表情沒有驚訝成分。
    - 厭惡（disgust）0.03%：幾乎為 0，代表沒有厭惡的表情。
    - 中性（neutral）0.39%：人臉表情偏向明顯的情緒，不是中立的表情。

- ❏ **dominant_emotion：主要情緒**

    解釋：

    - DeepFace 判定此人的主要情緒為「快樂（happy）」，因為其機率高達 77.96%。
    - 雖然憤怒（10.36%）和恐懼（6.67%）也有一定比例，但都低於 50%，因此不影響快樂的主要判定。

15-3-5 種族預測

DeepFace 也能預測人臉的種族類別（Race），包含：

- Asian（亞洲人）
- White（白人）
- Black（黑人）
- Hispanic（拉丁裔）
- Middle Eastern（中東人）

應用場景如下：

- 人口統計分析：分析不同地區的人口組成。
- 智慧零售：根據客戶種族偏好推薦產品。
- 社會研究：研究種族識別的準確性與應用。

程式實例 ch15_4.py：分析 hung.jpg 圖像人臉的種族。

```python
1   # ch15_4.py
2   from deepface import DeepFace
3
4   # 種族分析
5   result = DeepFace.analyze("hung.jpg", actions=['race'],
6                             detector_backend="opencv")
7
8   # 輸出結果
9   print(result)
10
11  # 讀取與輸出預測種族
12  race = result[0]['race']
13  print(f"\n種族可能 : {race}")
14
15  dominant_race = result[0]['dominant_race']
16  print(f"預測種族 : {dominant_race}")
```

執行此程式時，會需約 537M 的 race_model_single_batch.h5 權重文件，需要有 GPU 才可以執行。

15-4 DeepFace 的人臉辨識技術基礎

DeepFace 透過深度學和卷積神經網絡來進行人臉識別，並且克服了傳統方法在不同光線、角度和表情變化下的準確性問題。它的核心技術包括：

- 深度學習模型
- 人臉辨識的主要步驟
- 與其他人臉識別技術的比較（OpenCV、Dlib、FaceNet）

15-4-1 深度學習與卷積神經網路在 DeepFace 的應用

DeepFace 是第一個用深度學習訓練的人臉識別系統，它使用了一個 9 層深度神經網絡，其中包含卷積神經網絡，能夠自動學習並提取人臉特徵。

❏ **為什麼使用 CNN？**

- 卷積神經網絡（CNN）是計算機視覺領域最成功的架構之一，特別適用於影像分類與特徵提取。

- CNN 透過卷積層（Convolutional Layers）和池化層（Pooling Layers），能夠擷取局部特徵（如眼睛、鼻子、嘴巴），再透過全連接層（Fully Connected Layers）學習全臉特徵。

❑ DeepFace 的 CNN 模型架構

DeepFace 採用的 CNN 結構如下：

- 輸入層（Input Layer）：接收一張對齊後（Alignment）的人臉影像（通常為 152x152 或更大）。
- 卷積層（Convolutional Layers）：透過數個 3×3 或 5×5 的卷積核（Filters）來提取影像中的邊緣、紋理、輪廓等特徵。
- 池化層（Pooling Layers）：使用最大池化（Max Pooling）來降低維度，提高計算效率。
- 全連接層（Fully Connected Layers, FC）：將 CNN 提取的特徵轉換為 128 維向量（Embedding）。
- 輸出層（Output Layer）：透過 Softmax 或距離度量（Cosine Similarity / Euclidean Distance）來進行人臉匹配。

這種方法比傳統的人臉識別技術更準確，因為 CNN 可以自動學習人臉的關鍵特徵，而不需要人工設計特徵。

15-4-2　人臉辨識的主要步驟

DeepFace 進行人臉識別時，主要分為三個步驟：

1. 人臉偵測（Face Detection）
2. 特徵提取（Feature Extraction）
3. 臉部對比（Face Matching）

這些步驟確保 DeepFace 可以精確識別不同條件下的臉部。

❑ 人臉偵測

在人臉識別之前，DeepFace 需要先偵測影像中的人臉位置。常見的人臉偵測方法包括：

- Haar Cascade（OpenCV）：早期使用的級聯分類器，但準確度較低。
- Dlib HOG + SVM：用 Histogram of Oriented Gradients（HOG）和支持向量機（SVM）技術，比 Haar Cascade 更準確。
- MTCNN（Multi-task Cascaded Convolutional Networks）：深度學習模型，可在不同光線、角度和遮擋條件下準確偵測人臉。
- YOLO / SSD（深度學習方法）：快速偵測人臉並且適用於即時應用。

DeepFace 主要使用深度學習的 MTCNN 來偵測人臉，優點是：

- 可以偵測多張臉。
- 對光線、角度、遮擋具有更高的適應性。
- 可以提供 5 個關鍵點（眼睛、鼻子、嘴巴），方便對齊（Alignment）。

❏ 特徵提取

DeepFace 偵測到人臉後，下一步是提取人臉特徵，將臉部資訊轉換為一組高維特徵向量（128 維或更高），這些特徵向量包含：

- 眼睛形狀
- 鼻子寬度
- 嘴巴距離
- 皮膚紋理
- 臉部結構

DeepFace 使用 CNN 自動學習這些特徵，而不像傳統方法需要人工定義。這些高維特徵向量可以表示不同的臉，即使光線、角度變化，也能透過深度學習學習到穩定的特徵。

❏ 臉部對比

當獲取兩張人臉的特徵向量後，DeepFace 會進行相似度計算，最常用的計算方法有：

- 歐幾里得距離：計算兩個向量之間的距離，距離越小代表越相似。
- 餘弦相似度：計算兩個向量的夾角，夾角越小代表越相似。

15-5 人臉辨識實作

DeepFace 模組的 DeepFace.verify( ) 是用來執行人臉比對（Face Verification） 的主要函數。它的主要功能是比較兩張人臉影像，並返回它們是否屬於同一個人，此函數的語法如下：

from deepface import DeepFace
　　…
result = DeepFace.verify(img1, img2, model_name='VGG-Face', distance_metric='cosine',
　　　　　　　detector_backend='opencv')

上述參數說明如下：

- img1：第一張圖片的路徑。
- img2：第二張圖片的路徑。
- distance_metric：選擇距離度量方法，這些距離指標用來衡量兩張圖片在人臉特徵向量空間中的相似度。可以有下列選項：
  - "cosine"（餘弦相似度，預設）
  - "euclidean"（歐幾里得距離）
  - "euclidean_l2"（L2 正規化歐幾里得距離）
- detector_backend：偵測人臉方法，預設是 opencv，可參考 15-3-1 節。
- model_name（選填）：指定要使用的深度學習模型（預設為 VGG-Face），可以參考下列選項表。

模型名稱	速度	準確度	模型大小	優點	缺點
VGG-Face（預設）	★★★ 中等	★★★ 高	500MB	高準確度，適合一般應用	記憶體需求大，速度較慢
Facenet	★★★★ 快	★★★★ 高	90MB	準確度優秀，模型較輕量	訓練數據可能不足
Facenet512	★★★ 快	★★★★★ 非常高	150MB	高準確度，適合高精度應用	速度略慢於 Facenet
OpenFace	★★★★★ 非常快	★★ 中等	20MB	輕量，速度快	準確度低，不適合高精度應用
DeepFace	★★★ 中等	★★★ 高	100MB	訓練數據大，適合多種應用	記憶體需求高
DeepID	★★★★ 快	★★★ 中高	200MB	速度快，適合即時應用	準確度較 Facenet 低
Dlib	★★★★ 快	★★★ 中等	8MB	輕量、嵌入式應用適合	準確度較低

模型名稱	速度	準確度	模型大小	優點	缺點
ArcFace	★★★中等	★★★★★非常高	100MB	最高準確度，適合安全應用	速度較慢，對硬體要求高

讀者可以依照自己的設備選擇模型，這是一本教學書籍，筆者用模型需求最小的 Dlib 或是 OpenFace 做解說。

15-5-1 基礎實例

人臉辨識可以應用在下列場景：

- 門禁系統：自動比對進入公司或大樓的人員。
- 監控系統：確認是否為已知人物。
- 社交媒體標記：自動辨識照片中的朋友。

程式實例 ch15_5.py：比較 2 張照片是否同一人，下列分別是 star1.jpg 和 star2.jpg。

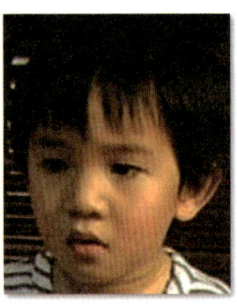

star1 　　　　　　　　　　star2

```
1   # ch15_5.py
2   from deepface import DeepFace
3
4   # 人臉比較, 使用 Dlib 模型
5   result = DeepFace.verify("star1.jpg", "star2.jpg", model_name="Dlib")
6
7   # 輸出比較結果
8   print(result)
9
10  verified = result['verified']
11  print(f"\n比較結果 : {verified}")
```

執行結果

```
{'verified': True, 'distance': 0.015055036058938875, 'threshold': 0.07, 'model': 'Dlib', 'detector_backend': 'opencv', 'similarity_metric': 'cosine', 'facial_areas': {'img1': {'x': 0, 'y': 57, 'w': 145, 'h': 145, 'left_eye': (87, 111), 'right_eye': (40, 113)}, 'img2': {'x': 0, 'y': 69, 'w': 138, 'h': 138, 'left_eye': (83, 121), 'right_eye': (32, 119)}}, 'time': 1.19}
比較結果 : True
```

以下是辨識結果 result，這一樣是 Json 資料格式。

```
{
    "verified": True,
    "distance": 0.015055036058938875,
    "threshold": 0.07,
    "model": "Dlib",
    "detector_backend": "opencv",
    "similarity_metric": "cosine",
    "facial_areas": {
        "img1": {
            "x": 0, "y": 57, "w": 145, "h": 145,
            "left_eye": (87, 111), "right_eye": (40, 113)
        },
        "img2": {
            "x": 0, "y": 69, "w": 138, "h": 138,
            "left_eye": (83, 121), "right_eye": (32, 119)
        }
    },
    "time": 1.19
}
```

下列是重點結果分析：

❑ verified：人臉比對結果

- True 表示兩張圖片屬於同一個人。
- False 則表示不同的人。

為何比對成功？

- 兩張人臉的距離（distance）是 0.015，低於設定的閾值（threshold = 0.07）。
- 這表示這兩張臉的特徵向量非常相近，幾乎可以確定是同一個人。

❑ distance：人臉特徵距離

- distance 表示兩張人臉的特徵向量距離（數值越小，表示相似度越高）。
- 0.015 非常接近 0，代表這兩張臉幾乎相同。

這個值來自餘弦相似度（cosine similarity）計算。

距離範圍分析：

第 15 章　DeepFace 人臉辨識

距離 (distance)	相似程度	可能是同一個人？
0.00- 0.02	幾乎完全相同	✅ 幾乎確定是同一人
0.02- 0.05	高相似度	✅ 大概率是同一人
0.05- 0.07	接近閾值	⚠️ 可能是同一人，但需進一步確認
> 0.07	不相似	❌ 可能是不同的人

❏ **threshold：比對閾值**

這是判定是否為同一人的標準值，上述此閾值是 0.07。

- 如果 distance < threshold，則判定為同一人（verified=True）。
- 如果 distance > threshold，則判定為不同的人。

DeepFace 不同模型的預設閾值，可以參考下表：

模型	閾值 (threshold)
VGG-Face	0.40
Facenet	0.30
OpenFace	0.10
DeepID	0.015
Dlib	0.07
ArcFace	0.68

如何設定不同閾值如果你想調整閾值，可以手動修改：

result = DeepFace.verify(img1="face1.jpg", img2="face2.jpg",
　　　　　　　model_name="Dlib")
custom_threshold = 0.05　　　　　　　　　# 例如，你可以提高比對標準
if result['distance'] < custom_threshold:
　　print(" 比對通過 !")
else:
　　print(" 比對失敗 !")

❏ **model：使用的比對模型**

- Dlib 是這次比對所使用的人臉識別模型。
- Dlib 是輕量級的 CNN 模型，適用於低資源環境。

❑ detector_backend：人臉偵測方法

- opencv 被用來偵測人臉，這是 DeepFace 預設 的偵測方法。
- 速度快但準確度較低，如果想要更準確的偵測方法，可以選擇 mtcnn 或 retinaface，可參考下列程式碼：

  result = DeepFace.verify(... , detector_backend="retinaface")

❑ similarity_metric：相似度計算方法

- 這次比對使用的是「餘弦相似度（cosine similarity）」來計算人臉距離。
- DeepFace 提供不同的相似度計算方法：

相似度計算方式	適用模型
Cosine Similarity（餘弦相似度）	Facenet, ArcFace, Dlib
Euclidean Distance（歐幾里得距離）	VGG-Face, OpenFace
Euclidean L2（標準化歐幾里得距離）	DeepID, Facenet

❑ facial_areas：人臉區域座標

- DeepFace 偵測到的臉部區域與眼睛座標。
- 可以用來標記人臉區域，並進行對齊（Alignment）。

❑ time：執行時間

- 此次人臉比對運行時間為 1.19 秒。
- 使用 GPU 可大幅加快運行速度，讀者可以用下列程式碼測試自己的設備是否可以用 GPU。

import torch
print("CUDA 是否可用 :", torch.cuda.is_available())

程式實例 ch15_2.py：專業圖像比對輸出，在圖像比對時通常會將 2 張圖像放在一起，同時列出驗證（Verified）結果、距離（Distance）和閾值（Threshold）。

```
1   # ch15_6.py
2   import cv2
3   import matplotlib.pyplot as plt
4   from deepface import DeepFace
5   import os
6
7   def compare_faces(img1_path, img2_path, model="Dlib"):
```

```python
8       # 讀取影像
9       img1 = cv2.imread(img1_path)
10      img2 = cv2.imread(img2_path)
11
12      # 確保影像讀取成功
13      if img1 is None or img2 is None:
14          print("無法讀取圖片，請檢查路徑!")
15          return
16
17      # 取得檔案名稱
18      img1_name = os.path.basename(img1_path)
19      img2_name = os.path.basename(img2_path)
20
21      # 確保圖片大小一致
22      target_size = (min(img1.shape[1], img2.shape[1]),
23                     min(img1.shape[0], img2.shape[0]))
24      img1_resized = cv2.resize(img1, target_size)
25      img2_resized = cv2.resize(img2, target_size)
26
27      # 進行人臉比對
28      result = DeepFace.verify(img1, img2, model_name=model)
29
30      # 取得比對結果
31      verified = result.get("verified")
32      distance = result.get("distance")
33      threshold = result.get("threshold")
34
35      # 設定顏色:相同為綠色，否則為紅色
36      text_color = "green" if verified else "red"
37
38      # 創建畫布，兩張圖片分開顯示
39      fig, axes = plt.subplots(1, 2, figsize=(8, 6))
40
41      # 顯示第一張圖片
42      axes[0].imshow(cv2.cvtColor(img1_resized, cv2.COLOR_BGR2RGB))
43      axes[0].axis("off")
44      axes[0].set_title(img1_name, fontsize=12)
45
46      # 顯示第二張圖片
47      axes[1].imshow(cv2.cvtColor(img2_resized, cv2.COLOR_BGR2RGB))
48      axes[1].axis("off")
49      axes[1].set_title(img2_name, fontsize=12)
50
51      # 在畫布下方顯示比對結果
52      fig.text(0.5, 0.02,
53               f"Verified: {verified}\nDistance: \
54  {distance:.4f} (Threshold: {threshold:.4f})",
55               ha="center", fontsize=12, color=text_color)
56
57      # 確保圖片與比對結果分開
58      plt.tight_layout()
59      plt.show()
60
61  # 測試函數
62  compare_faces("star1.jpg", "star2.jpg")
```

執行結果

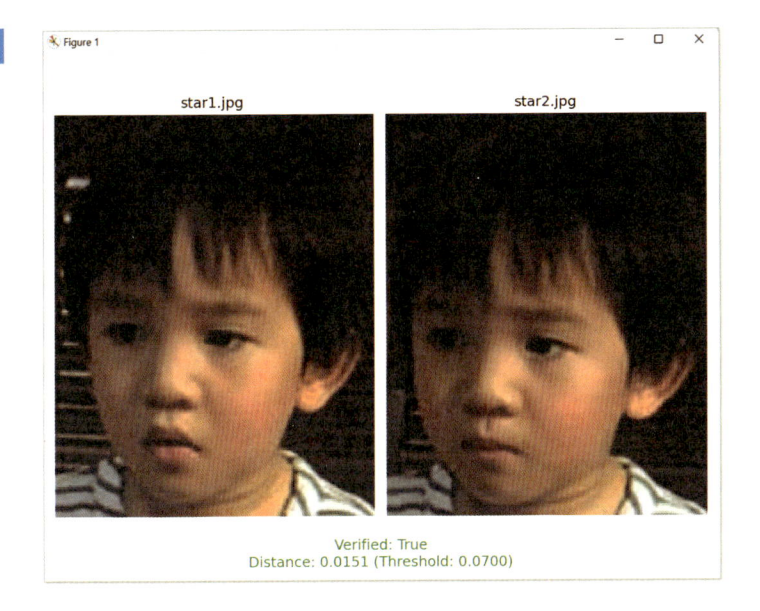

[Figure 1: star1.jpg 與 star2.jpg 比對結果 — Verified: True, Distance: 0.0151 (Threshold: 0.0700)]

15-5-2　認識 DeepFace 支援的深度學習模型

DeepFace 預設使用 VGG-Face 模型，但它也支援其他高準確度的開源人臉識別模型，包括：VGG-Face、Google FaceNet、OpenFace、DeepID、ArcFace、Dlib 等。每個模型都有不同的訓練數據集、架構和應用場景，適合不同的需求。

❑ **VGG-Face**

VGG-Face 是由 Oxford 大學的 VGG 團隊開發，是用 VGG-16 卷積神經網絡架構進行人臉識別訓練。特點：

- 深度學習模型用 VGG-16 技術，具有 16 層 CNN。
- 使用 LFW（Labeled Faces in the Wild）數據集訓練。
- 在標準人臉數據集上達到 97.35% 的準確率。
- 適用於：
    - 社交媒體標記
    - 門禁與身份識別
    - 商業應用

❑ Google FaceNet

FaceNet 是 Google 於 2015 年開發的人臉識別模型，使用深度神經網絡（DNN）來學習人臉特徵，並將其轉換為 128 維的向量嵌入（Embeddings）。特點：

- 訓練數據集：使用 MS-Celeb-1M 和 CASIA-WebFace。
- 準確率高達 99.63%（比 VGG-Face 更準確）。
- 主要使用三重誤差函數（Triplet Loss Function）來優化相似度計算。
- 適用於：
    - 高準確度身份驗證（如金融、政府機構）
    - 監控與安全
    - 自動化人臉檢索（Face Retrieval）

❑ OpenFace

OpenFace 是卡內基梅隆大學（CMU）開發的開源人臉識別模型，用 Torch 深度學習框架，適合輕量級應用。特點：

- 訓練數據集：LFW（Labeled Faces in the Wild）
- 採用 Deep Neural Networks（DNN）
- 相較於 VGG-Face 和 FaceNet，OpenFace 模型較小，運行速度更快。
- 適用於：
    - 嵌入式裝置
    - 低運算資源的環境
    - 輕量級人臉識別應用

註 對於沒有 GPU 的讀者，建議可以使用的模型。筆者測試，比 Dlib 模型精準。

❑ DeepID

DeepID 由中國香港中文大學於 2014 年開發，是第一個突破 97% 準確度 的人臉識別模型。特點：

- 訓練數據集：CASIA-WebFace、CelebA
- 採用 4 層 CNN
- 準確率：約 98%

- 適用於：
  - 社交網路與照片標記
  - 即時身份識別
  - 門禁系統

❏ ArcFace

ArcFace 是 2019 年推出的最新一代人臉識別技術，由 DeepInsight 團隊開發。特點：

- 訓練數據集：MegaFace、MS-Celeb-1M
- 採用 ArcMargin Loss 來最大化不同人的向量間距，提高區分度。
- 在大型資料庫 MegaFace 上達到 99.82% 準確率，比 FaceNet 更優秀。
- 適用於：
  - 高安全性應用（監控、支付系統）
  - 智慧門禁
  - 政府身份識別

❏ Dlib

Dlib 是一個開源機器學習工具，提供 HOG（Histogram of Oriented Gradients）+ SVM 和深度學習 CNN 兩種人臉識別方式。特點：

- 訓練數據集：LFW（Labeled Faces in the Wild）
- 兩種模式：
  - HOG + SVM（較快，但準確率較低）
  - Dlib CNN（準確率 99.38%）

適用於：
- 輕量級應用
- 離線識別
- 低資源設備（Raspberry Pi）

> 註：對於沒有 GPU 的讀者，這也是建議可以使用的模型。相較於輕量型的 OpenFace，準確度較差。

15-6 設計企業門禁系統

在某些應用場景中,我們需要一次性比對大量的人臉,例如:

- 企業門禁系統:比對進入公司的人員是否為員工。
- 監控系統:在大量監控畫面中找尋特定人物。
- 社交媒體自動標記:根據用戶照片中的人臉自動匹配好友。

為了高效比對大量人臉,我們通常會建立人臉數據庫,先用嵌入方式儲存,然後使用 DeepFace 進行批次比對。這節將一步一步引導讀者設計儲存人臉數據庫,有訪客時比對人臉數據庫,然後判斷是不是員工的門禁系統。

15-6-1 建立人臉數據庫 -(Embedding 存儲)

在批次比對之前,我們需要先建立一個人臉數據庫(Face Database),並將已知的特徵向量(Embeddings)儲存起來。

註 在機器學習應用中,「Embedding」一般翻譯為「特徵向量」,而不是「嵌入」

❏ 什麼是 Embedding ?

DeepFace 不直接儲存照片,而是將每張人臉轉換為 128 維或更高維度的特徵向量(Embedding),這樣可以:

- 降低儲存需求:特徵向量的大小比圖片小很多。
- 提高比對效率:可以直接比較向量,而不需要比對像素。

❏ 如何建立人臉數據庫?

DeepFace 提供 represent( ) 方法來提取人臉的特徵向量,然後我們可以將這些數據存入資料庫(如 SQLite、CSV 或 JSON)。此函數語法如下:

```
from deepface import DeepFace
    ...
embeddings = DeepFace.represent(img, model_name="VGG-Face",
                                enforce_detection=True,
                                detector_backend="opencv", align=True)
```

15-6 設計企業門禁系統

上述參數說明如下：

- img：圖片路徑 或 Numpy 影像陣列。
- model_name：選擇深度學習模型，預設是 VGG-Face，可以參考 15-5 節。建議使用對系統要求最小的 Dlib 或是 OpenFace。
- enforce_detection：布林值 bool，是否強制檢測人臉預設是 True。若設為 False，則即使沒有偵測到人臉，也會執行。
- detector_backend：選擇人臉偵測器，可選 opencv, ssd, mtcnn, "retinaface", dlib, mediapipe, yolov8，預設是 opencv。
- align：布林值 bool，是否對齊人臉，預設是 True，若設為 False，則不進行對齊。

程式實例 ch15_7.py：用 OpenFace 建立人臉數據庫的特徵向量。這個程式的主要功能是：

- 讀取 face_db 資料夾內所有 .jpg 圖片。
- 使用 DeepFace 提取每張人臉的特徵向量（embedding）。
- 將人臉特徵向量存入 face_db 資料夾的 face_database.json，用於後續人臉比對。

```
1   # ch15_7.py
2   import os
3   import json
4   import numpy as np
5   from deepface import DeepFace
6
7   # 設定人臉數據庫的資料夾路徑
8   face_db_folder = "face_db"
9
10  # 未來要存放 人臉特徵向量 的檔案名稱
11  output_file = os.path.join(face_db_folder, "face_database.json")
12
13  # 用 OpenFace 模型
14  MODEL = "OpenFace"
15
16  # 確保 face_db 資料夾存在
17  if not os.path.exists(face_db_folder):
18      print(f"資料夾 {face_db_folder} 不存在，請檢查路徑")
19      exit()
20
21  # 儲存人臉特徵向量的字典
22  face_embeddings = {}
23
24  # 讀取 face_db 資料夾內的所有 .jpg 圖片
```

```
25   for filename in os.listdir(face_db_folder):
26       if filename.lower().endswith(".jpg"):
27           img_path = os.path.join(face_db_folder, filename)
28
29           try:
30               # 提取人臉特徵向量
31               embedding_result = DeepFace.represent(img_path, model_name=MODEL,
32                                                     enforce_detection=False)
33
34               if len(embedding_result) > 0:
35                   # 取出 "embedding" 欄位
36                   embedding = embedding_result[0].get("embedding")
37                   face_embeddings[filename] = list(map(float, embedding))
38                   print(f"已儲存 {filename} 的特徵向量")
39               else:
40                   print(f"{filename} 沒有回傳正確的 embedding 結果，已忽略")
41
42           except Exception as e:
43               print(f"無法處理 {filename}：{e}")
44
45   # 將結果儲存到 JSON 檔案
46   with open(output_file, "w") as f:
47       json.dump(face_embeddings, f, indent=4)
48
49   print(f"已將 {len(face_embeddings)} 張圖片的特徵向量儲存至 {output_file}")
```

執行結果
```
已儲存 hung1.jpg 的特徵向量
已儲存 hung2.jpg 的特徵向量
已儲存 star1.jpg 的特徵向量
已將 3 張圖片的特徵向量儲存至 face_db\face_database.json
```

讀者需要特別留意，這個程式第 14 列，使用 OpenFace 模型，因為經過多次測試，筆者體會 Dlib 模型雖然好用，但是存在下列缺點：

- Dlib 提取的人臉特徵向量維度較低，容易導致不同人臉也得到高相似度。

特別是下一節會需要與陌生的相片比對時，會有準確度的問題，筆者測試了 OpenFace 模型，則大大改善此現象，所以此節起改用 OpenFace 模型。

程式實例 ch15_7.py 重點說明如下：

❏ 設定變數與模型（第 8 ~ 14 列）

- 設定人臉資料夾 face_db 和 輸出 JSON 檔案 face_database.json。
- 使用 OpenFace 作為人臉特徵提取模型。

❏ 確保 face_db 存在（第 17 ~ 19 列）

- 如果資料夾不存在，則輸出錯誤訊息並結束程式。

- ❏ 讀取 face_db 內的所有 .jpg 圖片（第 22 ~ 27 列）
  - 遍歷資料夾內所有 .jpg 圖片，對每張圖片執行人臉特徵提取。

- ❏ 使用 DeepFace.represent( ) 提取人臉特徵（第 29 ~ 40 列）
  - DeepFace.represent( ) 提取人臉特徵向量。
  - embedding_result[0].get("embedding") 取出數值向量，確保資料正確。
  - list(map(float, embedding)) 轉換為浮點數列表，以 JSON 格式存入 face_database.json。

- ❏ 處理錯誤（第 42 ~ 43 列）
  - 如果 DeepFace 偵測不到人臉或圖片損毀，會跳過該圖片，避免程式崩潰。

- ❏ 儲存結果至 face_database.json（第 42 ~ 43 列）
  - 使用 json.dump( ) 將所有人臉特徵向量儲存為 JSON，方便未來比對。
  - indent=4 讓 JSON 檔案格式化，方便閱讀與維護。

  這個程式執行後，face_database.json 會用下列格式儲存：

  ```
  {
      "hung1.jpg": [-0.1234, 0.5678,-0.9123, ...],
      "hung2.jpg": [0.2345,-0.6789, 1.2345, ...],
      "star1.jpg": [-0.3456, 0.7890,-1.5678, ...]
  }
  ```

  每張圖片的 embedding 是一個高維度數值向量，可用於人臉比對。

15-6-2　將人臉與數據庫特徵向量比對

在使用 OpenFace 辨識人臉模型時，閾值建議如下表：

應用場景	建議閾值 （Cosine Similarity）	說明
嚴格身份驗證（金融、安防）	> 0.90	只有極高相似度才算同一人
一般身份驗證（門禁、考勤）	> 0.85	允許角度、光線變化
社交媒體標記（Facebook, Google Photos）	> 0.75	允許一定程度誤差
寬鬆比對（如尋找相似人臉）	> 0.65	允許不同光線、化妝、表情影響

第 15 章　DeepFace 人臉辨識

程式實例 ch15_8.py：人臉比對程式設計，此例採用餘弦相似度，當閾值大於 0.75，算是符合標準。這個程式的主要功能是：

- 讀取 face_database.json（已儲存的人臉特徵向量）
- 比對 face.jpg 是否與資料庫內的圖片匹配
- 計算 Cosine Similarity（餘弦相似度）來判斷相似性
- 找出最相似的圖片，並輸出最佳匹配結果

```
1   # ch15_8.py
2   import os
3   import json
4   import numpy as np
5   from deepface import DeepFace
6   from scipy.spatial.distance import cosine
7
8   # 設定路徑
9   face_db_path = "face_db/face_database.json"    # 人臉資料庫 JSON 檔案
10  face_img_path = "face.jpg"                      # 要比對的圖片
11
12  # 參數設定
13  MODEL = "OpenFace"                              # 使用 OpenFace 模型
14
15  # 餘弦相似度閾值，越接近1越相似
16  THRESHOLD_COSINE = 0.75
17
18  # 確保檔案存在
19  if not os.path.exists(face_db_path):
20      print(f"找不到資料庫檔案 {face_db_path}，請確認是否已建立資料庫")
21      exit()
22  if not os.path.exists(face_img_path):
23      print(f"找不到要比對的圖片 {face_img_path}，請檢查路徑")
24      exit()
25
26  # 讀取 face_database.json
27  with open(face_db_path, "r") as f:
28      face_database = json.load(f)
29
30  # 提取 face.jpg 的 embedding
31  try:
32      face_embedding_result = DeepFace.represent(face_img_path, model_name=MODEL,
33                                                  enforce_detection=False)
34      if len(face_embedding_result) > 0:
35          face_embedding =face_embedding_result[0]["embedding"]
36      else:
37          print(f"{face_img_path} 的 embedding 提取失敗")
38          exit()
```

```
39  except Exception as e:
40      print(f"無法提取 {face_img_path} 的人臉特徵向量 {e}")
41      exit()
42
43  # 比對 face.jpg 與資料庫內的圖片
44  best_match = None
45  best_score = float("-inf")                              # 用來存最佳比對分數
46
47  for name, db_embedding in face_database.items():
48      # 計算餘弦相似度
49      cosine_sim = 1 - cosine(face_embedding, db_embedding)
50      print(f"{face_img_path} vs {name} -> 餘弦相似度 : {cosine_sim:.3f}")
51
52      # 判斷是否符合閾值
53      if cosine_sim > THRESHOLD_COSINE:
54          if cosine_sim > best_score:
55              best_score = cosine_sim
56              best_match = name                           # 記錄最相似的圖片
57
58  # 輸出比對結果
59  if best_match:
60      print(f"{face_img_path} 與 {best_match} 餘弦相似度最高 : {best_score:.3f}")
61  else:
62      print(f"沒有找到匹配的人臉")
```

執行結果
```
face.jpg vs hung1.jpg -> 餘弦相似度 : 0.764
face.jpg vs hung2.jpg -> 餘弦相似度 : 0.590
face.jpg vs star1.jpg -> 餘弦相似度 : 0.505
face.jpg 與 hung1.jpg 餘弦相似度最高 : 0.764
```

上述程式重點說明如下:

❑ **設定變數與模型（第 9～16 列）**

- face_db_path：指定人臉資料庫 JSON 檔案。
- face_img_path：指定待比對的圖片。
- 「MODEL = "OpenFace"」：指定使用 OpenFace 來提取人臉特徵。
- 「THRESHOLD_COSINE = 0.75」：設定比對標準，閾值為超過 0.75 視為相同。

❑ **確保 face_database.json 和 face.jpg 存在（第 19～24 列）**

- 確保 face_database.json 存在，否則程式結束。
- 確保 face.jpg 存在，否則程式結束。

❑ **讀取 face_database.json（第 27～28 列）**

- 這個 JSON 檔案包含已提取的人臉特徵向量。

- 載入人臉資料庫，以便後續比對。

❑ **DeepFace.represent( ) 提取 face.jpg 的特徵向量（第 31～38 列）**
  - 使用 DeepFace.represent( ) 提取 face.jpg 的 embedding。
  - 如果提取失敗，則顯示錯誤訊息並結束程式。

❑ **遍歷 face_database.json 計算 Cosine Similarity（第 44～56 列）**
  - 遍歷 face_database.json 內所有圖片，計算 Cosine Similarity。
  - 只記錄「cosine similarity > 0.75」的匹配。
  - 選擇 cosine similarity 最高的圖片作為最終匹配結果。

❑ **輸出最佳匹配結果（第 59～62 列）**
  - 如果「cosine similarity > 0.75」，則輸出最佳匹配結果。
  - 如果沒有符合閾值的圖片，則輸出「沒有找到匹配的人臉」，可以參考 ch15_8_1.py。

程式實例 ch15_8_1.py：下列是用 star4.jpg 找不到匹配情況的程式。

```
10    face_img_path = "star4.jpg"                  # 要比對的圖片
```

執行結果
```
star4.jpg vs hung1.jpg -> 餘弦相似度 : 0.102
star4.jpg vs hung2.jpg -> 餘弦相似度 : 0.336
star4.jpg vs star1.jpg -> 餘弦相似度 : 0.489
沒有找到匹配的人臉
```

15-6-3 門禁系統設計

人臉辨識技術已成為現代門禁系統的核心技術，能有效提升安全性與便利性。本程式運用 DeepFace 進行人臉特徵提取與比對，並透過 Cosine Similarity 計算來辨識訪客是否為員工。系統會透過攝影機拍攝訪客影像，並與已登錄的員工資料庫進行比對，若匹配成功則允許進入，否則提示訪客登記。此技術適用於公司、機關與門禁控管場所，能有效提升出入管理效率與安全性。

程式實例 ch15_9.py：這個程式是一個門禁系統，其主要功能是：
  - 使用攝影機即時拍攝訪客照片 (visitor_face.jpg)。
  - 使用 DeepFace 提取人臉特徵向量 (embedding)。

- 將 visitor_face.jpg 與 face_database.json 內的員工人臉資料比對。
- 透過 Cosine Similarity（餘弦相似度）計算相似度。
- 判斷是否為員工，若匹配則允許進入，否則顯示訪客登記訊息。

```python
# ch15_9.py
import os
import json
import numpy as np
import cv2
from deepface import DeepFace
from scipy.spatial.distance import cosine

# 設定路徑
face_db_path = "face_db/face_database.json"      # 人臉資料庫 JSON 檔案
visitor_face_path = "visitor_face.jpg"           # 拍攝並儲存的訪客圖片

# 參數設定
MODEL_NAME = "OpenFace"                          # 使用 OpenFace 模型

# 餘弦相似度閾值，越接近1越相似
THRESHOLD_COSINE = 0.75

# 啟動攝影機拍照
cap = cv2.VideoCapture(0)   # 0 表示預設攝影機

if not cap.isOpened():
    print("無法開啟攝影機 !")
    exit()

print("按下 's' 鍵來拍照，或按 'q' 取消")

while True:
    ret, frame = cap.read()
    if not ret:
        print("無法讀取攝影機影像！")
        break

    cv2.imshow("Press 's' to capture", frame)

    key = cv2.waitKey(1) & 0xFF
    if key == ord("s"):                          # 按 's' 鍵拍照
        cv2.imwrite(visitor_face_path, frame)
```

```python
39              print(f"拍照成功, 已儲存為 {visitor_face_path}")
40              break
41          elif key == ord("q"):                          # 按 'q' 退出
42              print("取消拍攝")
43              cap.release()
44              cv2.destroyAllWindows()
45              exit()
46  
47  cap.release()
48  cv2.destroyAllWindows()
49  
50  # 確保資料庫檔案存在
51  if not os.path.exists(face_db_path):
52      print(f"找不到資料庫檔案 {face_db_path}, 請確認是否已建立資料庫。")
53      exit()
54  
55  # 讀取 face_database.json
56  with open(face_db_path, "r") as f:
57      face_database = json.load(f)
58  
59  # 提取 visitor_face.jpg 的 embedding
60  try:
61      face_embedding_result = DeepFace.represent(visitor_face_path,
62                                                  model_name=MODEL_NAME,
63                                                  enforce_detection=False)
64      if len(face_embedding_result) > 0:
65          face_embedding = face_embedding_result[0]["embedding"]
66      else:
67          print(f"{visitor_face_path} 的 embedding 提取失敗")
68          exit()
69  except Exception as e:
70      print(f"無法提取 {visitor_face_path} 的人臉特徵向量 {e}")
71      exit()
72  
73  # 比對 visitor_face.jpg 與資料庫內的圖片
74  best_match = None
75  best_score = float("-inf")                              # 記錄最佳比對分數
76  
77  for name, db_embedding in face_database.items():
78      # 計算餘弦相似度
79      cosine_sim = 1 - cosine(face_embedding, db_embedding)
80      print(f"{visitor_face_path} vs {name} -> 餘弦相似 : {cosine_sim:.3f}")
81  
82      # 判斷是否符合閾值
83      if cosine_sim > THRESHOLD_COSINE:
84          if cosine_sim > best_score:
85              best_score = cosine_sim
86              best_match = name                            # 記錄最相似的圖片
87  
88  # 輸出比對結果
89  if best_match:
90      print(f"是員工")
91      print(f"{visitor_face_path} 與 {best_match} 相似度最高 {best_score:.3f}")
92  else:
93      print(f"你不是員工, 請執行訪客登記")
```

15-6 設計企業門禁系統

> 執行結果

執行時按 q 鍵可以結束程式，按 s 鍵可以拍照和進入門禁系統。下列是按 s 鍵，執行拍攝儲存在 visitor_face.jpg 的畫面。

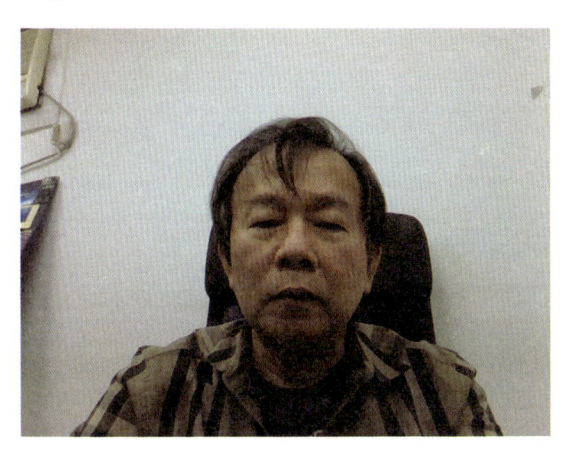

下列是通過門禁變臉測試的結果畫面。

```
按下 's' 鍵來拍照，或按 'q' 取消
拍照成功, 已儲存為 visitor_face.jpg
visitor_face.jpg vs hung1.jpg -> 餘弦相似 : 0.854
visitor_face.jpg vs hung2.jpg -> 餘弦相似 : 0.548
visitor_face.jpg vs star1.jpg -> 餘弦相似 : 0.540
是員工
visitor_face.jpg 與 hung1.jpg 相似度最高 0.854
```

下列是沒有通過門禁變臉測試，輸出「你不是員工，請執行訪客登記」。

```
按下 's' 鍵來拍照，或按 'q' 取消
拍照成功, 已儲存為 visitor_face.jpg
visitor_face.jpg vs hung1.jpg -> 餘弦相似 : 0.438
visitor_face.jpg vs hung2.jpg -> 餘弦相似 : 0.646
visitor_face.jpg vs star1.jpg -> 餘弦相似 : 0.571
你不是員工，請執行訪客登記
```

上述程式重點說明如下：

❑ **設定變數（第 10 ~ 17 列）**

- 設定人臉資料庫 (face_database.json) 存放已註冊員工的臉部特徵。
- 設定訪客拍攝照片 (visitor_face.jpg)，用來與資料庫比對。

- 使用 OpenFace 提取特徵向量,如果讀者的系統有 GPU,也可以改為 Facenet512 或 ArcFace 來提高準確度。
- 設置 Cosine Similarity 閾值為 0.75,若「>0.75」則視為員工。

❏ **啟動攝影機拍照(第 20 ~ 45 列)**
- cv2.VideoCapture(0) 啟動攝影機,讓訪客拍攝照片。
- 按 s 拍照,按 q 取消,並將影像儲存為 visitor_face.jpg。
- cv2.imwrite(visitor_face_path, frame) 將影像寫入檔案,方便後續比對。

❏ **確保 face_database.json 存在(第 51 ~ 53 列)**
- 確保門禁系統有已註冊的員工資料,否則程式無法比對。

❏ **提取 visitor_face.jpg 的人臉特徵(第 60 ~ 71 列)**
- 使用 DeepFace.represent( ) 提取 visitor_face.jpg 的特徵向量 (embedding)。
- 若偵測不到人臉,則顯示錯誤並退出程式。

❏ **遍歷 face_database.json 計算 Cosine Similarity(第 74 ~ 86 列)**
- 遍歷所有已註冊員工的臉部特徵向量。
- 計算 Cosine Similarity,找出最相似的員工。

❏ **判斷是否為員工(第 89 ~ 93 列)**
- 若「Cosine Similarity > 0.75」,則視為員工,允許進入。
- 若無匹配,則顯示「請執行訪客登記」。

Note

Note